Veronika Straaß

Natur erleben das ganze Jahr

Veronika Straaß

Natur erleben das ganze Jahr

Entdecken
Beobachten
Verstehen

Über 400 Fotos und
Zeichnungen

BLV

EINFÜHRUNG
8-13

DER VORFRÜHLING
14-43

DER FRÜHLING
44-73

DER FRÜHSOMMER
74-105

DER HOCHSOMMER
106-137

DER FRÜHHERBST

138-169

DER SPÄTHERBST

170-199

DER WINTER

200-227

Wer brütet wann 228-229

Was blüht wann 230-233

Literatur, Adressen 234-235

Register 236-239

Eine Übersicht über die im Buch behandelten Sonderthemen finden Sie auf der folgenden Doppelseite

BEOBACHTUNGSTIPS

Der Hochzeitsmarkt der Stockenten 30
Bläßhühner in Fahrt 34
Schaumschläger 52
Frösche im Rampenlicht 73
Flatterhaftes 81
Von der Raupe zum Falter 99
Gallen sammeln 124
Federlesen 153
Wer nistet wo? 182, 183
Gewölle 196
Vögel am Futterhaus 216, 217
Fährtensucher 219

SPIELEN UND EXPERIMENTIEREN

Nistquirle für Vögel 37
Pflanzliche Sprengmeister 40
Der Acker im Blumentopf 40
Die Kartoffel im Irrgarten 41
Raupen fangen 49
Weidenhäuschen 64
Katz und Maus 65
Mit den Füßen sehen 82
Habichtsaugen gefragt 83
Blätter unter Druck 102
Blütenzauber 110
Insektenstaubsauger 110
Farben der Natur 132, 133
Über Stock und Steinchen 148
Haselhäuschen 148
Ketten aus Wildfrüchten 149
Fingerabdrücke von Pilzen 149
Hummeln füttern 163
Naturgewebe 174
Blattskelette 174
Farbpalette 175
Krokusmännchen 184
Beutelgeheimnisse 184
Schnuppory 210
Ast-Puzzle 211
Steinreich 211
Joghurt-Memory 222
Wer bin ich wohl 222
Schneepastell 223

DAS WISSEN DER AHNEN

Vögel auf Reisen 38
Es gibt keine Maikäfer mehr 53
Vom Nutzen der Nessel 94
Das Kraut der Hexen 135
Das Geheimnis der Berserker 160
»Ein Bissen von wunderbarer Saftfülle...« 179
Misteln – nicht nur zur Weihnachtszeit 225

ESSAYS

Lebensgemeinschaft aus Pilz und Alge 21
Wo bleiben Stubenfliegen im Winter? 22
Was ist Photosynthese? 24
Warum sind Blüten bunt? 60
Wie wird aus Nektar Honig? 63
Wer laicht wann? 70,71
Wie jagen Fledermäuse? 78
Die Blattlauslawine 92
Womit brennt die Brennessel? 95
Pflanzen mit stacheligem Charme 112
Meisterspringer 119
Wie entsteht ein Radnetz? 127
Zebraspinnen auf Freiersfüßen 129
Das Kleid der Vögel 146
Warum werden im Herbst die Blätter bunt? 155
Pilze – Pflanzen ganz besonderer Art 166,167
Wanderer zwischen den Welten 190,191
Warum werfen die Bäume im Herbst die Blätter ab? 193
Warum frieren Enten im Winter nicht fest? 214,215
Winterschläfer: Wie man sich bettet, so liegt man 220

GRÜNE TIPS

Wohnanlage für Insekten 18
Hummelsheim 18
Nisthölzer für Bienen und Wespen 19
Jungvögel in Not 55
Ein froschgerechter Garten 55
Untermieter willkommen 86
Eine Pension für Ohrwürmer 87
Angriff der Schleimer 87
Lebendige Mauern 120,121
Ein Garten für Schmetterlinge 142
Vorratshaltung fürs Vogelhaus 143
Herbstlicher Hausputz 186
Die Unsitte des Umgrabens 186
Winterquartiere für Untermieter 187
Imbißbude für Vögel 204
Häusle bauen 205

FELD- WALD- UND WIESENKÜCHE

Huflattichgemüse 26
Kapern aus Wildkräutern 26
Löwenzahnsirup 59
Fichtenwipfelsirup 59
Hollerküchle 100
Brennesselkuchen 100
Klettenmarkgemüse 117
Distelknospen in Kräutersud 117
Weißdorn-Holunder-Berberitzen-Marmelade 158
Holunder-Apfel-Gelee 158
Schlehensaft 181
Schlehen-Apfel-Marmelade 181
Pastinakpüree 207
Hagebuttensirup 207

Mit Schmetterlingen reisen wir im Wind.
Mit Forellen schwimmen wir über Traumkiesel.
Mit Murmeltieren schlafen wir unter den Föhren.
Mit den Termiten beißen wir den Beton.

Manchmal haben kleine Ereignisse unerwartete Folgen.

An einem frostigen Januarabend, mitten im Büroschlußgedränge, lief mir Evamaria über den Weg. Wir hatten in den Siebzigern in München gemeinsam Biologie studiert, Schwerpunkt Ökologie, und sie hatte geschafft, wovon wohl jeder Ökologe insgeheim träumt: Sie hatte sich auf Tropenökologie spezialisiert und betreut seit mehreren Jahren ein Forschungsprojekt im peruanischen Regenwald.

Regenwald! Bei diesem Stichwort tauchten vor meinem inneren Auge Bilder auf von Bäumen mit riesigen Brettwurzeln, von knallbunten, winzigen Fröschen, schillernden Schmetterlingen und bizarren Blüten. Und das ganze Jahr über Wärme, Sonne, keine Novembernebel, kein »Matschwetter«, keine endlosen Dezembernächte, keine beißende Januarkälte – paradiesisch!

Evamaria ließ mich eine Weile schwärmen, sah mich lange an und meinte schließlich: »... und genau das fehlt mir drüben: die Jahreszeiten!«

Verdattert dachte ich eine Weile nach und mußte schließlich zugeben, daß sie so unrecht wohl nicht hatte. An jenem Januarabend, als ich frierend von einem Fuß auf den anderen trat, erschien mir ein Leben in Wärme und Sonne allerdings wie der Himmel auf Erden – aber jahrelang jeden Tag dasselbe? Kein grandioser Frühlingsbeginn mehr, kein sommerliches Blütenmeer, kein herbstlicher Farbenrausch, keine winterliche Atempause? Langweilig. Vielleicht sogar deprimierend. Evamaria nickte heftig.

»Und schillernde Käfer oder Phantasieblüten – die gibt's bei uns auch! Man muß nur den Blick dafür haben«, hakte Evamaria nach. Von unserem Zwiegespräch bis zu der Idee dieses Buches war es nicht mehr weit.

Natur in Mitteleuropa, das ist ständige Verwandlung, fließender Wechsel. Am deutlichsten wird dieser Wandel, wenn man vertraute Plätze im Laufe eines Jahres immer wieder aufsucht, sie in ihrer Entwicklung begleitet, beobachtet. Damit war ein Element des Buches klar: Der Rote Faden sollte ein Spaziergang im Wechsel der Jahreszeiten sein – immer auf demselben Weg und doch jedesmal durch eine anders erscheinende Landschaft.

Die leuchtenden Farben blühender Weidenröschen oder eines fruchtenden Traubenholunders können es ohne weiteres mit der Farbenpracht tropischer Blüten aufnehmen.

Jahreszeiten in Mitteleuropa

Als es an die Vorbereitungen zu diesem Buchprojekt ging, wurde schnell klar, daß die »klassischen« 4 Jahreszeiten – Frühling, Sommer, Herbst und Winter – zu wenig Spielraum lassen, um den vielfältigen Wechsel in der Natur auf jeweils einem »Spaziergang« anschaulich darzustellen. Auf der anderen Seite hätte eine zeitliche Untergliederung der Hauptkapitel nur Verwirrung gestiftet und dem Ganzen leicht eine wissenschaftliche Steifheit verliehen. Der Kompromiß: Das Buch teilt sich in 7 Kapitel auf, in Jahreszeiten, die so zwar in keinem Botanik-Lehrbuch stehen, aber von jedem Leser leicht nachvollzogen werden können.

Natürlich wird dieser Wechsel der Landschaft im Jahresverlauf überall ein wenig anders aussehen. Der astronomische Kalender sagt zwar, daß der Frühling am 21. März beginnt und am 22. Juni vom Sommer abgelöst wird, doch die Natur hält sich nicht an starre Daten, sondern folgt ihrem eigenen Terminkalender. Im Rheintal können im Februar die Krokusse schon blühen, wenn in Garmisch noch eine geschlossene Schneedecke über den Wiesen liegt. In der Wärmeinsel einer Großstadt spazieren die Stare Anfang Dezember noch über die Parkwiesen, während sie aus dem Umland längst fortgezogen sind. Breitengrad, Geländeform, Höhenlage und eine Reihe anderer Faktoren entscheiden darüber, wie die »Feineinstellung« der Jahreszeit letztendlich aussieht. Was ich auf meinen Spaziergängen beobachtet habe, kann sich also anderswo zu einer ganz anderen Zeit abspielen.

Beerentragende Büsche sind regelrechte Vogeltreffpunkte (im Bild eine Amsel auf Sanddorn).

Ein Spaziergang im Wechsel der Jahreszeiten

Mein Spazierweg, wie ich ihn in diesem Buch wiedergegeben habe, führt zunächst an einem lehmigen Straßengraben entlang, vorbei an einem der letzten Bauernhöfe eines Dorfes, biegt an einer jungen Linde auf einen Feldweg ab und führt zwischen einem Acker und einer Wiese entlang. Wo das Gelände zu einem Bach hin abfällt, schiebt sich eine Hecke in die Wiese hinein. An dieser Hecke mit ihrem dichten Filz aus Schlehen, Weißdorn, Hartriegel, Liguster, Holunder und einer Handvoll weiterer Straucharten habe ich mir immer besonders viel Zeit zum Beobachten genommen, und es hat sich jedesmal gelohnt. Hangabwärts schließt sich an die Hecke ein üppig wuchernder Brennesselwald an, der bei Tagpfauenaugen überaus beliebt ist: In den sonnenbeschienen Winkeln des Nesseldickichts wimmelt es im Frühsommer von stacheligen samtschwarzen Raupen.

Der Bach, der sich durch das kleine Tal schlängelt, muß früher zur Zeit der Schneeschmelze den ganzen Talboden in weit ausholenden Mäandern überschwemmt haben. Bis dorthin, wo die Wiese zur Hecke hin ansteigt, reichte damals die Schubkraft des Wassers. Heute haben Schleusen und ein kleiner Stausee flußaufwärts den Bach gezähmt, aber noch immer stemmt er sich nach schneereichen Wintern aus seinem Bett, deponiert Schwemmholz und ausgerissene Gräser in Kniehöhe in den Heckenkirschen, baut sich Barrieren aus entwurzelten Baumstämmen, putzt den Auwaldboden aus und füllt die unzähligen Überschwemmungstümpel auf. Jedesmal, wenn sich der Bach wieder beruhigt hat, verläuft sein Bett ein wenig anders – eine Extravaganz, die ihm das Wasserwirtschaftsamt bisher noch nicht mit steinernem Korsett verboten hat. Zum Glück!

Der Auwald im Unterlauf des Baches ist ein uriges Gemisch aus Traubenkirschen, Eschen, verschiedenen Weidenarten, aus Faulbaum, Heckenkirschen und Wald-Geißblatt. Pflanzen wie Gelber Eisenhut, Märzenbecher und Tür-

kenbund, die anderswo schon zu den Raritäten zählen, wachsen hier wie Allerweltspflanzen. Laubfrösche, die Sorgenkinder des Naturschutzes, besiedeln von hier aus jeden noch so kleinen Folientümpel in den umliegenden Hausgärten. Und an Glückstagen bekommt man sogar Eisvogel und Wasseramsel zu Gesicht, wenn sie knapp über dem Wasserspiegel des Baches dahinschwirren.

Zugegeben, nicht jeder hat einen Auwald vor der Haustür, aber darauf kommt es auch gar nicht an. Die schönsten Tierbeobachtungen sind mir nicht im Auwald geglückt, sondern am Ackerrand, wo die Kratzdisteln Spalier stehen, in der Wiese, wo die Blattläuse in friedlicher Zweckgemeinschaft mit Ameisen leben, im dichten Unterwuchs der Hecke, wo Kreuzspinnen ihre hauchzarten Netze weben und in der Hecke selbst, wo immer »etwas los« war. Wer ein Gefühl für die Natur entwickeln will, braucht keinen wertvollen Trokkenrasen mit soundsoviel gefährdeten Arten oder einen Auwald mit bedrohten Amphibien. Er braucht eigentlich nur die Bereitschaft, im Alltäglichen das Besondere zu entdecken.

Textelemente des Buches

Die Chancen, dieses Besondere wahrzunehmen, stehen natürlich umso besser, je mehr man über Gesetzmäßigkeiten und Vorgänge in der Natur weiß. Neben der Schilderung des »Spaziergangs« wurden deshalb weitere Elemente in die Kapitel integriert. »Essays« zu interessanten, oft gestellten Fragen vermitteln Hintergrundinformationen zu Vorgängen in der Natur, denn nur ein Wissender wird auch sehen. Und darüber hinaus lotsen »Beobachtungstips« (erkenntlich am Fernglas-Symbol) den Leser zur richtigen Zeit an den richtigen Ort, um einige der Beobachtungen nachvollziehen zu können.

Doch Wissen ist relativ. »Das ›Wissen‹ der Ahnen« über das Verschwinden der Schwalben im Herbst reizt heute die Lachmuskeln – ebenso wie vielleicht künftige Generationen über unser Wissen zum Thema Vererbung lächeln werden. Anderes längst vergessenes Wissen wie die Verwertung der Brennessel als Textilrohstoff reizt zum Experimentieren. Und die Versuche der Hexen, mit Zaubertränken die ma-

Klatschmohn und Kamille sind seit Menschengedenken die Begleiter der Getreidefelder.

Die knallroten Lilienhähnchen gehören zu den schönsten Käfern und sie sind nicht einmal selten (oben).

teriellen Gesetze der Schwerkraft zu überwinden, mögen manchen auch heute noch neugierig machen. Wissenschaftlern, die ja die Neugier zum Beruf erhoben haben, ging es nicht anders: Moderne Versuche mit Hexenrezepten haben mehr als ein Menschenleben gekostet...

Zwar soll die »Feld-, Wald- und Wiesenküche« keine übersinnlichen, sondern nur leibliche Genüsse bescheren, aber auch hier ist Vorsicht geboten: Bitte gehen Sie nie ohne ein gutes Bestimmungsbuch auf Wildgemüse-Ernte. Die Rezepte – eine winzige Auswahl aus dem umfangreichen Spektrum der Wildgemüseküche – sind so gewählt, daß Verwechslungen weitgehend ausgeschlossen sind. Trotzdem ist Vorsicht besser als Magenschmerzen. Vor allem, wenn Sie mit kleineren Kindern losziehen, ist Vorsicht angebracht: Die leuchtend roten Beeren vieler Sträucher, die Kinder so unwiderstehlich finden, sind für Vögel zwar ein Leckerbissen, wirken sich in unseren Mägen aber verheerend aus. Bitte haben Sie ein Auge darauf, was Ihre Kinder in den Mund stecken.

Wildkräuter-Salate sind aus gutem Grund nicht unter den Rezepten vertreten: Besonders im südwestlichen Deutschland sind Füchse zum großen Teil mit dem Fuchsbandwurm infiziert. Mit dem Kot werden die Wurmeier ausgeschieden und mit dem Wind werden sie verfrachtet. Wenn Menschen ungewaschene Waldbeeren oder rohe Wildkräuter essen, können sie unbemerkt Wurmeier aufnehmen.

Das Buchelement, das mir vielleicht am wichtigsten ist: »Spielen und experimentieren«. Dieses Buch wendet sich aus gutem Grund auch an Familien mit Kindern, denn aus Kindern, die in ihren prägsamen Jahren Natur und natürliche Dinge als spannend, schön und unterhaltsam erlebt haben, werden einmal Erwachsene, die sich für die Natur verantwortlich fühlen. Die achtjährige Gabriele und der sechsjährige Johannes haben mir geholfen herauszufinden, welche Spiele Kindern Spaß machen und welche Experimente sie faszinieren.

Bei manchen Spielen sind Kinder den Erwachsenen übrigens um Längen voraus: Kinder haben noch den Detailblick. Für sie kann ein Verhau aus Fichtennadeln, durch den sich ein Laufkäfer müht, faszinierender sein als für Erwachsene die Kreidefelsen auf Rügen oder die Hohen Zinnen im Alpenglühen. Wo immer es in Spielen darum geht, kleinste Veränderungen wahrzunehmen, ist der kindliche Lupenblick im Vorteil.

Aber Gabriele und Johannes haben mir auch gezeigt, wie überflüssig Spielanleitungen oft sind, wenn Kinder nur ungestört mit Matsch, Steinen, Wasser und Stöckchen ihre eigene Welt bauen und ihre eigenen Geschichten erfinden dürfen. Und sie haben mir gezeigt, wie wichtig Kindern mystische Orte sind. Aus dem träge dahinmäandrierenden Bach machten wir auf unseren Expeditionen einen Seitenlauf des Amazonas, ein Tümpel voller modernder Blätter wurde zum Gelben Meer, über das die Dschunken des Piraten Chu Ching Wei trieben, und wenn wir den Hals langmachten, konnten wir

auf der benachbarten Kuhweide die Büffel auf der Prärie grasen sehen.

Ich glaube, jeder Mensch braucht solche mystischen Orte, an die seine Seele auch später noch zurückkehren kann, wenn er sich den Kopf vielleicht längst über Börsenkurse und die Brüchigkeit des sozialen Netzes zerbrechen muß. Mystische Orte und mystische Erlebnisse werden nicht zuletzt darüber entscheiden, wie Kinder später als Erwachsene zu ihrer natürlichen Umwelt stehen und wieviel Einsatz sie dafür zu bringen bereit sind. Wer würde es schon fertigbringen, gleichmütig die Verrohrung eines Baches mitanzusehen, der einmal »ein Seitenlauf des Amazonas« war?

Aus Wissen und Spiel ergibt sich folgerichtig das Element »Grüne Tips«. Wer erfahren hat, wie oft ein Kohlmeisenpaar seinen Jungen jeden Tag Futter bringen muß und dann einmal »Raupensuche« (s.S.49) gespielt hat, will vielleicht selbst einen Nistkasten bauen. Wer den Alltag einer Erdkröte ein wenig kennengelernt hat und die ungewollte Tierfeindlichkeit moderner Gärten kennt, hat vielleicht Spaß daran, einen winterfesten Krötenunterschlupf zu bauen oder Tages-Schlupflöcher für Erdkröten in einer Trockenmauer anzulegen. »Grüne Tips« verstehen sich als Anregungen, nicht als Pflichtkanon. Ob nun eine(r) das Buch zur Seite legt und gleich seine Werkzeuge in die Hand nimmt ...? Ich denke, das Richtige zu tun, muß auch richtig Spaß machen. Und den wünsche ich mir und Ihnen.

Gartenrotschwänze haben einen exakten Ortssinn: Sie kehren aus ihrem Winterquartier punktgenau dorthin zurück, wo sie selbst aus dem Ei gekrochen sind (im Bild ein Männchen).

Erst wenn die Bäume im Herbst das Grün aus den Blättern abziehen, kommen leuchtende Gelb- und Orangetöne zum Vorschein, die einen Sommer lang hinter der grünen Blende verborgen waren (im Bild die Blätter und Früchte einer Hainbuche).

Der Vorfrühling

…ist eine Zeit voller Widersprüchlichkeiten: frostklirrende Nächte gegen frühlingshafte Sonnenstunden, Schneedecke gegen Krokusblüten, Eiszapfen gegen singende Amselmännchen. Kein Schneegestöber kann darüber hinwegtäuschen: Die Macht des Winters ist gebrochen.

Manchmal blühen die Kätzchen der Hasel (oben) schon im Februar, wenn ein verspäteter Schneefall noch winterliche Stimmung verbreitet.
Die heisere Strophe des Hausrotschwanzes (im Bild unten das umworbene Weibchen) gehört zwar nicht zu den schönsten, aber zu den ersten Vogelstimmen des Tages. Lange vor Sonnenaufgang schon zischeln die Männchen ihr »Lied« von den Dachgiebeln.

Wie ein Scherenschnitt steht die Silhouette der Amsel gegen den Morgenhimmel. Und während sich der Himmel allmählich von zartrosa auf orange verfärbt und dabei den Amselhahn auf seiner Fernsehantenne in Theaterbeleuchtung taucht, flötet er perlende Tonreihen, setzt zu gewagten Tonsprüngen an, läßt die Darbietung in kichernden Schlußakkorden gipfeln. Nach jeder Strophe legt der Vogel eine kleine Pause ein. Die schöpferische Pause eines Kleinkünstlers?

In die Kunstpausen des Amselhahns drängt sich ein anderes Vogellied – oder sollte man eher

sagen: Vogelgeräusch? In sekundenlangen, kratzenden Kurz-Strophen stottert ein Hausrotschwanz-Männchen vom Giebel des Nachbarhauses. Als es morgens anfing, sich die Töne aus der Kehle zu pressen, war es noch stockdunkel. Hausrotschwänze sind die ersten, die den Schnabel aufmachen.

Ein singender Hausrotschwanz ist zwar kein Ohrenschmaus, aber der Zweck der Vogellieder ist ja auch nicht, den Menschen zu erfreuen. Vögel singen durchaus nicht zum Lob und Preis des Schöpfers, wie es manch frommes Liedchen behauptet. Sie singen, um männlichen Artgenossen unmißverständlich klarzumachen: »Revier besetzt. Zutritt strengstens verboten! Zuwiderhandlungen werden unverzüglich bestraft!«

Wer sich nicht bewegt, lebt sicherer: Wie ausgestopft kauert die brütende Amsel auf ihren Eiern. Kein Federchen regt sich.

Streithähne leben gefährlich

Doch nicht jeder läßt sich von solchen Drohungen einschüchtern. Ein paar Gärten weiter sind zwei Amselhähne in Streit geraten und huschen dicht hintereinander über den Zaun. Auf dem Rasen geht die Verfolgungsjagd zu Fuß weiter; im rasenden Trippelstaccato hetzen sie übers Grün. Schließlich wendet der Verfolgte mit einem Ruck und wirft sich dem Revierbesitzer entgegen. Wie zwei Furien, flatternd und schnabelhackend, gehen die beiden Vogelmänner aufeinander los, plumpsen mit fächrig gespreizten Schwanzfedern und hängenden Flügeln ins Gras, drohen sekundenlang mit offenen Schnäbeln, werfen sich wieder aufeinander und versuchen, den Gegner mit Flügeln und Krallen zu Boden zu drücken.

Wenn Amselhähne ihre Grenzstreitigkeiten austragen, werden sie oft blind und taub für das, was sich um sie herum abspielt. Im Eifer des Gefechts kann es sogar passieren, daß sie eine Katze oder einen Marder übersehen. Doch diese beiden Kampfhähne haben die Welt um sich herum noch nicht ganz ausgeblendet. Eine kaum wahrnehmbare Bewegung unter einem Johannisbeerbusch, und schon sind sie zeternd über den Zaun verschwunden. Eine Weile ist alles still im Garten, dann streicht eine getigerte Katze unter dem Strauch hervor, blinzelt in die aufgehende Sonne und läßt sich auf einem sonnenbeschienenen Rasenfleck nieder. Wenn sie wirklich vor hatte, sich einen oder gar beide Streithähne zu greifen, merkt man ihr das jetzt nicht an. Katzen haben ihre eigene Art, mit Mißerfolgen fertig zu werden: Ein paarmal wischt sie zerstreut mit der Zunge über das rechte Vorderbein. Schließlich erhebt sie sich und zieht gemächlich davon.

Come-back der Schmetterlinge

Der lehmige Abbruch des Straßengrabens kann noch nicht lange aufgetaut sein. Das abfließende Schmelzwasser hat ein verästeltes Nestwerk aus Furchen und Rinnen in die nackte Erde gegraben. Für den Huflattich waren das Tauwetter und die länger werdenden Tage zwei wichtige Signale: Die Wände des Straßengrabens sind gesprenkelt mit gelben Blütensonnen auf schuppigen Stengeln. Ein verfrühtes Tagpfauenauge hat sich mit ausgebreiteten Flügeln auf einer der Huflattichblüten niedergelassen. Seine Flügel wirken zerrupft, das Augenmuster verwaschen. Mit steifen Beinen klammert es sich an den Blütenblättchen fest. Käme jetzt ein hungriger Vogel daher, der Falter wäre völlig hilflos. Erst wenn der Körper Wärme getankt hat, ist er wieder fluchtbereit.

In einem geschützten Winkel des Schuppens hat das Tagpfauenauge den Winter überstanden. Nur ein paar warme Tage fehlen ihm noch zum Start ins neue Jahr.

Wenig Aufwand, große Wirkung: Ein Bündel hohler Schilfhalme und angebohrter Weidenzweige, gegen den Regen mit Rinde umhüllt, ist ein erstklassiger Nistplatz für Wildbienen.

WOHNANLAGE FÜR INSEKTEN

Zum Glück dürfen dürre Stengel und abgeblühte Stauden heute in vielen Gärten den Winter über stehenbleiben – als Nahrungsreserve für Vögel und als Unterschlupf für Insekten. Im Frühjahr lassen sich aus den trockenen Überresten Nistgelegenheiten für Insekten bauen: Hohle Strohhalme, Schilfstengel oder die markhaltigen Zweige von Forsythie, Himbeere, Brombeere und Holunder werden auf gleiche Länge gebracht (15 cm genügen) und in eine leere, ausgewaschene Konservendose gefüllt. Die Halme müssen so knapp in ihrer Hülle sitzen, daß auch bei leichter Bewegung der Dose nichts herausfallen kann. Die Halmdose wird nun an einer sonnigen und geschützten Stelle in waagrechter Haltung so angebracht, daß die offene Seite leicht abwärts geneigt ist. Nur so kann eindringender Regen oder Kondenswasser abfließen.
Wenn Sie die Behelfswohnungen ansehnlicher gestalten wollen: Nageln Sie einfach 3 gleich lange Holzbrettchen zum Dreieck zusammen, bringen Sie einen Aufhänger an und füllen Sie das Innere mit den Stengeln und Zweigen.

HUMMELSHEIM

Die auffallend großen Hummeln, die Sie im zeitigen Frühjahr etwas klamm in den Blüten von Krokussen und Schneeglöckchen herumkrabbeln sehen, sind junge Königinnen. Nur sie haben den Winter überlebt. Ab März suchen sie sich eine geeignete Unterkunft und gründen darin einen neuen Staat, der ganz ähnlich aufgebaut ist wie der ihrer nahen Verwandten, der Bienen und Wespen.
Hummeln finden in vernünftig bepflanzten Gärten zwar reichlich Nektar und Pollen, doch die Quartiersuche bleibt ein Problem. Die meisten Arten legen ihre Nester nämlich im Boden an, am liebsten in verlassenen Mäuselöchern. Mäuse und ihre Löcher sind zwar mit gutem Grund aus den Hausgärten verschwunden, aber Hummeln akzeptieren auch Behelfswohnungen. Sie brauchen dazu nur einen Blumentopf mit mindestens 15 cm Durchmesser, etwas Einstreu aus einem Mäusekäfig (die gebrauchte Einstreu bekommen Sie bei jedem Zoohändler) und ein paar flache Steine.
An einem sonnigen, geschützten Fleck des Gartens, der bis zum Herbst – das ist wichtig – nicht gestört wird, graben Sie ein Loch, das etwas größer ist als der Blumentopf, stampfen die Erde am Grund des Lochs fest und füllen den Topf etwa bis zur Hälfte mit Moos

Viele Hummelarten wie diese Dunkle Erdhummel nisten mit Vorliebe in verlassenen Mauselöchern.

Mauerbienen (rechts ein Pärchen) gehören zu den Wildbienenarten, die ihre Eier gern in wurmstichiges Holz legen. Zwar sind löchrige Bäume selten geworden, aber Hartholzstücke mit vorgebohrten Löchern (oben) sind ein tauglicher Ersatz.

oder Heu, dem Sie ein wenig von der Mäuseeinstreu beigemischt haben. Den Topf stülpen Sie nun mit dem Wasserabzugsloch nach oben in Ihre Grube. Da das Loch im Blumentopfboden später der Eingang für die Hummeln sein wird, muß es mindestens 15 mm Durchmesser haben. Ist es zu klein, läßt es sich leicht mit einer Eisenfeile erweitern. Füllen Sie nun die Grube wieder so weit mit Erde, daß der Topfboden mit der Erdoberfläche abschließt, und drücken Sie die Erde gut fest. Zum Schluß errichten Sie über dem Einschlupf ein Regendach aus flachen Steinen, und fertig ist das Hummelsheim. Wenn später Hummelköniginnen auf Quartiersuche vorübersurren, wird der Mäusegeruch aus der Behelfswohnung sie unwiderstehlich anlocken.

Nisthölzer für Bienen und Wespen

Nicht jede Biene gehört zu einem Staat, nicht jede Wespe gehört zu einer Kolonie. Manche Arten bewältigen den Nestbau und die Verpflegung ihrer Larven allein, ohne Hilfe von Arbeiterinnen. Gerade diese sogenannten solitären Arten sind in den letzten Jahren selten geworden. Einer der Gründe ist die leidige Wohnungsnot. Solitärbienen und -wespen nisten nämlich am liebsten in hohlen Pflanzenstengeln (s. »Wohnanlage« auf der linken Seite), löchrigem Holz und Mauerritzen.
Die Originalwohnungen – morsche Bäume und bröckeliges Mauerwerk – sind zwar aus unserer Welt weitgehend verschwunden, aber mit wenig Aufwand läßt sich Ersatz schaffen. Nehmen Sie einfach ein Stück Holz und bohren sie mit Holzbohrern waagrechte Löcher hinein. Wichtig ist, daß sie Hartholz nehmen, zum Beispiel Obstbaumholz oder Astabschnitte von Esche oder Buche. Weichholz wie Fichte oder Kiefer quillt zu stark, wenn es feucht wird; die Insektenlarven in den Bohrgängen können dabei zerquetscht werden.
Wenn Sie Löcher mit verschiedenem Durchmesser bohren – etwa 3–10 mm dick – bieten sie mehreren Arten eine Nistmöglichkeit. Den Holzblock hängen Sie bitte so auf, daß die Locheingänge zwar von der Sonne beschienen werden, aber kein Regenwasser eindringen kann.

Die Artgenossen dieses Frühstarters und all die überwinterten Zitronenfalter und Kleinen Füchse werden erst in ein, zwei Wochen aus ihren Unterschlüpfen kommen. Sie haben vielleicht in einem der zahlreichen Gerätehäuschen überwintert, haben eine Ritze in einer Pergola bezogen, sich unter den Vorsprung eines Wintergartens gedrückt oder in einem der vielen Holzstöße einen geschützten Winkel gefunden. Schlupfwinkel für Insekten gibt es hier in der Siedlung jedenfalls genug, Schlupfwinkel auch für Wespen. Gartenhäuschen sind für sie so etwa wie eine Vier-Sterne-Unterkunft. Wenn die Nächte im Herbst kälter werden, suchen sich die jungen Königinnen einen frostfreien Schlupfwinkel – zum Beispiel im Nut-und-Feder-Skelett eines Geräteschuppens. Dort klappen sie die längsgefalteten Doppelflügel an den gelbschwarzen Leib, haken die Krallen ins Holz und verfallen in einen Zustand der Starre.

Diese Königin der Sächsischen Wespe (oben) ist gerade dabei, die Außenwand ihres Nestes zu mörteln. Ihr Baumaterial: feinste Holzfasern vermischt mit Wespenspeichel. Der noch feuchte frische Mörtelstreifen ist deutlich zu erkennen.
Ein trillernder, flötender Federball irgendwo am Himmel: ein Feldlerchen-Männchen (unten) markiert sein Revier.

Königin ohne Staat

Monatelang waren die jungen Königinnen nur noch hilflose, bewegungsunfähige Chitinpanzer mit einem schwach glimmenden Rest Lebensenergie. Doch wenn die ersten warmen Tage die Winterunterkünfte aufwärmen, springt auch der innere Motor der Wespen wieder an. Es kann nicht mehr lange dauern, bis sie aus ihren Schlupfwinkeln kriechen, die Flügel ordnen und sich auf die Suche nach einem geeigneten Platz für ihren künftigen Staat machen.

Noch ist es zu kühl für die Wespenköniginnen. Vor zwei Tagen erst waren die welken Gräser morgens wieder rauhreifüberkrustet, und heute morgen liegt eine dünne Nebeldecke über Wiesen und Äckern.

Um die Hecke und den Stamm der einzeln stehenden Eiche in der Wiese wabert ein Milchsee, und frühe Spaziergänger sehen aus, als sei ihnen der Unterleib abhanden gekommen – Bodennebel. Keine Stunde später hat die Sonne alles aufgesaugt. Zwischen den akkurat gezogenen Reihen des Winterweizens steigen nun sogar Dampfwölkchen auf.

Etwas mäuseartig Graubraunes huscht eine Furche entlang, hüpft in eine benachbarte Furche hinüber, saust noch ein paar Meter weit und bleibt schließlich reglos stehen. Augenblicke später breitet die vermeintliche Maus ihre Flügel aus, hebt sich in die Luft, höher, immer höher, schwirrt als flötendes, trillerndes Pünktchen im Himmel. Selbst im Fernglas ist anstelle der Flügel nur noch ein verwischter Fleck zu sehen. Biologen, die es mehr mit Zahlen als mit Impressionen haben, zählten bei einer singenden Feldlerche 10–12 Flügelschläge pro Sekunde!

Lebensgemeinschaft aus Pilz und Alge

Ob kleine Becher, moosähnliche Polster oder blattartige Gebilde (oben): Die Formenvielfalt der Flechten scheint grenzenlos. Noch im 19.Jahrhundert färbte man mit den Farbstoffen mancher Flechten Wolle und Seide (rechts oben die Landkartenflechte *Rhizocarpon geographicum*, **darunter die Gelbflechte** *Xanthoria elegans*).

Lange waren Botaniker ratlos, wo Flechten wohl verwandtschaftlich einzuordnen seien. Erst in den 60er Jahren des vergangenen Jahrhunderts war klar: Eine Flechte ist nicht **eine** Pflanze, sondern zwei. Jede Flechte besteht nämlich aus einem Pilz und einer Alge. Die beiden Partner haben sich zu einer engen Lebensgemeinschaft zusammengeschlossen, von der beide profitieren: Die Alge kann wie alle Pflanzen Photosynthese betreiben und Kohlenhydrate erzeugen; der Pilz nimmt mit seinen spinnwebfeinen Fäden, den Hyphen, Wasser und Mineralsalze auf. Und da die Pilzfäden die Algenzellen hauteng umspinnen, können beide Partner Stoffe untereinander austauschen.
Die Stoffwechselprodukte, die sogenannten Flechtenstoffe, lagern sich als oft farbenprächtige Kristalle auf den Pilzfäden ab und bilden eine widerstandsfähige, wasserabstoßende Haut. Dank dieser Schutzhaut und den kombinierten Fähigkeiten von Pilz und Alge können Flechten noch unter Lebensbedingungen existieren, die keiner der beiden Partner allein überleben würde. Auf nackten Felsen in 4700m über dem Meeresspiegel zum Beispiel müßten Algen vertrocknen und vor der hohen Sonneneinstrahlung kapitulieren, während Pilze auf dem Fels verhungern würden. In der Lebensform Flechte aber wird die Alge durch die Pilzfäden vor Wasserverlust geschützt und durch die Flechtenstoffe vor zu intensivem Sonnenlicht bewahrt, und der Pilz wird von den Algenzellen miternährt.
Selbst die Fortpflanzung der Flechten verläuft im Team: Winzige Flechtenbruchstücke aus einigen wenigen Algenzellen, umsponnen von Pilzfäden, werden von Wind und Wasser verfrachtet und wachsen anderswo zu neuen Flechtenlagern aus. Das Konzept der gemeinsamen Haushaltsführung ist so erfolgreich, daß sich weltweit schätzungsweise 16000 Pilz-Alge-Teams entwickelt haben.
Flechten wachsen zwar langsam – bestenfalls 5mm pro Jahr –, können aber ein biblisches Alter erreichen. Die ältesten Krustenflechten sind nachgewiesenermaßen weit über 1000 Jahre alt.

Wo bleiben Stubenfliegen im Winter?

Vögel weichen dem Winter aus, Igel halten Winterschlaf, Bienen und Hamster zehren von ihren Vorräten, viele Insekten überwintern als Puppen, manche Schmetterlinge wie der Distelfalter wandern im Herbst sogar über die Alpen.
Und die Stubenfliegen?
Lange meinte man, sie überlebten die kalte Jahreszeit als Eier oder Puppen irgendwo im Freien. Doch als man im Winter verschiedenste Fliegenpuppen sammelte und sie im Zimmer schlüpfen ließ, krochen zwar alle möglichen Fliegen aus, Stubenfliegen aber waren nicht darunter. Die Brummer sind offenbar recht empfindlich gegen Kälte. – Doch auch im Winter bleibt es an manchen Plätzchen warm, zum Beispiel in Ställen und besonders in Stallmist. Die wohlige Wärme eines Misthaufens ist die Rettung der Zimmerbrummer: Sie führen im Winter in Ställen und Mist (als Larve und Puppe) ihr gewohntes Leben weiter, nur eben viel langsamer als im Sommer.
Und woher kommen nun all die Stubenfliegen, die schon im Vorfrühling nach den ersten warmen Tagen wie aus dem Nichts auftauchen? Wenn Stubenfliegen in Ställen überwintern, wo kommen dann all die Stadtfliegen her?
Zwei amerikanische Naturforscher sind der Sache auf den Grund gegangen. Sie haben eine Viertelmillion Stubenfliegen mit Farbe markiert, wieder freigelassen und anschließend im weiten Umkreis Fliegenfallen aufgestellt. Ein Großteil der beklecksten Fliegen ging denn auch in die Fallen – und bewies damit, welch ausdauernde Flieger sie sein können. Tausende von ihnen waren 1 km weit geflogen, und manche wurden sogar 20 km vom Freilassungsort entfernt wieder aufgegriffen! Für solche Leistungsflieger ist es vom Dorf in die Stadt nur ein Katzensprung.

Auch ein Wildtier, allerdings ein wenig beliebtes: die Stubenfliege. Angeblich lassen sich die lästigen Brummer mit Lorbeeröl, getrockneten Fliederblüten oder nelkenbespickten Zitronen in die Flucht schlagen.

Flugakrobatik der Spitzenklasse

In sicherer Entfernung von den morgendlichen Spaziergängern geben sich Kiebitzmänner unter lauten »kuwitt«-Rufen alle Mühe, vor der Weiblichkeit einen guten Eindruck zu machen. In halsbrecherischen Sturzflügen lassen sie sich auf den Acker hinunterfallen,

Wer Kiebitzmännchen bei ihren Balzflügen zusieht, fühlt sich unweigerlich an die tollkühnen Männer in ihren fliegenden Kisten erinnert.

fangen die drohende Bruchlandung im letzten Moment mit einer rasanten Wendung ab, werfen sich im Flug auf den Rücken, pendeln um ihre Längsachse oder trudeln ab wie Kleinflugzeuge mit Maschinenschaden. Die Kiebitze benehmen sich fast wie männliche Teenager, die alles daran setzen, vor der Freundin mit viel Gas und quietschenden Reifen Eindruck zu schinden.

Am Boden, leider für menschliche Beobachter weniger gut zu sehen, bringt das Männchen sein Anliegen konkreter vor: Es knickt

in den Fersen ein, dreht mit der Brust Mulden ins Gras und wirft über den Rücken Halme und Steinchen Richtung Nestmulde. Wie zweckmäßig das ausgewählte Nistmaterial ist, darauf kommt es in diesem Moment nicht an. Was zählt, ist die Symbolik, und die will sagen: Laß uns gemeinsam ein Nest bauen und eine Familie gründen!

Viele Kiebitzmännchen haben im März ihr Ziel schon erreicht. Irgendwo zwischen den Getreidereihen brütet ihr Weibchen in einer mit Halmen gepolsterten Bodenkuhle auf 4 Eiern. Ein aufwendigeres Nest wäre auch nicht sinnvoll. Schließlich sind junge Kiebitze Nestflüchter, das heißt, sie kriechen genauso fertig entwickelt aus dem Ei wie Hühner- oder Gänseküken und kehren noch am Schlupftag ihrem Nest den Rücken.

Bis die Kiebitzküken reif für die Welt sind, wird sich das jetzt noch winterklamme Insektenleben wohl erholt haben. Vorerst ist hier allerdings wenig zu holen. Keine Spinne, kein Käfer, nicht einmal eine Ameise krabbelt über den Boden. Man sieht es der Wiese an, daß sie noch vor 2 Wochen durchgefroren unter einer zentimeterdicken Schneedecke lag und hart war wie Beton.

Skalpierte Wiesen

Märzwiesen sind eine melancholische Symphonie in Gelb und Braun, und stellenweise nicht einmal das: Wie angeschwollene Adern ziehen sich kreuz und quer die Gänge der Feldmäuse über die Wiese, verdichten sich zu Ver-

Rehe naschen gern vitaminreiche Knospen (oben). Im Januar und Februar, solange das Geweih des Rehbocks wächst, ist es von einer samtartigen Haut umhüllt. Doch im März, wenn die beiden Geweihstangen ausgewachsen sind, stirbt diese Basthaut ab und beginnt fürchterlich zu jucken. Entnervt scheuert (»fegt«) der Bock sein Geweih an den Büschen, bis die lästige Haut in Fetzen herunterhängt (oben) und schließlich abfällt.
Wer eine Steinmarderfamilie (unten) unter seinem Dach beherbergt, dem stehen geräuschvolle Nächte bevor.

kehrsknotenpunkten und verschwinden an aufgeworfenen Erdhügeln im Untergrund. Rund um solche Einschlupflöcher ist der Boden nackt wie ein frisch umgebrochener Acker. Kein Halm ist stehengeblieben. Im zeitigen Frühjahr, wenn der letzte Schnee verschwunden ist, sehen manche Wiesen aus, als habe sie eine rätselhafte Krankheit befallen.

Feldmäuse pflegen nämlich im Schutz der Schneedecke ihre Architektur zu ändern. Sie graben ihre Gänge im Winter nicht aufwendig durch die Erde, sondern lassen sie oberirdisch als schwach eingetiefte Tunnel zwischen Erde und Gras verlaufen. Und da Feldmäuse keinen Winterschlaf halten, sondern sich wochenlang von welken Gräsern und Kräutern ernähren, ist die Wiese im Einzugsbereich der Gänge und besonders der Einschlupflöcher bald skalpiert.

Den großen, kahlgefressenen Flecken nach muß der vergangene Sommer für die Feldmäuse traumhaft verlaufen sein: nicht zu trocken, nicht zu naß und reichlich zu fressen. Wenn die Lebensbedingungen nach ihrem Geschmack sind, entfalten Feldmäuse eine schier unbegreifliche Fruchtbarkeit. Weibchen können schon im zarten Alter von 13 Tagen gedeckt werden, wenn sie selbst noch Säuglinge sind, und sie können zeit ihres Lebens alle 20 Tage Junge bekommen. In der Sicherheit eines Labors, abgeschirmt vor Turmfalke, Wiesel und Fuchs, brachte es ein Feldmausweibchen in seinen 2 Lebensjahren auf 33 Würfe mit insgesamt 127 Jungen. In Freiheit sind zwar

Was ist Photosynthese?

Pflanzen können etwas, wozu keine andere Gruppe von Lebewesen imstande ist: Sie können aus so wenig greifbaren Dingen wie Wasser, Kohlendioxid und der Energie des Sonnenlichtes lebende Substanz produzieren. Dieser chemische Prozeß, der Luft und Wasser in Pflanzengewebe verwandelt, heißt Photosynthese (aus dem Griechischen »photos« = Licht; »synthesis« = Zusammensetzung) und ist die Grundlage allen Lebens auf der Erde. Im Verlauf der Photosynthese wird nämlich nicht nur Pflanzengewebe hergestellt, sondern auch Sauerstoff ausgeschieden. (Fast) jedes Lebewesen braucht Sauerstoff zum Atmen, und (fast) jedes Lebewesen ernährt sich direkt oder indirekt von Pflanzen. Nur einige Bakterien sind nicht auf die Vorarbeit der grünen Gilde angewiesen; sie haben ihr eigenes chemisches Labor entwickelt.
Vereinfacht ausgedrückt, läuft die Photosynthese folgendermaßen ab: In winzigen, pillenförmigen Zellorganen, den sogenannten Chloroplasten, lagern Moleküle eines grünen Farbstoffes, des Chlorophylls. Diese Pigmente fangen die Energie des Sonnenlichts ein und stellen sie für chemische Prozesse zur Verfügung: Mit Hilfe der nutzbar gemachten Sonnenenergie wird Wasser in Wasserstoff und Sauerstoff gespalten; der Wasserstoff verbindet sich mit dem Kohlendioxid der Luft zu Kohlenhydraten, der Sauerstoff wird als Abfallprodukt ausgeschieden.
Das Wasser, das im Verlauf der Photosynthese gespalten wird, liefern die Wurzeln aus dem Boden nach, und das Kohlendioxid gelangt, da es ein Bestandteil der Luft ist, durch unzählige winzige Poren ins Blatt. Diese sogenannten Spaltöffnungen lassen übrigens nicht nur Luft ins Blatt, sondern geben auch überschüssigen Wasserdampf ab und verhindern damit unter anderem, daß sich Pflanzen bei wolkenlosem Himmel überhitzen (s. S. 79).

Mit dem Austrieb der Blätter beginnt auch die Photosynthese (hier eine Rotbuche).

In Sommern mit mildem Wetter und reichlich Futter können Feldmausweibchen alle 20 Tage Junge bekommen.

10 Würfe realistischer, aber auch das genügt, um nach durchschnittlich 3 mäusefreundlichen Sommern aus Feldmauskolonien eine Mäuseplage zu machen.

Eine Strafe Gottes?

Für unsere Ahnen war die Sachlage klar: Die plötzliche Mäuseschwemme war unerklärlich, und für Unerklärliches war stets Gott oder der Teufel zuständig. Wenn Feldmäuse – oder auch Maikäfer (s.S.53) – zum Kahlfraß übergingen, mußte das entweder eine Strafe oder eine Prüfung Gottes sein. Und Gott war am zweckmäßigsten mit Gebeten, geistlichen Riten und Bußtagen zu besänftigen. Als im Jahre 1519 wieder einmal Feldmäuse die Felder und Wiesen Tirols verheerten, verwies ein geistliches Gericht die Mäuse außer Landes – wobei ihnen freies Geleit vor Katzen zugesichert wurde. Und noch im 16.Jahrhundert befahl der bayerische Herzog Albrecht V. (1550–1579), in allen Kirchen seines Hoheitsgebietes Gebete zur Abwendung der Mäuseplage zu sprechen. Allerdings verbot der Herzog nach dem Motto »das eine tun, das andere nicht lassen« vorsichtshalber auch die beliebten Fuchsjagden. Füchse fressen Mäuse – und die Wege des Herrn sind unerforschlich...

Wo ein Angebot ist, stellt sich auch bald die Nachfrage ein. Wo Mäuse sich mehren, sehen ihre Feinde einer sorglosen Saison entgegen. Die Wiesel, die in der Hecke ihren Unterschlupf haben, werden in den nächsten Monaten aus dem Vollen schöpfen können. Die Mäusebussarde, Waldohreulen, Waldkäuze und Turmfalken, die unten im Auwald brüten, werden in diesem Jahr ihre Jungen mühelos satt bekommen. Die Graureiher, die im Feldgehölz jenseits des Auwaldes horsten, werden die ertragreiche Wiese bald ausfindig gemacht haben.

Auch der Rote Milan, der wie ein Kinderdrache (im Englischen heißt der Greif tatsächlich »Kite«, also Drache) mit leicht angewinkelten Flügeln über der Wiese schwebt, wird auf seine Kosten kommen. Aufmerksam läßt er die Augen über die zerfurchte Grasnarbe wandern, systematisch scheint er die Wiese abzusuchen. Ein kaum sichtbares Anstellen der Schwanzfedern, und schon gleitet der Vogel ohne einen Flügelschlag 20, 30 m weiter und bezieht über einem anderen mäusezerfurchten Fleck Stellung, abwartend, lauernd.

Die Waffen der Wehrlosen

Unter ihm auf der Wiese hat sich ein Feldhase unschlüssig auf die Keulen gesetzt, die Ohren aufgestellt, den Blick scheinbar ins Leere

Wenn zwei Rammler um ein Weibchen kämpfen, fliegen buchstäblich die Fetzen.

gerichtet. Doch für die seitlich am Kopf sitzenden Augen gibt es keinen toten Winkel, keine Bewegung entgeht ihnen. In langen, fließenden Bewegungen hoppelt der Hase ein paar Sätze, bleibt wieder sitzen. Der Milan über ihm beunruhigt ihn. Nicht etwa, daß er bei seiner

Heilende Blütensonnen

Um 1563 empfahl der italienische Arzt P. A. Mattioli: »Eine Handvoll Huflattich in ein Maß weißen Wein gelegt und davon nach Belieben getrunken, wehret den Husten…«. Unter uns gesagt: Kochendes Wasser statt Wein tut's auch. Junge Huflattichblätter haben einen leicht nußartigen Geschmack und sind ebenso wie die Blüten in der Wildgemüseküche vielseitig verwendbar. Da Huflattich auch Giftstoffe in geringer Konzentration enthält, wird vom Verzehr größerer Mengen oder der Anwendung über einen längeren Zeitraum abgeraten.

Huflattichgemüse

Zutaten:
1–2 Zwiebeln, 1,5 kg einer Mischung aus jungen Huflattichblättern, Brennesseln und vor der Blüte gepflückten Scharbockskrautblättern, Butter zum Anbraten, 1 Eßlöffel Mehl, 1/8 l Sahne, Fleischbrühe, eine Handvoll Sonnenblumenkerne, Salz, Pfeffer.

Die Huflattichblätter müssen so jung sein, daß sich noch der weiße, spinnwebartige Filz über die Blattoberseite zieht; ältere Blätter sind leicht zäh. Der Huflattich wird gewaschen und dabei von der weißen Filzschicht auf der Blattoberseite befreit, entstielt und in schmale Streifen geschnitten. Die Brennesseln kurz mit kochendem Wasser überbrühen – sie »brennen« dann nicht mehr –

und mit dem Scharbockskraut grob hacken. Die Zwiebel würfeln, in Butter andünsten, mit etwas Brühe auffüllen und die Gemüsemischung darunterrühren. Wenn das Wildgemüse gar ist, das Mehl mit der Sahne mischen, dazugeben und kurz andicken lassen. Das fertige Gemüse mit Salz und Pfeffer abschmecken und mit einer Handvoll gerösteten Sonnenblumenkernen überstreuen. Übrigens: Wer gern Kohlrouladen ißt, kann sie statt mit Weißkohl auch einmal mit Huflattichblättern zubereiten.

Vitaminspender aus dem Suppentopf

Im Mittelalter, als die Seefahrerkrankheit Skorbut noch Scharbock hieß, pflegte man den Vitaminmangel der Kranken mit Scharbockskraut zu behandeln. Schon im März treibt der Wurzelstock langstielige, herzförmige Blätter und lockt mit seinen nektarreichen Blüten Bienen und Fliegen an.

Kapern aus Wildkräutern

Zutaten:
Fest geschlossene Blütenknospen von Scharbockskraut, Gänseblümchen, Löwenzahn und Sumpfdotterblume, Salz, Etragonessig.

Die gesammelten Blütenknospen waschen, mit reichlich Salz bestreuen und einen Tag lang stehen lassen, damit sie etwas Wasser ziehen. Dann gut abtrocknen, in Estragonessig aufwallen lassen und in Schraubgläser füllen. Anschließend die Gläser 10 Minuten lang bei 80 °C im Wasserbad stehen lassen und heiß verschließen. Das Aroma bleibt am besten erhalten, wenn man die Kapern kühl und dunkel aufbewahrt.

Junge Hasen sind zwar von Geburt an leidlich gut zu Fuß, doch wenn Gefahr droht, verlassen sie sich nicht auf ihre Beine, sondern machen sich lieber unsichtbar: Sie ducken sich reglos in ihre Nestmulde. Und da sie noch völlig geruchlos sind und mit ihrem erdfarbenen Fell wie kleine Erdklumpen aussehen, kann es passieren, daß sogar ein Fuchs ahnungslos am Hasennest vorbeiläuft.

Größe eine Attacke zu befürchten hätte, aber irgendwo auf der Wiese drückt sich vermutlich der Hasennachwuchs ins Gras, und solange der Milan da oben rumgaukelt, wird die Hasenmutter nicht zu ihren Jungen gehen.

Die Junghasen bemerkt selbst der Milan nicht. Er ist auf Bewegung programmiert, und an den Jungen regt sich kein Haar; ihr gelb-braun-rötlich gemustertes Fell macht sie auf dem welkem Gras fast unsichtbar. Selbst Nasenspezialisten wie der Fuchs haben bei der Pirsch auf frischgeborene Hasen schlechte Chancen: Die Jungen sind völlig geruchslos.

Die Hasenmutter tut das Ihre, um das Sicherheitsprogramm zu optimieren. Nie würde sie direkt zum Lager der Jungen laufen. Ein ahnungsloser Beobachter könnte fast meinen, sie hopple ohne Ziel und Zweck ein wenig umher: Die Häsin hüpft ein paar Sprünge Richtung Hecke, bleibt sitzen und sichert, macht wieder kehrt, hoppelt ein Stück in die Wiese zurück, setzt plötzlich mit einem Riesensprung zur Seite, als sei sie vor etwas erschrocken, verharrt wieder, sichert. Endlich, nach vielem Hin und Her, Unkehren und Sichern kommt sie bei den Jungen an, doch was wie Ziellosigkeit wirkt, hat einen tiefen Sinn. Sollten Dachs, Fuchs oder Hund ihrer Spur nachschnüffeln, werden sie früher oder später in eine Duftsackgasse laufen. Die Jungen jedenfalls werden sie so nicht finden – zumal die Häsin die aufwendige Abfolge von Wendemanövern auf dem Weg zum Hasennest nur ein- oder zweimal am Tag absolviert.

Doch auch wenn sich die Mutter notgedrungen im Hintergrund hält, müssen die Jungen nicht hungern: Hasenmilch ist ein hochwertiges Konzentrat und enthält 6mal soviel Fett wie die menschliche Muttermilch. Ein einmaliger, minutenkurzer Schnellsaug-Durchgang pro Tag genügt den Kleinen. Und kaum ist die Häsin fort, liegen die Jungen wieder unbeweglich und geruchlos da wie Stofftiere. Ihr Schutz ist passiv aber wirksam: Nicht auffallen!

Ein Dompfaff schlägt sich den Bauch mit frischen Weidenkätzchen voll. Besonders im Winter und im zeitigen Frühjahr, wenn keine Sämereien mehr zu finden sind, halten sich Dompfaffe gern an die Knospen von Bäumen und Sträuchern – zum Ärger der Gärtner.

ANGSTHASEN?

Doch ganz schutzlos ist der Nachwuchs selbst dann nicht, wenn doch einmal eine Katze, eine Krähe oder ein kleinerer Greifvogel das Hasennest entdecken sollte. Solchen Gegnern fühlt sich eine gestandene Häsin durchaus gewachsen. Augenzeugen haben berichtet, eine Feldhäsin habe einer Katze so gutgezielte Schläge mit den Hinterbeinen verpaßt, daß sie sich überkugelte. Dreimal griff der Hase an, dann gab die Katze auf.

Sollte ein überlegener Feind den Jungen zu nahe kommen, greifen Häsinnen bisweilen zu einer Methode, die an das »Verleiten« der Kiebitze erinnert (s.S.52): Sie schnellen aus dem Lager, entfernen sich mit ein paar raschen Sätzen von den Jungen und stellen sich dann vor dem Räuber ständig wie ein verführerischer Köder zur Schau – immer weit genug entfernt, um zur Not fliehen zu können. Einem Hasen, der sich quasi auf dem Präsentierteller anbietet, kann ein Fuchs vermutlich schwer widerstehen.

Der Milan wechselt die Wiese, eine kurze Schwebephase lang verweilt er noch über der Hecke, dann schwenkt er zum Auwald ab. Die Dompfaffen, die sich leise »tütend« in der Hecke um ein wenig Windschutz bemühen, gehören nicht in sein Beutespektrum. Zu flink. Zu viel Jagdaufwand.

Die gewichtig wirkenden Rotbäuche mit der schwarzen Kappe halten sich an die Knospen der Schlehen, die von der Vorfrühlingssonne sichtbar aufgetrieben sind. Vier Dompfaffmänner, eine kleine jugendliche Herrenrunde. Sie haben sich vermutlich schon im Februar zusammengefunden, aber wenn es demnächst ernst wird mit der Balz, muß jeder für sich allein bestehen.

Paarbindung unter Dompfaffen gilt lebenslänglich – doch bis dahin ist noch Zeit. Vorläufig wirken die vier wenig tatendurstig.

Der Sängerkrieg der Kohlmeisen

Zu wenig Tatendrang – das könnte man den Kohlmeisen nicht unterstellen. Schon in den ersten milden Januartagen haben sie in der Hecke das Jahr »eingeläutet«, wie es in beschaulichen Gazetten gerne heißt. Eingeläutet? In Wirklichkeit haben sie Alarm geläutet, und das so früh wie möglich. Jedes singende Männchen will sich brutwillige Artgenossen möglichst weit vom Leibe halten, und wegdrohen läßt sich die Konkurrenz am wirksamsten durch Stimmeinsatz. Kohlmeisenmännchen haben eine bemerkenswerte Strategie: Bis zu 8 unterschiedliche Strophen, so fand der Ökologe John Krebs heraus, haben sie im Programm. Neuankömmlinge müssen bei solcher Stimmvielfalt den Eindruck haben, um dieses Revier herrsche schon ein gewaltiger Wettbewerb und neue Anwärter täten gut daran, es gar nicht erst zu versuchen.

Wenn die Mitbewerber schließlich abziehen und anderswo nach einem Brutrevier suchen, ist beiden gedient – dem Revierinhaber wie dem Eindringling: Wo sich zu viele Kohlmeisen eine Hecke, ein Waldstück oder ein anderes geeignetes Brutgebiet teilen, laufen nämlich Freßfeinde wie das Mauswiesel besonders oft und aufmerksam Patrouille. Die Wiesel kehren mit Vorliebe dorthin zurück, wo sie schon

Schnabel hoch, Brust raus – diese Geste bedeutet unter Kohlmeisen: Wer sich mit mir anlegt, muß sich auf Schreckliches gefaßt machen.

einmal Jagdglück hatten. Enge Nachbarschaft zu Artgenossen bedeutet also keineswegs immer mehr Sicherheit.

Geflügelte Bauchredner

Die Maulwurfshaufen vor dem Auwald sehen aus, als hätte sie jemand gründlich mit einem sehr feinen Rechen geharkt. Stare müssen hier auf der Suche nach Regenwürmern, Spinnen und ersten Insekten jeden Erdkrümel, jedes Hälmchen umgedreht haben. Jetzt sitzt der ganze Schwarm von gut 40 Vögeln schnalzend und quietschend in einer der großen Eschen. »Einem singenden Starenmännchen zuzuschauen und zuzuhören,« so begeistert sich der bekannte Ornithologe Einhard Bezzel »wird nie langweilig. In langer Folge schwätzt, rätscht, schnalzt oder kratzt der Sänger, schaltet dazwischen auch fast bauchrednerische oder knarrende Partien und Pfeiflaute ein. Manchmal tönt es auch zweistimmig, obwohl nur ein Sänger zu sehen ist. Über dumpf gurgelnden oder ratternden Lauten sind höhere, gleitende Gesangsmotive zu hören. Es ist kaum möglich, das

DER HOCHZEITSMARKT DER STOCKENTEN

Wenn die letzten Eisplatten geschmolzen sind und die ersten Weidenkätzchen ihr Knospenhüllen sprengen, lohnt es sich, an Parkweihern eine Mußestunde einzulegen. Im Vorfrühling laufen Stockenten nämlich wieder zur Hochform auf. Höchstens eine halbe Stunde müssen Sie warten, dann ist die Balz wieder in vollem Gange:

Die Erpel sammeln sich im Wasser an einem Fleck und beginnen,sich hastig mit dem Schnabel unter einen gelüfteten Flügel zu fahren. Doch was wie hektischeGefiederpflege aussieht, gehört in Wirklichkeit schon zur Balz und wird von Verhaltensforschern »Scheinputzen« genannt. Gleich darauf fangen die Erpel zwanghaft an, sich zu schütteln. Anfangs stoßen sie dabei den Kopf fast gehemmt nach oben, doch bald steigert sich die Bewegung immer mehr, »bis schließlich die Schüttelbewegung den Erpel wie im Krampf hoch aus dem Wasser emporzureißen scheint,« wie der berühmte Verhaltensforscher Konrad Lorenz dieses Balzelement beschrieb.

Die weiblichen Enten schwimmen unterdessen in auffallend flacher Körperhaltung heftig nickend,das Kinn fast auf der Wasseroberfläche, in Bögen um die Erpel herum.

Die folgenden drei Balzelemente schließen sich der Schüttelorgie in beliebiger Reihenfolge an. Beim sogenannten »Grunzpfiff« hebt der Erpel die Brust weit aus dem Wasser heraus, krümmt den Hals nach vorne, wobei der Schnabel Richtung Brust weist und stößt in dieser merkwürdig verrenkten Haltung einen lauten, scharfen Pfiff aus. Während er den Körper ins Wasser zurücksinken läßt, ertönt ein tiefer Grunzton.

Beim »Kurzhochwerden« reißt der Erpel gleichzeitig den Schwanz und den Kopf bei angezogenem Kinn nach oben, hebt die Ellenbogen an, so daß die lockenartigen Bürzelfedern zur Geltung kommen, und stößt einen durchdringenden Pfiff aus. Der Schnabel weist beim Kurzhochwerden stets auf eine ganz bestimmte auserkorene Ente. Manchmal schwimmt ER anschließend in eigenartig flach ausgestreckter Haltung einen Halbbogen um SIE herum.

Das »Nickschwimmen« ist eines der vielen Elemente in der gestenreichen Stockentenbalz.

Das dritte Element der Stockentenbalz ist die »Auf-Ab-Bewegung«, wie sie Lorenz ganz schlicht nannte: Der Erpel kippt nach vorn, so daß die Brust tief eintaucht, reißt dann plötzlich in einem Wasserschwall den Kopf nach oben und stößt auf dem höchsten Punkt einen lauten Pfiff aus.

Die Balz anderer Entenarten ähnelt in vielen Elementen der Balz der Stockenten, und alle verfolgen mit ihrer Gemeinschaftsaufführung denselben Zweck: Sie soll möglichst viele Weibchen anlocken. Doch haben sich die Damen erst einmal eingefunden, legt es jeder der grunzenden, pfeifenden, federschüttelnden Erpel natürlich darauf an, die Rivalen rechts und links auszustechen und von der Umworbenen als der Eine unter vielen auserwählt zu werden.

Stare (oben) bauen in ihre Lieder oft Bruchstücke anderer Vogellieder ein. Wenn anderen Vögeln der Magen knurrt, leben Fichtenkreuzschnäbel wie im Schlaraffenland: Im Winter und zeitigen Frühjahr lösen sich die Fichtensamen aus den Zapfen. Schon im Februar fangen viele Kreuzschnabel-Paare zu brüten an (unten).

Starenlied mit Worten zu beschreiben. [...] Stare flechten Imitationen in ihren Gesang ein, nicht nur Rufe und Gesangsteile anderer Vogelarten, sondern mitunter auch Hundebellen, Katzenmiauen oder technische Geräusche der Umgebung – auch der Pfiff eines Fußballschiedsrichters ist als Starenimitation nachgewiesen!«.

Die musikalischen Darbietungen von Staren und anderen Singvögeln müssen auch unsere Vorfahren beeindruckt haben – so sehr beeindruckt, daß sie ihnen weit mehr zutrauten, als nur wohltönende Lieder von sich zu geben. Ein gewisser Sebastian Münster berichtete im 16. Jahrhundert in seiner »cosmographia« über Zeichendeuter, die ihre Informationen aus der Vogelwelt bezogen: » ... und besunder ausz dem vogelgesang und irem fliegen namen sie urkund zukünfftiger ding«.

Ab März ist in alten Laubmischwäldern kilometerweit das Trommelsolo der Schwarzspechte zu hören.

Schlagzeuger im Auwald

Welche »zukünftige Ding« hätten die Auguren, die Zeichendeuter, wohl kommen sehen, wenn sie einem Buntspecht in unserer Zeit bei seiner Brautwerbung hätten zuhören können? Buntspechte versuchen umworbene Weibchen bekanntlich nicht mit Gesang, sondern instrumental für sich zu gewinnen; sie trommeln rasante Wirbel auf hohlen Bäumen, auf morschen Ästen, kurzum auf Unterlagen, die ihre Darbietung möglichst eindrucksvoll wiedergeben. Manche Vorstadtspechte haben nun erkannt, daß der beste morsche Baum ihre Trommelwirbel nicht so gut verstärkt wie eine Fernsehantenne oder eine blecherne Dachrinne.

Die Buntspechte im Auwald sind der Tradition treu geblieben. Für Blechmusik fehlt ihnen wohl auch die Gelegenheit. Im Abstand weniger Minuten hört man von einer der alten Eschen herunter das Knattern eines trommelnden Buntspechtmännchens, und auf jeden Trommelwirbel folgt prompt und zuverlässig wie ein Echo die Antwort des Rivalen vom bachaufwärts gelegenen Revier. Ein geübter Vogelkundler könnte die Trommeltakte der Spechte

Bevor die Laubbäume austreiben, bildet der Hohle Lerchensporn an manchen Stellen ausgedehnte Blütenteppiche.

übersetzen wie ein vereinfachtes Morsealphabet. Er könnte zum Beispiel heraushören, ob der trommelnde Specht in der Nähe seiner Bruthöhle sitzt, ob sich schon eine Partnerin eingefunden hat, der er seine Höhle zeigt, ob das Trommeln einem Rivalen gilt oder ob die beiden Partner gerade mit Trommelsignalen die Brutablösung einleiten.

Das schöne Geschlecht

Alles, was Federn hat, ist im Vorfrühling auf Partnersuche. Der Auwald hallt wieder vom Zirpen, Trillern und Flöten werbender Vogelmännchen. Unüberhörbar im großen Konzert: die Buchfinken. Ständig schmettert einer von ihnen seinen unverwechselbaren »Finkenschlag« von irgendeinem Ast. Aus den aufgeplusterten Federbällen in aschgrau und braun, die noch vor wenigen Wochen apathisch auf den Zweigen herumsaßen, sind farbenprächtige Schönheiten geworden. Die rostrote Brust leuchtet in der Sonne, und über Kopf und Nacken zieht sich eine schiefergraue Kapuze.

Wie das? Haben die Buchfinken womöglich in der kältesten Jahreszeit ihre Mauser hinter sich gebracht? Nein, sie haben sich nicht

Was ein Buchfinkenmann singen muß, ist ihm in Grundzügen zwar angeboren, doch die Feinheiten muß er lernen. Im vorigen Jahrhundert ließen Vogelliebhaber ihre gekäfigten Finken in regelrechten Sängerwettbewerben gegeneinander antreten.

Blässhühner in Fahrt

Im Winter geben sich Bläßhühner täuschend friedlich und paddeln in großen Scharen auf den eisfreien Seen und Parkteichen herum. Doch wenn im März die Tage länger werden, ist es mit dem Frieden vorbei. Auf einmal ist der Freßkumpan vom Winter zum Rivalen geworden. Im März kämpfen Bläßhühner ihre Reviere aus.

Wenn ein Bläßhuhnpaar einen Teichwinkel als künftiges Brutrevier reserviert hat, werden alle, die ihrem Revier zu nahe kommen, mit eindeutigen Gesten in die Schranken gewiesen. Ein flach aufs Wasser gestreckter Hals mit gesträubtem Hals- und Brustgefieder heißt: Wer weiterschwimmt, hat sich die Folgen selbst zuzuschreiben!

Doch nicht jeder läßt sich von solchen Drohungen einschüchtern. Schwimmt der Gegner samt Partnerin ungerührt weiter ins Revier hinein, wird die Körpersprache der Besitzer ruppiger: Die Halsfedern werden wie Igelborsten abgestellt, die Flügel in Schwanenmanier über dem Rücken gewölbt, der Schwanz senkrecht nach oben gereckt. Jede abgestellte Feder hat nur die eine Aufgabe: den Vogel so groß und bedrohlich wie möglich erscheinen zu lassen. Mit höchster Kraftentfaltung rauschen die Revierbesitzer auf die Eindringlinge zu, drehen Kreise und schütteln drohend das Gefieder – eine Show, die selten ihre Wirkung verfehlt.

Lassen sich die Gegner selbst von dieser Darbietung noch nicht beeindrucken und unterschreiten sogar den Sicherheitsabstand von 10m, kommt es unweigerlich zu Tätlichkeiten. Die Konkurrenten hetzen flatternd übers Wasser aufeinander los, treten und kratzen einander und versuchen, sich gegenseitig unterzutauchen. Wer kippt und abdrehen muß, hat verloren und muß fliehen. Wenn der Sieger hinter dem Besiegten her flatternd übers Wasser rennt, schließen sich oft noch andere Paare an, und bald ist eine allgemeine Hetzjagd im Gange. Erst wenn jedes Paar wieder in seinen Bezirk angelangt ist, kehrt wieder Ruhe ein – zumindest für ein paar Minuten, bis mit hohen, abgehackten »pix«-Rufen der nächste Grenzstreit aufflackert.

Noch drohen sie, doch schon im nächsten Moment können die Federn fliegen.

Wie kleine gelbe Tuffs sehen die Blüten der Kornelkirsche aus.

umgezogen, sondern ausgezogen. Die unscheinbar graubraunen Federspitzen haben sich im Laufe des Winters soweit abgenutzt, daß jetzt die farbenfroheren Federpartien des Sommer-Dress' zum Vorschein kommen. Auch das Prachtgefieder der Bergfinken, Bluthänflinge und Hausrotschwänze entsteht nicht durch Frühjahrsmauser, sondern durch Abnutzung.

Ein Blaumeisenpärchen drüben in der Traubenkirsche ist den unermüdlich werbenden Buchfinken ein gutes Stück voraus. Die beiden scheinen schon recht privat miteinander umzugehen. Einer der kleinen Vögel hockt flügelzitternd auf einem Traubenkirschenzweig und zirpt leise Bettellaute. Und tatsächlich geht der Partner auf den Antrag ein und stopft etwas Undefinierbares in den geöffneten Schnabel. Dieses »Balzfüttern« ist durchaus keine Eigenheit der Blaumeisen. Auch bei vielen anderen Vogelarten, zum Beispiel bei Seeschwalben, Möwen, Papageien und Finken, füttern Männchen während der Balzzeit ihre Weibchen.

Doch wozu bettelt ein erwachsener Vogel wie ein Küken um Futter? Was auf den ersten Blick infantil erscheinen mag, erinnert im Grunde genommen an das Benehmen menschlicher Liebespaare. Neigen Verliebte nicht auch dazu, in die Kindersprache zurückzufal-

Ab März schieben sich die Staubblätter aus den silbrigweißen Kätzchen der Salweide – eine ergiebige Pollenquelle nicht nur für Honigbienen.

len und sich mit »Bärchen« und »Mäuschen« anzureden? Auch der Kuß, ob romantisch oder leidenschaftlich, ist vermutlich nichts anderes als ritualisiertes Balzfüttern.

Landunter im Auwald

An den tiefergelegenen Stellen des Auwaldes haben sich nach dem Frühjahrshochwasser unzählige Tümpel gebildet. Für kurze Zeit hat das Schmelzwasser den Bach in einen Fluß verwandelt, hat ihn über die Ufer steigen lassen, das modernde Altlaub aus den Mulden gespült und ein Sprenkelmuster kleiner Wasserflächen hinterlassen. Die ersten Salweiden tragen schon gelb gepuderte Kätzchen, an denen sich die ersten ebenso gelb gepuderten Bienen zu schaffen machen. Die Kühle des Vorfrühlings sitzt ihnen noch ein wenig in den Gliedern. Ihre Bewegungen wirken bedächtig und haben noch nichts von der sprichwörtlichen Emsigkeit, mit der sie später im Frühling wie Fließbandarbeiter eine Blüte nach der anderen abfertigen.

Sollte eine von ihnen abstürzen und in den kleinen Tümpel fallen, der in einer Kuhle unter den Salweiden glitzert, wird dieser erste Blütenbesuch des Jahres wohl auch ihr letzter sein. Dicht unter der Wasseroberfläche lauern Räuber, die nur auf unvorsichtige Insekten warten: Die Rückenschwimmer sind schon bald nach der Eisschmelze wieder munter geworden. Mit reglos abgestellten Ruderbeinen hängen sie jetzt an der

NISTQUIRLE FÜR VÖGEL

Hecken haben's in sich. Wer sieht einer Feldhecke schon an, daß sie ein biologisches Juwel ist? Daß sie eine atemberaubende Artenvielfalt beherbergt? Etwa 7000 verschiedene Arten wurden in Feldhecken gezählt; 8 der 12 einheimischen Reptilienarten, fast 50 % der Säugetierarten, 20 % der Brutvögel und rund 90 % der Schlupfwespenarten sind zumindest zeitweise auf Hecken als Lebensraum angewiesen.

Ein schwacher Abglanz dieser biologischen Sensation läßt sich auch im Garten schaffen: An jedem Zaun ist Platz für eine Hecke. Wichtig ist allerdings, daß nach Möglichkeit einheimische Sträucher und Bäume gewält werden. Feldahorn, Hainbuche und Weißdorn, Schneeball, Hartriegel, Liguster und Schlehe eignen sich gut als Bausteine für eine Gartenhecke – je abwechslungsreicher, desto besser. Exotische Sträucher mögen hübsch aussehen, bieten aber längst nicht so vielen Tieren Nahrung und Unterschlupf wie einheimische Gehölze.

Bis eine Hecke dicht genug ist, um auch als Nistplatz für Grünfink, Mönchsgrasmücke und Gartengrasmücke zu taugen, gehen allerdings ein paar Jahre ins Land. Wer nicht so lange warten will, kann mit einfachen Tricks ein wenig nachhelfen: Wenn Sie 3 oder 4 biegsame Zweige fest zu einem Quirl zusammenbinden, entsteht eine taugliche Nistunterlage. Oder Sie manipulieren den Strauch, selbst einen Quirl zu bilden: Sie kappen einfach ein paar Zweige kurz oberhalb von Knospenansätzen, so daß sich unmittelbar unter der Schnittstelle Seitentriebe bilden. Wenn Sie diesen Eingriff im nächsten Jahr an denselben Stellen wiederholen, entstehen komfortable Nestunterlagen für Heckenbrüter.

Auch wenn Ihr Garten zu klein ist für eine Hecke, können Sie das Immobilienangebot für Vögel aufbessern. Binden Sie einfach knapp meterlange, biegsame Zweige (z. B. von Ginster oder Kiefer) mit einem Stück Draht an einem Stamm fest, wölben Sie das Bündel zur Tasche, und binden Sie es ein Stück oberhalb noch einmal fest. Am besten befestigen Sie unterhalb der Tasche rund um den Stamm noch ein Bündel abwärtsgerichteter Zweige von Nadelbäumen oder Dornbüschen, damit Vogeljäger nicht zum Nest hinaufklettern können.

Ein Bündel Zweige in Form einer Tasche an den Stamm gebunden, wird von vielen Vögeln gern als Nistunterlage genutzt.

Vögel auf Reisen

Der alte Aristoteles war sich seiner Sache ganz sicher: Rotschwänzchen verwandeln sich im Winter zu Rotkehlchen und werden im Frühjahr wieder zu Rotschwänzchen. Und manche Vögel vergraben sich im Herbst auf dem Grunde der Seen und tauchen erst im Frühjahr wieder auf. Milane, Störche, Turteltauben, Schwalben, Lerchen und Drosseln zählte Aristoteles zu den Schlammschläfern.

Bis ins 18. Jahrhundert hinein war die Ansicht des griechischen Philosophen und Naturforschers gängige Lehrmeinung, und die Erscheinungen in der Natur schienen diese These ja auch zu bestätigen. Schließlich hatte man oft genug erstarrte Frösche im Tümpelschlamm gefunden; warum also nicht auch Schwalben? Viele Schwärme sammelten sich im Herbst in den Schilfgürteln und waren am nächsten Tag spurlos verschwunden. Wohin hätten sie so schnell fliegen sollen? Außerdem sah man die ersten Schwalben im Frühjahr oft dicht über die Wasseroberfläche der Seen sicheln. Eines Tages, so berichtet eine Überlieferung, fing ein Fischer sogar eine Schwalbe in seinem Netz, die später wieder zum »Leben erwachte« (vgl. die historische Darstellung oben). Wenn noch irgendjemand Zweifel gehegt hatte: Das war der Beweis. Daß es sich bei dem gefangenen Vogel nicht um eine Schwalbe, sondern um eine Wasseramsel handelte, ging in der allgemeinen Aufregung unter.

Selbst der große schwedische Naturforscher Carl von Linné vertrat im 18. Jahrhundert noch die Meinung, die Schwalbe liege im Winter »im Schlamm auf dem Boden der Seen«, doch Anfang des 19. Jahrhunderts begannen einige Wissenschaftler doch, die beharrlich vertretene Schlammtheorie öffentlich in Zweifel zu ziehen. Hatte nicht Pierre Belon bereits 1517 berichtet, er habe im östlichen Mittelmeergebiet unter an derem Schwalben gesehen? Welche Schwalben waren das? Im Jahre 1849 schrieb die Königlich Schwedische Akademie der Wissenschaften unter der Leitung von Prof. C. J. Sundevall eine Belohnung für jeden aus, der Schwalben nachweislich unter Wasser finge. Aber wie Sundevall mit einer gewissen Genugtuung 1856 in sein Werk über schwedische Vögel notierte: »Keine Schwalbe wurde erbeutet«.

Mit schlagbereiten Ruderbeinen, den Wasserspiegel im Blick, lauert der Rückenschwimmer auf kleine Insekten. Was ins Wasser fällt, gehört ihm.

Wasseroberfläche und warten. Und während sie den Wasserspiegel nicht aus den Facettenaugen lassen, wird die verbrauchte Atemluft in den beiden Luftspeicherrinnen am Bauch gegen frische, sauerstoffreiche Luft ausgetauscht.

Die Bienen auf den Weidenkätzchen bewegen sich zwar tolpatschig, aber vorsichtig. Keine verliert den Halt. Doch eine der mageren Wintermücken, die in kleinen Schwärmen in jedem Sonnenfleck tanzen, hat auf dem Wasserfilm aufgesetzt und schafft den Abflug nicht mehr. Kaum sichtbare, hauchfeine Wellenkreise läßt das strampelnde Insekt über die Wasserfläche zittern. Beute?

Bevor der Rückenschwimmer auch nur die Hälfte des Weges zu der zappelnden Mücke zurückgelegt hat, ist ein Wasserläufer schon zur Beute gehuscht und hat sie mit seinen Greifbeinen gepackt. Im selben Augenblick, da seine Sinnesorgane an den Füßen die Wellenbewegung registrierten, sauste er los. Der Rückenschwimmer ist zu spät gekommen.

Mag sein, daß auch die nächste Woche für die Rückenschwimmer noch mager wird, aber bald gibt es hier wieder Beute im Überfluß, bald werden Heerscharen von

Oft kehren schon im Februar die ersten Bachstelzen aus dem Winterquartier zurück.

PFLANZLICHE SPRENGMEISTER

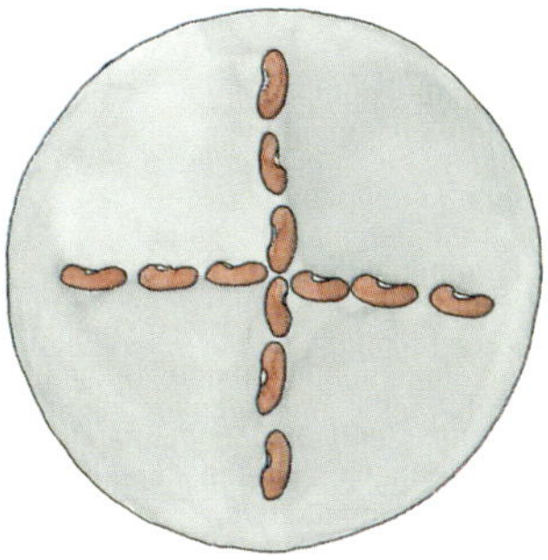

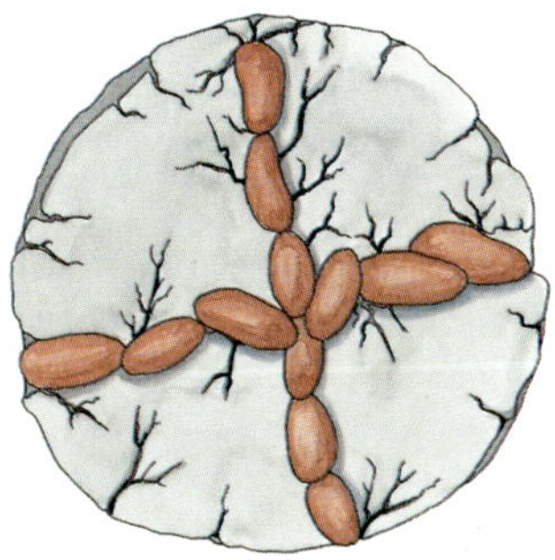

Wer hat noch nicht staunend vor den zarten Blättern eines Löwenzahns oder den filigranen Trieben eines Schachtelhalms gestanden, die scheinbar mühelos durch den Asphalt brechen? Blättchen, die jeder von uns zwischen den Fingern zerquetschen kann, sprengen die Straßendecke. Wie schaffen sie's? Pflanzensamen und Pflanzengewebe enthalten chemische Verbindungen, die Wasser wie ein Magnet anziehen. Wenn die Samen im feuchten Erdreich liegen, saugen sie sich mit Wasser voll und werden dabei sichtlich dicker; von manchen quellenden Samen geht dabei ein Druck von mehreren 100 bar aus – genug, um nicht nur die Samenschale, sondern auch eine hinderliche Asphaltdecke zu sprengen.

Die Bärenkräfte der Pflanzen lassen sich auch in der Küche vorführen. Sie brauchen dazu nur eine Käseschachtel, ein Päckchen Gipspulver und eine Handvoll trockener Bohnen. Der Gips wird nach Vorschrift zu einem dickflüssigen Brei angerührt und die Käseschachtel zur Hälfte mit Gipsbrei gefüllt. In die weiche Gipsmasse werden in Kreuzform die Bohnen gedrückt. Ist der Gipskuchen hart geworden, entfernen Sie die Käseschachtel und legen das Ganze ins Wasser. Nach spätestens einem Tag haben die quellenden Bohnen genug Wasser aufgesogen, um den Gipsblock zu sprengen. Noch einfacher läßt sich die Sprengkraft von Pflanzensamen illustrieren, wenn Sie ein dünnwandiges Tablettenröhrchen zur Hand haben, dessen Durchmesser etwa dem einer trockenen Erbse entspricht. Füllen Sie das Röhrchen mit trockenen Erbsen und stellen Sie es ganz ins Wasser. Nach spätestens einem Tag haben die quellenden Erbsen das Glas gesprengt. Beeindruckend für Kinder: Wiegen Sie Erbsen im trockenen und im gequollenen Zustand und rechnen Sie aus, wieviel Wasser die Erbsen sich einverleibt haben.

DER ACKER IM BLUMENTOPF

Gewissenhafte Biologen haben es ausgezählt und ausgetestet: In einem einzigen Quadratmeter Acker-Oberboden können bis zu 10000 Wildkrautsamen lagern. Allein eine gut entwickelte Pflanze des Weißen Gänsefußes kann bis zu 30000 Samen produzieren, ein Pflänzchen Ackersenf bringt es auf bis zu 25000 Samen. Viele Samen von Ackerwildkräutern sind 20–40 Jahre lang keimfähig – eine Samenbank in der Scholle.

Probieren Sie doch selbst einmal aus, was im Boden gespeichert ist: Nehmen Sie auf Spaziergängen von verschiedenen Äckern ein paar Handvoll Erde mit, füllen Sie die Erde in Blumenkästen, und halten Sie das Ganze gut feucht – genauso, als wollten Sie auf dem Fensterbrett Blumen für den Garten vorziehen. Schon nach wenigen Tagen zeigen sich die ersten Keimlinge, und nach einigen Wochen öffnen sich bereits ein paar Blüten; für jeden Acker wird sich ein anderes Pflanzenprofil entwickeln.

Zugegeben, was im Blumenkasten auflaufen wird, zeigt zwar, wie vital Ackerwildkräuter sind und welche Lebenskraft in einer Handvoll Erde steckt. Fürs Auge aber ist so ein Experiment meist kein berauschendes Erlebnis – wenn man einmal vom Klatschmohn absieht. Die meisten attraktiven Wildpflanzen sind vom Durchschnittsacker längst verdrängt worden oder sogar vom Aussterben bedroht. Doch zum Glück haben sich alternative Versandgärtnereien der Sache angenommen und bieten eine Vielzahl wunderschöner Ackerwildkräuter für den Hausgarten an. Und wenn Sie nach einer farbenprächtigen Saison im Herbst in ihrem Ackerbeet den Boden lockern, genauso, wie es auf dem Acker der Pflug tun würde, können Sie im kommenden Frühjahr die nächste Generation Ackerwildkräuter erwarten, ohne eigens nachsäen zu müssen.

Zur Anregung eine kleine Liste der schönen Wilden:

- Ackerglockenblume (violett),
- Ackerochsenzunge (hellblau),
- Ackerringelblume (rötlich/hellgelb),
- Feldrittersporn (blauviolett),
- Ackerwachtelweizen (purpur/gelb/weiß),
- Frauenspiegel (dunkelviolett),
- Kornblume (blauviolett),
- Kornrade (pink),
- Saatwucherblume (honiggelb),
- Schlitzblättriger Storchschnabel (rosa),
- Sommer-Adonisröschen (blutrot),
- Wildes Stiefmütterchen (violett/gelb/weiß).

Die Kartoffel im Irrgarten

Woher wissen Pflanzen eigentlich, daß sie von unten nach oben, vom Erdboden Richtung Himmel wachsen müssen? Ganz einfach: Sie können Erdanziehungskraft und Licht wahrnehmen und orientieren sich daran. Jeder Besitzer von Topfpflanzen kennt das: Von Zeit zu Zeit muß man die Töpfe ein wenig drehen, sonst wachsen die Blumenstöcke windschief Richtung Fenster. Sie biegen sich zum Licht hin, indem sie auf der Schattenseite stärker wachsen als auf der lichtzugewandten.
Aber wo sitzen bei Pflanzen die »Augen«? Wenn Sie Weizenkörner oder Grassamen in Schalen säen und ans Fenster stellen, werden auch die Weizenkeimlinge schräg auf die Lichtquelle zuwachsen. Doch wenn Sie auf die Halmspitzen winzige Hütchen aus Aluminiumfolie setzen, werden die Keimlinge von nun an senkrecht nach oben sprießen. Messungen haben belegt, daß bei Gräsern die Zone höchster Lichtempfindlichkeit in den obersten Millimetern der Halmspitze sitzt.

Mit dem Lichthunger der Pflanzen läßt sich eine kleine Spielerei veranstalten: Nehmen Sie eine keimende Kartoffel, stecken Sie sie in einen Topf voll Erde und stellen Sie den Topf in die Ecke eines Schuhkartons.
Auf der gegenüberliegenden Schmalseite des Kartons schneiden sie ein Loch in die Pappwand, und zwischen Kartoffel und »Ausgang« ziehen Sie mehrere Trennwände aus Karton ein, die jeweils ein Schlupfloch haben.
Nun wird der Schuhkarton zugedeckt und gut beschwert, damit die lichthungrige Kartoffel nicht durch einen Spalt Licht hereinschimmern »sieht« und den kürzesten Weg nach oben wählt. Im Stockdunkeln wird sich der Kartoffeltrieb nun zielsicher durch das Labyrinth schlängeln, immer Richtung Licht, bis er nach ein paar Tagen den Ausgang erreicht hat.

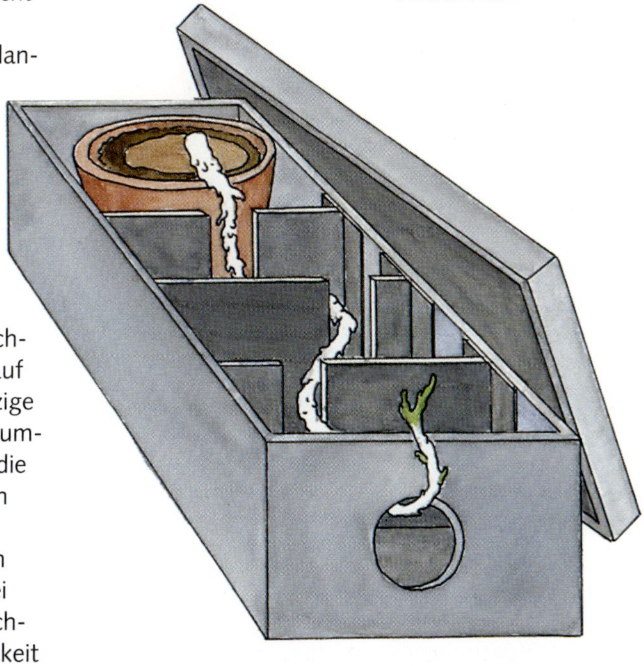

Mit leisem Knurren werben die Grasfroschmännchen um ihre Weibchen. Selbst wenn die Wassertemperatur erst knapp über dem Gefrierpunkt ist, geht es jetzt in den Laichtümpeln der Grasfrösche heiß her.

Kaulquappen durchs Wasser wimmeln. Vor 2 Wochen, als sich die Grasfrösche zum Ablaichen hier trafen, war die Wassertemperatur erst knapp über dem Gefrierpunkt, und in den folgenden Nächten saßen die Laichballen sogar manchmal in einer dünnen Eisschicht fest. Den wachsenden Kaulquappen hat es nicht geschadet.

Frühstart schafft Vorsprung

Im Inneren des Auwalds ist der Frühling schon weiter fortgeschritten. Kein Lüftchen regt sich, verspätete Winterwinde haben hier nicht soviel Biß wie auf dem freien Feld. Die Mittagssonne ist schon stark genug, um Wärmeinseln zu schaffen – genug Wärme für eine Flut weißer Blütenkelche. So weit das Auge reicht, zieht sich an beiden Uferstreifen ein Meer von Märzenbechern hin. Sie gehören mit den Schneeglöckchen, den Buschwindröschen und Leberblümchen zu den ersten Frühlingsblumen und nutzen die wenigen Wochen, in denen das Blätterdach

noch nicht geschlossen ist und noch genügend Sonne bis auf den Waldboden fällt. In ihren Zwiebeln und Knollen haben Frühblüher genügend Reserven gespeichert, um ohne jede Vorbereitung sofort auf die ersten milden Tage reagieren zu können.

Doch der betäubende Duft, der sich durch den Auwald zieht, stammt nicht vom Meer der Märzenbecher. Er geht von einem fast

Schneeglöckchen (links), Seidelbast (oben) und Frühlingsknotenblume (unten) setzen schon im Vorfrühling Akzente für Auge und Nase.

blattlosen, knapp halbmeterhohen Strauch aus: Der giftige Seidelbast, leicht zu übersehen, aber nie zu überriechen.

Karl Heinrich Waggerl hat diese Pflanzenpersönlichkeit in einem Vers gewürdigt – nicht ohne einen liebevoll-ironischen Seitenblick auf das alles vereinnahmende Wesen des Menschen zu werfen:

»Wie lieblich duftet uns im März
der Seidelbast! Doch innerwärts
ist er voll Gift und Galle,
weil wir, in diesem Falle,
das Wunder nur beschauen
sollen.
(Man muß nicht alles kauen
wollen!)«

Der Frühling

... ist der Startschuß für das Leben. Was monatelang im Kühlraum des Winters weggesperrt war, bricht mit elementarer Wucht hervor. Der Frühling, den Dichter oft in verträumten Versen besingen, ist in Wirklichkeit ein Temperamentsausbruch der Natur.

Für Rauchschwalben sind asphaltierte Wege schlechte Wege: Nur an lehmigen Pfützen finden sie Mörtel für ihr Nest.

In Gras und Blumen
lieg' ich gern,
wenn eine Flöte
tönt von fern,
und wenn hoch
obenhin,
die hellen Frühlings-
wolken ziehn.

Ludwig Uhland

Hätte sich der Romantiker Ludwig Uhland nicht sinnend ins Gras gelegt, sondern ein wenig genauer umgesehen, er hätte den Frühling wohl kaum mit gemächlich ziehenden Wölkchen und fernen Flötentönen in Verbindung gebracht. Der Frühling hat es nämlich eilig; Pflanzen scheinen im Zeitraffertempo zu wachsen und zu blühen, und Tiere entfalten eine geradezu hektische Betriebsamkeit. Frühling ist die Zeit des Aufbruchs.

Dort, wo sich neben dem Neubau der Erdaushub auftürmt, schwirrt und flattert etwas, das von weitem wie eine Wolke zu groß geratener Fliegen aussieht. Ein Schwarm Rauchschwalben holt sich aus der nackten Erde Baumaterial für seine Nester. Immer wieder setzen die Kunstflieger zum Sturzflug auf den Erdhaufen an, tippen mit den kurzen Beinen am Boden auf und schwingen sich mit einem Klümpchen lehmiger Erde im Schnabel wieder in die Luft. Es geht um ein seltenes »Schnäppchen«: In einer Siedlung mit asphaltierten Wirtschaftswegen und getorften Vorgärten ist simpler Lehm in schwalbengerechter Feuchte nämlich eine Rarität.

Der Andrang des fliegenden Bautrupps läßt nicht nach. Wer den Schnabel voll hat, schießt in Rich-

Im Frühling rollt eine gelbe Welle über die Wiesen: Wo üppig gedüngt wird, ersticken lichthungrige Blumenarten bald unter dem Teppich aus Löwenzahn und Hahnenfuß.

tung auf einen der wenigen verbliebenen Bauernhöfe davon, wo Schwalben noch finden, was sie zum Leben brauchen: grob verputzte Innenwände, an denen die Nester so gut haften, offene Ställe und fliegenumsurrte Misthaufen. Und nicht zuletzt die Nester der Vorgänger vom vergangenen Jahr, denn für Rauchschwalben ist eine neugebaute Nestschale nur die zweitbeste Lösung. Viel lieber setzen sie gebrauchte Wohnungen vom Vorjahr instand, als die charakteristische Viertelkugel aus Lehm und Halmen neu zu mörteln. Gute Nester werden bis zu 10 Jahre hintereinander besetzt.

Das gelbe Meer

Dort, wo zwischen Acker und Wiese der Feldweg beginnt, ist eine gewaltige Veränderung vor sich gegangen. Noch vor wenigen Wochen klebten strähnige, vergilbte Grasreste wie unansehnliche Sackleinwand auf der Wiese. Jetzt sind die dürren Halme unter einem saftiggrünen Pelz mit gelben Tupfen verschwunden. Zum Frühling gehören Lerchenlied und Bienensummen – und eine verschwenderische Flut goldgelber Löwenzahnsonnen und lackglänzender Hahnenfußblüten. In einer feuchten Senke breitet sich sogar ein Klecks aus Roten Lichtnelken und Wiesenschaumkraut aus.

Was für eine Erleichterung, nach der winterlichen Symphonie der Grautöne endlich wieder Farbe zu sehen! Freuen wir uns daran, und vergessen wir wenigstens für einen Moment, daß das wunderschöne gelbe Meer die Folge allzu üppiger Düngung ist. Wie jedes Jahr ist zeitig im Frühling der erste Gülleregen auf die Wiese niedergegangen und hat besonders die Gräser wuchern lassen. Wo wenige ein gutes Leben führen, stehen andere bald im Schatten. Besonders die lichthungrigen Arten haben in stark gedüngten Wiesen keine Zukunft. Viele

Blumenarten können sich in dem grünen Gedränge heutiger Hochertragswiesen nicht behaupten und verschwinden im Lauf der Jahre.

Die Unbesiegbaren

Doch auch von den robusten Arten können sich nur wenige auf den Lebensrhythmus der Wiesen einstellen: Schon im Mai wird zum ersten Mal gemäht, zu einer Zeit also, da die meisten Blumen es gerade mal bis zur Blütenknospe gebracht haben. Und kaum haben sie sich zu einem zweiten Anlauf aufgerafft, enden ihre Blütenansätze abermals unter dem Kreiselmäher. 3–5 Mahden sind bei intensiv bewirtschafteten Wiesen üblich. Das Diktat der modernen Agrarpolitik, höchste Erträge aus dem Boden herauszuholen, läßt den Landwirten kaum eine andere Wahl.

Der Überfluß braucht Mangel: Margeriten und Wiesensalbei, Taubenkropf-Leimkraut und Klappertopf gedeihen auf mageren Böden.

Pflanzenarten wie der Mittlere Wegerich allerdings unterlaufen die Mähmaschine buchstäblich: Ihre Blattrosetten liegen flach auf dem Boden auf und werden vom Messer nicht erfaßt. Auch Pflanzen, die wie der Löwenzahn die Fettlebe schätzen, früh blühen und noch vor der Mahd Samen bilden, sehen goldenen Zeiten entgegen. Und einige Arten wie zum Beispiel der Scharfe Hahnenfuß, der im Frühjahr zusammen mit dem Löwenzahn das Wiesenbild dominiert, bekämpfen Konkurrenten einfach mit der chemischen Keule: Hahnenfußwurzeln geben Hemm-

Der Name verrät die Lebensweise: Schafstelzen halten sich gern in der Nähe weidender Schafe, Rinder oder Pferde auf und fangen die Insekten, die von den Hufen aufgeschreckt wurden.

Raupen fangen

Kohlmeiseneltern haben 10–13 Junge und fliegen bis zu 900mal pro Tag mit Insekten und Raupen zur Nisthöhle – aber 900 Raupen wollen erst mal gefunden sein.
Manche Raupen sehen aus wie dürre Stöckchen, andere wie Blätter und wieder andere wie ein Stück Rinde.
Im folgenden Spiel stellen bunte Wäscheklammern die Raupen dar, die wir, die Kohlmeiseneltern, für unsere Jungen sammeln müssen. Außerdem brauchen wir noch eine Rolle Paketschnur und einige kräftige Stöcke.
Mit Stöcken und Paketschnur wird ein Spielfeld von etwa 4 x 4 m markiert. In diesem Feld verteilt der Spielleiter nach Lust und Laune die bunten Wäscheklammern. Die Mitspieler gruppieren sich unterdessen zu Paaren – zu Vogeleltern –, und jedes Paar bekommt ein »Nest« zugeteilt: eine Stelle etwa 5 m vom Spielfeld entfernt, die mit einem Stock deutlich sichtbar gekennzeichnet worden ist.
Beim Startzeichen stürzen sich alle »Vogeleltern« auf das Spielfeld und versuchen, so viele »Raupen« wie möglich zu finden. Haben sie 4 Stück beisammen, müssen sie die Beute zuerst am Nest abliefern, bevor sie weitersuchen dürfen.
Nach etwa 5 Minuten beendet der Spielleiter die Raupensuche, und alle Paare zählen, nach Farben sortiert, ihre Ausbeute. Auffällige Farben wie Rot, Weiß und Gelb werden weniger hoch gewertet als Grün, Grau oder Braun. Am schwierigsten sind Klammern in beigebraunem Leopardenmuster oder getigerter Zeichnung zu finden. Gerade für Kinder ist es spannend, im Anschluß an das Spiel über Tarnfarben und Fleckenmuster im Tierreich zu sprechen.

Vogeleltern (hier ein Zipzalp) müssen viele Schnäbel stopfen...

...aber Raupen (hier eine Zitronenfalterraupe) kennen viele Verkleidungen.

stoffe ab, die benachbarte Pflanzen in der Entwicklung bremsen.

Für die weniger durchsetzungsstarken Gewächse bleibt da nicht viel Raum: Als man in Norddeutschland den Pflanzenreichtum auf traditionell bewirtschaftetem und mäßig gedüngtem Grünland mit dem Pflanzenspektrum einer Hochertragswiese verglich, ergab sich eine traurige Bilanz: Die klassische Blumenwiese beherbergte 680 Blüten- und Farnpflanzen, die gemästete Vergleichswiese gerade mal 91 Arten.

»Alle künstlichen Wiesen haben eine höchst monotone Flora«, so klagte der große Vegetationskundler Otto Sendtner schon im Jahre 1850, als auf Wiesen noch Träubelhyazinthen, Milchstern und andere heute geschützte Arten wuchsen. »Der Pflanzensammler sucht da vergebens seine Seltenheiten. Die Cultur macht alles gleich.« Otto Sendtner kämen die Tränen, wenn er unsere Normwiesen sehen könnte.

Kurz vor der Eiablage scheinen die Weibchen des Ampferblattkäfers aus allen Nähten zu platzen.

Wenn's dem Ampfer ans Kraut geht

Einer von denen, die mehrmalige Mahd und Dünger im Überfluß ohne weiteres wegstecken, ist der Stumpfblättrige Ampfer. Nicht einmal die massiven Attacken eines kleinen Käfers bringen ihn in Bedrängnis: Dreht man vorsichtig eines der löchrig genagten Blätter um, entdeckt man ein gut halbzentimetergroßes metallischgrünes Käferchen. Jede unbedachte Bewegung veranlaßt den Winzling, sich sofort mit angezogenen Beinen in die Sicherheit des Grasdschungels plumpsen zu lassen. Kaum sind die Ampferblattkäfer im April aus dem Boden gekrochen, machen sie sich mit Heißhunger über die jungen Blätter des Stumpfblättrigen Ampfers her. Gut versteckt auf der Blattunterseite, kann ein einziger Käfer pro Tag 2 cm^2 Blattfläche verspeisen. Und schon 2 Wochen später kündigt sich die nächste Generation an. Der Hinterleib der Weibchen ist jetzt von der Masse der Eier derart aufgebläht, daß er ballonartig unter den glänzenden Deckflügeln hervorquillt. Einen ganzen Tag lang dauert die Paarung. Nach Käferart läßt sich das Männchen huckepack von seiner Partnerin herumschleppen, während sie unbeirrt weiterfrißt.

Bis zu 1200 goldgelbe Eier klebt ein einziges Weibchen auf die Unterseite der Ampferblätter. Wenige Stunden später schlüpfen die winzigen schwarzen Larven und beginnen auf der Stelle, nun ihrerseits das Blatt zu benagen. Oft bleiben nach dem geballten Freßansturm von Käfern und Larven nur noch die Blattskelette übrig.

Doch der Ampfer rüstet nach: Wenig später treibt er wieder Blätter – diesmal aber solche mit Gerbstoffen, die den Käfern gründlich den Appetit verderben. Mehrere Jahre lang wirkt dieser eingelagerte Appetitzügler. Der Ampfer hat, so scheint es, aus schlechten Erfahrungen gelernt.

Vogelkunde für Einsteiger

Durch das erst knöchelhohe Gras hüpft geschäftig ein Prachtexemplar von Wacholderdrossel. Plötzlich unterbricht sie ihr Hüpf-Staccato, scheint mit schräggehaltenem Kopf auf Signale aus dem Untergrund zu lauschen, während sie gleichzeitig ihr Umfeld im Auge behält: Der Feind ist überall. Gespannt starrt sie auf einen imaginären Punkt im Grasdickicht, sichert noch einmal, schließlich hackt sie zu: Treffer! Im Schnabel klemmt das Ende eines widerspenstigen Regenwurms.

Auch wer kein versierter Ornithologe ist, erkennt Wacholderdrosseln leicht auf Anhieb: Ausgesprochen hübsche Vögel mit schiefergrauem Kopf, rostrotem Rücken und fast schwarzem Schwanz. Wacholderdrosseln eignen sich übrigens gut für einen kleinen Bluff. Die attraktiven Vögel haben die Eigenart, im Fliegen vor

Vom Lied des Goldammermännchens soll Ludwig van Beethoven zum Thema seiner Fünften Symphonie inspiriert worden sein.

sich hin zu zwitschern, als führten sie Selbstgespräche. Auf Laien wirkt es ungemein beeindruckend, wenn man mit einem flüchtigen Blick auf den singend vorbeifliegenden Vogel beiläufig murmelt »aha, 'ne Wacholderdrossel«.

Auf dem benachbarten Acker steht das Getreide erst handhoch in hauchdünnen Reihen. Über dem braunen Rechteck im grünen Nadelstreif vollführen Kiebitze unter durchdringenden »kuwitt«-Rufen noch immer ihre akrobatischen Balzflüge. Ein erheblicher Anteil

Noch um die Jahrhundertwende waren Wacholderdrosseln in Deutschland ein begehrter Leckerbissen.

der hier brütenden Paare hat das erste Gelege unter Traktorreifen oder Wiesenwalzen verloren. Doch zum Glück sind Kiebitze besonders »hartnäckig«, wenn es darum geht, zerstörte Gelege durch Nachgelege zu ersetzen. Wer Ende April noch balzt, unternimmt bereits den zweiten Versuch.

Ursprünglich brüteten Kiebitze auf kurzrasigen Feuchtwiesen, doch als Drainagerohr und Pflug ihren Lebensraum allmählich verschwinden ließen, fingen sie an, Ersatzlebensräume zu besiedeln.

Schaumschläger

Erst auf den zweiten Blick wird klar, woher das zartlila Wiesenschaumkraut seinen Namen hat: Dort, wo die Blätter am Stengel ansetzen, hängt oft ein schaumiges Gebilde, das im Volksmund Kuckucksspeichel heißt. In Wirklichkeit aber ist kein Vogel, sondern ein Insekt der Urheber. Die Larven der Wiesenschaumzikade *Philaenus spumarius* saugen den Saft des Wiesenschaumkrauts in solchen Mengen, daß ein Großteil davon unverdaut wieder ausgeschieden wird. Diese Flüssigkeit wird von der Larve mit Atemluft vollgepumpt und mit Eiweißstoffen stabilisiert: Ein schützendes Schaumnest entsteht. Hier ist die Larve vor Austrocknung ebenso wie vor Feinden einigermaßen sicher. Will sie atmen, streckt sie einfach die Spitze ihres Hinterleibs wie einen Schnorchel aus dem Schaum.

Wenn man die blasige weiße Masse mit einem Grashalm vorsichtig beiseiteschiebt, sieht man ein wurmartiges Etwas am Stengel kauern.

Doch nicht alle Gegner lassen sich von den Schaumschlägern täuschen. Grabwespen wurden schon dabei beobachtet, wie sie Zikadenlarven zielsicher aus ihrem luftigen Unterschlupf zogen.

Wie ein Klümpchen Eischnee hängt das Schaumnest der Wiesenschaumzikade am Stengel des Weidenröschens.

Aus ihrer Sicht sind Acker und Wiese mindestens taugliche Ausweichbrutplätze.

Früher brüteten Kiebitze (oben) auf Feuchtwiesen; heute legen sie ihre Bodennester auch auf Äckern und Wiesen an. Wenn ihren daunigen Jungen Gefahr droht, stellen sie sich flügellahm (unten) und lotsen den Feind von der Brut weg.

Wenn bei einem Spaziergang im späteren Frühjahr ein Kiebitz unter klagendem Geschrei bedrohliche Sturzflüge auf den Kopf des Spaziergängers unternimmt oder – Variante zwei – sich mit schleppendem Flügel mühsam durch die Ackerfurchen quält, ist der menschliche Störenfried dem Gelege oder den gut getarnten Jungen vermutlich näher gekommen, als dem Altvogel lieb ist. Der scheinbar Verletzte spielt die Rolle der leichten Beute, bis er den Eindringling aus der Gefahrenzone gelotst hat. Doch dann ist der anscheinend lahme Flügel plötzlich wieder einsatzbereit, und der eben noch Hilflose schwingt sich in die Luft, als sei nichts geschehen.

Das Wissen der Ahnen

Kinder lieben Maikäfer über alles. Und sie sehen auch wirklich zum Anbeißen aus, wenn sie mit einem bunten Schleifchen um den Schokoladenbauch aus den Schaufenstern der Konditoreien lächeln.

Es gibt keine Maikäfer mehr

Unseren Vorfahren im Mittelalter indessen war nicht nach Lachen zumute. Dasselbe Tier, das heute als Glücksbringer gilt, war damals nichts weniger als eine Heimsuchung des Teufels. Wie sonst hätte man sich auch erklären sollen, daß die gefräßigen Krabbeltiere jahrelang anscheinend vom Erdboden verschluckt waren und dann plötzlich mit geballter Freßwut die Bäume entlaubten? Es stand außer Zweifel: Maikäfer waren mit unheimlichen Mächten im Bunde – und dagegen half nur eines: Die Macht des Allerhöchsten.
Als in der Schweiz in den Jahren 1478 und 1479 die braunen Käfer in einer nie dagewesenen Freßwelle das Land überrollten, wurden harte Geschütze aufgefahren: Die Widersacher wurden vor ein kirchliches Gericht gestellt. In den »Berner Prozessen« belegte der Bischof von Lausanne die Maikäfer höchstpersönlich mit einem furchtbaren Bann. Mit Maikäferbeschwörungen und Prozessionen rückte man den Krabbeltieren zu Leibe. Maikäfer wurden exkommuniziert und sogar von Exorzisten beschworen – doch alles vergebens: Auch mit dem Fluch der Kirche auf ihren Häuptern gaben sich die Käfer ungerührt dem Kahlfraß hin.
Als Maikäfer im Jahre 1664 im Kanton Uri erneut über die Bäume herfielen, beschloß man, bei aller Achtung vor der Kirche doch lieber zu pragmatischen Methoden zu greifen. In aller Eile wurden sogenannte Käfervögte ernannt, die ihre Mitbürger zum disziplinierten Käfersammeln anzuhalten hatten, gewissenhaft die Ausbeute maßen und schließlich für eine ordnungsgemäße Vernichtung sorgten.
Die Methode von Uri hatte sich bewährt. Als sich im Jahre 1918 eine neue Maikäferwelle abzeichnete, schaltete sich umgehend die Eidgenössische Volkswirtschaftsdirektion ein. In käferverseuchten Gebieten mußten fortan pro Hektar landwirtschaftlich genutzter Fläche 4 kg Maikäfer nicht nur geerntet, sondern bei Strafandrohung auch sinnvoll genutzt werden. Die braunen Brummer hatten sich nämlich als hochwertiges Rohmaterial für Viehfutter bewährt.

Doch der Umweg übers Vieh ist eigentlich überflüssig. Immerhin briet man in Schlesien die Käfer früher in Butter und verspeiste sie zu einer Scheibe Brot. Und der Imbiß soll sogar gesund gewesen sein: Maikäferköpfe senkten angeblich das Fieber, und ein Pulver aus getrockneten und gemahlenen Maikäfern wurde gegen Epilepsie eingenommen. Der Maikäfer, der neue Geheimtip für Gourmets? Die Voraussetzungen wären günstig: Seit 1986 nehmen die Maikäferpopulationen Mitteleuropas beständig zu, um in einem etwa 35-jährigen Rhythmus abermals Spitzenwerte zu erreichen.

Rotkehlchen bekämpfen alles, was wie sie orangerotes Brustgefieder hat.

Farbenpracht statt Drainagerohr: Staunasse Stellen im Garten sind der richtige Platz für die Sibirische Schwertlilie.

Frei wie ein Vogel?

Nie lassen sich Vögel besser beobachten als im Frühjahr, wenn die Vogelmännchen ihre Territorien lautstark gegen Rivalen verteidigen und die aufbrechenden Knospen und jungen Blätter noch wenig Deckung bieten. Jetzt ist es kinderleicht, die trillernden, flötenden und zwitschernden Vogelmännchen mit dem Fernglas ausfindig zu machen – aus rücksichtsvoller Entfernung, versteht sich. Die Feldhecke, die sich wie ein Riegel in die Wiese schiebt, ist immer ein lohnendes Beobachtungsziel. Anfangs warnen ein paar Vögel irritiert, aber nach kurzer Zeit haben sie sich an den neugierigen Zuschauer gewöhnt und lassen sich nicht mehr stören.

Aus dem flechtenüberzogenen Zweiggewirr eines greisenhaften Holunders tönt die perlende Strophe eines Rotkehlchens; aus halber Höhe des Weißdorns echot der Reviernachbar, und wenig später sieht man etwas Orangefarbenes durchs Gezweig klettern. Schwungvoll hüpft der Rotkehlchenmann durch die Altlaubschicht, mustert in kurzen Abständen mit schräggehaltenem Kopf den Luftraum über sich, zwitschert eine warnende Botschaft an mögliche Rivalen, während er gleichzeitig das Fallaub nach Eßbarem absucht. Zwischen den welken Blättern hat der Vogel offenbar ein Krabbeltier erspäht, pickt, schluckt, sichert wieder nach oben. Plötzlich bemerkt er, daß der Nachbar trotz seiner Drohgesänge unerträglich weit ins Territorium eingedrungen ist und weist ihn mit einem Scheinangriff in seine Schranken. Wieder sichert er fluchtbereit nach allen Seiten, erleichtert sich mit einem Kotklacks, huscht auf einen der höhergelegenen Zweige und untermauert aus luftiger Höhe singend seinen Revieranspruch. Abermals ein wachsamer Kontrollblick, dann ein Schwirrflug auf ein vorüberfliegendes Insekt. Für einen Sekundenbruchteil läßt sich das Rotkehlchen auf einem Zweig nieder, um ein paar Federn zu ordnen, knickst, sichert und hüpft schließlich ins dämmrige Innere der Hecke.

Wer auch immer den Ausdruck »frei wie ein Vogel« prägte, hat mit Sicherheit nie einem Rotkehlchen zugesehen, einem dieser dauernd wachsamen und fluchtbereiten, ständig hungrigen Kleinvögel. Ein freilebendes Rotkehlchen könnte 11 Jahre alt werden – doch statistischen Berechnungen nach hat der kleine Vogel genau 1,12 Jahre Lebenszeit vor sich.

JUNGVÖGEL IN NOT?

Wenn Sie sich ein wenig mit Tieren auskennen, passiert Ihnen das sicherlich jedes Jahr ein paarmal: Man bringt Ihnen einen jungen Singvogel, der »aus dem Nest gefallen ist« und ohne menschliche Hilfe verloren wäre – so jedenfalls glauben die Überbringer. Doch meistens ist der Kleine in Wirklichkeit weder abgestürzt noch in Gefahr. Ihm ist sein Nest einfach zu eng geworden, und er hüpfte mit seinen Geschwistern neugierig durchs Gebüsch, erkundete die plötzlich größer gewordene Welt und gab den Eltern per Bettelruf bekannt, wann er gefüttert zu werden wünschte – kein Grund für Rettungsaktionen.

Was also tun mit so einem scheinbar verlassenen Jungvogel? Am besten, Sie erkundigen sich, wo er gefunden wurde und bringen ihn genau dorthin zurück. Wenn der Kleine noch nicht allzu lange von seinen Eltern getrennt ist, genügt es, ihn einfach auf einen Zweig zu setzen (vorher umsehen, ob keine Katzen in der Nähe sind!) und abzuwarten. In der Regel werden die Bettelrufe des Findelkindes bald die Altvögel anlocken.

Ist aber tatsächlich das Nest zerstört, oder sind die Eltern verunglückt, muß das Vogeljunge aufgezogen werden – keine leichte Aufgabe. Am besten, Sie erkundigen sich bei einer Geschäftsstelle des Landesbundes für Vogelschutz oder des BUND (Adressen finden Sie im Anhang). Dort wird man Ihnen einen Fachmann nennen, der feststellen kann, zu welcher Art der Jungvogel gehört und welches Futter er braucht.

Junge Mehlschwalben sind anspruchsvolle Pfleglinge.

EIN FROSCHGERECHTER GARTEN

Es ist noch gar nicht so lange her, da war der moos-, löwenzahn- und gänseblümchenfreie Parkrasen das Ideal des Gartenbesitzers. Zum Glück verblassen solche Wunschbilder allmählich – zum Glück für Grasfrosch und Erdkröte. Versucht man nämlich, mit Chemikalien zum Beispiel das lästige Moos zu unterdrücken, hat man ungewollt das Todesurteil über Frosch und Kröte gesprochen: Ihre feuchte Haut reagiert hochempfindlich auf Gifte. Herbizide bedeuten für sie den Tod.

Mit einem Vertikutierer, den es in vielen Gartencentern zu leihen gibt, können Sie das Moos chemiefrei aus dem Rasen kämmen. Diese Methode hat zudem den Vorteil, daß allzu dichter Grasfilz gelockert und belüftet wird.

Doch Moos deutet auch oft auf Staunässe hin. Zwar könnte man das Problem mit einer Kiesdrainage beheben, doch wozu der Aufwand? Für Stellen mit stauender Nässe gibt es eine kräftesparende und dazu noch wunderschöne Lösung: Versuchen Sie es doch einfach mit Pflanzen, die Staunässe nicht nur ertragen, sondern sogar brauchen. Wozu mit Folie ein Sumpfbeet anlegen, wenn Sie es frei Haus bekommen können? In feuchtem Lehmboden wachsen zum Beispiel die seltene Wiesenraute, die Bergflockenblume und der Beinwell. Auf ausgesprochen nassen Böden gedeihen solche Pretiosen wie die Sibirische Schwertlilie und die Sumpfschwertlilie, außerdem Mädesüß und Blutweiderich.

Schlüsselblumen, Himmelsschlüssel oder sogar Sankt-Peter-Schlüssel – die gelben Blumen haben viele Namen.

AMSELKINDHEIT

Auch die kleine Amsel, die kippelnd auf dem untersten Zweig des Weißdorns balanciert, hat statistisch gesehen nur eine Lebenserwartung von 1,6 Jahren, doch immerhin hat sie **eine** kritische Phase schon erfolgreich hinter sich gebracht: Als sie Ende April im Alter von 2 Wochen aus dem Nest hüpfte, waren ihre Flügel erst halb so groß wie die der Eltern – gerade

Halbflügge Jungamseln werden von ihren Eltern auch außerhalb des Nestes weitergefüttert.

Wenn Jungvögel sich zum ersten Mal aus dem Nest wagen, sollten Katzen Hausarrest haben.

groß genug, um flatternd den freien Fall abzubremsen. Einige gefährliche Tage lang versteckte sie sich mit ihren Nestgeschwistern am Boden unter Gesträuch und rief bettelnd die Eltern herbei, wenn sie Hunger hatte – ein Ruf, der nicht nur die fütternden Altvögel, sondern auch andere aufhorchen läßt, die Jungvögel zum Fressen gern haben. Jede Katze, jedes Wiesel, ja sogar ein Igel hätte die Jungen in diesen riskanten ersten Tagen erbeuten können. Jetzt schaffen sie es wenigstens schon, unsicher flatternd kurze Strecken zurückzulegen.

Doch immer noch ist das Junge auf die Verpflegung durch die Eltern angewiesen. Das Amselweibchen sitzt, einen Regenwurm im Schnabel, drei Äste über dem reglosen Jungen im Weißdorn; der ganze Vogel ist gespannte Wachsamkeit. Hochaufgerichtet mustert die Amselmutter die Umgebung, während sich der Wurm mit allen Kräften ihrem Schnabel zu entwinden versucht. Unter ihr drückt sich der Jungvogel an den Stamm, den Kopf zwischen die Schultern gezogen. Solange er sich nicht regt, ist er für Feinde unsichtbar, so perfekt verschmilzt das gefleckte Gefieder mit der Rinde des Weißdorns. Die Jungamsel scheint zur Salzsäule erstarrt, nur die Nickhäute schieben sich hin und wieder nervös über die Augen, und wenn man genau hinschaut, sieht man die Brust heftig pumpen.

Jetzt scheint die Luft rein. Das Amselweibchen hüpft ein paar Äste tiefer zu seinem Sprößling, der sie schon bettelnd und flügelzitternd erwartet, und stopft hastig den Wurm in das signalhafte Orangegelb des aufgesperrten Rachens. Doch kaum ist der Happen im Schlund verschwunden, nimmt die Amselmutter wieder Alarmhaltung ein und späht mit langem Hals hinüber zu der einzelstehenden Linde; ein erregtes »duck duck duck« gluckst aus ihrer Kehle. Wieder erstarrt das Junge zum Denkmal, während der Altvogel aufgeregt zeternd ein paar Büsche näher an die Linde heranfliegt. Doch die getigerte Katze am Fuß des Baumes hat die Botschaft längst verstanden. Die Erfahrung hat sie nicht nur gelehrt, daß ein enttarnter Jäger nicht die geringsten Chancen hat; sie weiß auch, daß sie mit Scheinangriffen rechnen muß, sollte sie sich an die vielversprechende Hecke heranwagen. Scheinbar unbeteiligt blinzelt sie in die Sonne und tut schließlich das, was Katzen immer tun, wenn sie sich über ihre weiteren Pläne noch nicht im Klaren sind: Sie wäscht sich den Pelz.

Erst als die Katze schließlich entnervt ihren Sitzplatz räumt, verstummt das erregte Gezeter der Amsel, und das Junge erwacht wieder aus seiner Starre. Entspannt rückt es sich auf seinem luftigen Sitz zurecht und genießt allem Anschein nach die Wärme. Eine Armlänge über ihm, auf der Spitze eines Hartriegels, droht eine Goldammer ihren Reviernachbarn singend Repressalien an, falls sie die unsichtbaren Grenzen ihres Territoriums nicht respektieren sollten.

Wenn Bienen die Hosen voll haben

Wie lackiert glänzen die ersten Blättchen von Hartriegel und Liguster in der Sonne. Ihre Blütenknospen sind noch fest geschlossene grüne Kügelchen, aber die Kornelkirsche präsentiert schon goldgelbe Blütentuffs, und an den weißen Kelchen der Schlehe scheint sich die

Leberblümchen gehören zu den ersten Blüten, an denen Bienen nach der Winterpause auftanken können.

ganze Insektenwelt der Umgebung versammelt zu haben. Der etwas knorrige Charme eines Schlehdornzweigs vor blauem Frühlingshimmel, darauf die porzellanweißen Blütenschalen – das ist die Stimmung, wie sie japanische Malkünstler mit Vorliebe einfangen.

An den Blütensträußchen der Schlehe herrscht Stoßverkehr. Vor allem Bienen sind es, die hier hektisch von Blüte zu Blüte schwirren und in der Tiefe der Kelche mit ihren Saugrüsseln nach Nektar fahnden. Auf Blüten, die leergetrunken sind und noch nicht genügend Zeit hatten, sich wieder aufzufüllen, verweilen die Bienen nur kurz; in Sekundenbruchteilen sind sie im Bilde, ob der Besuch lohnt oder nicht. Auf ergiebigen Blüten dagegen bleiben sie minutenlang sitzen und füllen ihre Honigmägen mit dem Zuckersaft.

Diese Biene hat einen langen Sammelflug hinter sich: Ihre Pollenernte klebt als dicke, gelbe »Höschen« an den verbreiterten Endgliedern der Hinterbeine.

Könnten wir ebenso wie die Bienen 200 Einzelbilder pro Sekunde wahrnehmen, dann würden wir außerdem exakt erkennen, wie sie den eiweißreichen Pollen, der im Pelz auf ihrem Körper hängengeblieben ist, in einer komplizierten Bewegungsabfolge in die »Körbchen« manövrieren (das sind Mulden an den Außenseiten der hintersten Beine, die von gekrümmten Haaren wie von den Staken eines Körbchens umgeben sind).

Die Pollenverschiebung am Körper der Biene geht folgendermaßen vor sich: Regelmäßig angeordnete Haarreihen an der Innenseite des verbreiterten Fußgliedes – die sogenannte Bürste – putzen zunächst den Blütenstaub aus den Körperhaaren und konzentrieren ihn jeweils in der Bürste des gegenüberliegenden Beines. Dabei vermischt die Biene den Pollen mit etwas Nektar, den sie aus dem Honigmagen erbricht. Die klebrige Pollenmasse wird sodann von den gezackten Kanten am darüberliegenden ersten Beinglied aus den Bürsten herausgekratzt und dabei automatisch durch den Gelenkspalt zwischen Fuß- und Beinglied nach außen ins Körbchen gedrückt, wo ein Zackenfortsatz am obersten Fußglied sie weiter nach oben preßt.

Uns kommt diese Prozedur vielleicht umständlich vor, die Biene aber erledigt die Angelegenheit quasi beiläufig im Flug. Sie muß nicht einmal Platz nehmen, während sie Schub auf Schub den Pollen vom Körper putzt, mit Nektar anfeuchtet, aus den Pollenbürsten herauskämmt und mit Hilfe des mittleren Beinpaares in den Körbchen festdrückt. Für den Betrachter sieht das so aus, als streife sie im Flug mit den Beinen über den Körper und reibe sie dann gegeneinander: Sie »höselt«, wie die Imker sagen. Der Ertrag ihrer Bemühungen, die gelben Klümpchen aus Pollenmasse außen am letzten Beinpaar, sehen tatsächlich ein wenig wie Pluderhosen aus und heißen unter Imkern denn auch folgerichtig »Höschen«.

EIN ALTER BEKANNTER

»Zu teutsch nennet mans umb der sonnen willen, sonnenwürbel; merzenblumen, der zeit halben; dotter oder eyerblumen, umb der gälen farben

willen; pfaffenblatt und mönchsköpf, der blatten halben; dentem leonis, lewenzan, der blätter halben mit den spitzen zänen; weg oder wysenlattich, der gestalt und milch halben..«, so beschrieb Hieronymus Bock im Jahre 1539 in seinem »Kräuterbuch« den Löwenzahn. Die jungen Blätter der Allerweltsblume sind Bestandteil aller möglichen Wildgemüse und Salate, und die Blütenknospen lassen sich eingelegt wie Kapern verwenden.

LÖWENZAHNSIRUP

Zutaten:
4 große Handvoll Löwenzahnblüten, 1,5 kg Zucker, Saft von 2 Zitronen, 1,5 l Wasser.

Die Löwenzahnblüten im Wasser gut durchkochen lassen, herausnehmen und die Flüssigkeit mit dem Zucker und dem Zitronensaft so lange kochen, bis eine Art Sirup entstanden ist. Löwenzahnsirup ist geschmacklich kaum von echtem Bienenhonig zu unterscheiden. Außerdem soll er gegen Geschwüre und Ausschläge helfen, gegen Appetitlosigkeit, Gicht und Rheuma wirken und die Leber- und Gallentätigkeit regulieren.

...WIE GRÜN SIND DEINE BLÄTTER

Was wir uns zu Weihnachten als »Tannenbaum« in die gute Stube stellen, ist oft genug eine Fichte. Ursprünglich war sie der Charakterbaum der Mittel- und Hochgebirge. Erst als aus Wäldern bewirtschaftete Forste wurden, begann die Karriere der Fichte: Heute wachsen auf rund 30 Prozent der deutschen Waldfläche Fichten. Die beste Erntezeit für Fichtensprossen sind die Monate April und Mai, wenn die ganz jungen hellgrünen Triebe gerade erst ihre braunen Hüllen abgestreift haben. Am besten sammeln Sie die »Wipferl« an gefällten Bäumen, oder Sie erkundigen sich vorher beim Forstamt, wo Sie pflücken dürfen, ohne Streit mit dem Förster zu bekommen.

FICHTENWIPFERLSIRUP

Zutaten:
2 große Handvoll Fichtentriebe, 1,5 kg Zucker, 1,5 l Wasser.

Die Triebe mit dem Wasser aufkochen, eine Zeitlang ziehen lassen und anschließend abseihen. Die Flüssigkeit mit dem Zucker mischen und bis zur Sirupdicke einkochen. Fichtensprossensaft wirkt schleimlösend und soll ein ausgezeichnetes Heilmittel gegen Husten und Erkältungskrankheiten sein.

WARUM SIND BLÜTEN BUNT?

Insekten können Ultraviolett wahrnehmen. Die gelben Blüten des Scharbockskrauts sind für sie nicht einfarbig, sondern haben eine farblich abgesetzte Mitte.

Als es noch keine Insekten gab, konnten sich Pflanzen nur auf die Bestäubung durch den Wind verlassen. Irgendeine Brise entriß ihnen den Blütenstaub, und ein kleiner Teil des pflanzlichen Spermas gelangte auch wirklich auf die Narbe einer gleichartigen Pflanze, wo sich die Befruchtung vollzog. Doch diese Methode hatte unübersehbare Nachteile: Nur wenn die Pflanzen gewaltige Mengen Pollen produzierten, war die »Trefferquote« zufriedenstellend – vorausgesetzt, die Bedingungen waren günstig.

Die ersten Insekten, die vor über 250 Millionen Jahren herumkrabbelten, müssen bald entdeckt haben, daß Pollen eine gehaltvolle Nahrung sind. Während sie von einer Pollenquelle zur anderen krochen oder flogen, verschleppten sie unfreiwillig Pollenkörner und übernahmen damit die Rolle des Windes. Bald erledigten sie ihre Aufgabe so effizient, daß es sich für die Pflanzen auszahlte, um die Gunst der Pollenkuriere zu wetteifern. Sie begannen, eigens für die Blütenbesucher eine flüssige Zuckermischung zu erzeugen – Nektar, der ideale Treibstoff für die kräftezehrenden Flüge der Insekten.

Fichten brauchen zur Bestäubung keine Insekten, sondern lassen ihre Blütenstaubwolken vom Wind verbreiten.

Doch auch die beste Ware verstaubt im Regal, wenn der Kunde von ihrer Existenz nichts weiß. Pflanzen, die sich nicht auf Zufallsbesuche der Insekten verließen, sondern unübersehbar mit ihren Menüs warben, hatten natürlich größeren Zulauf: Die Blätter, die den pflanzlichen Fortpflanzungsorganen am nächsten standen, entwickelten plakative Farben und Formen und wiesen wie Anzeigetafeln auf die Futterquelle hin. Das Blütenblatt war erfunden.

Doch damit nicht genug: Die meisten Blumen kennzeichnen auf ihren Blütenblättern den Weg zur Nektarquelle auch noch mit signalhaften Farbflecken. Die blaue Vergißmeinnichtblüte zum Beispiel trägt einen gelben Ring rund um das Blütenzentrum, wo der Nektar wartet. Auch Blüten, die uns einfarbig erscheinen, tragen oft diese sogenannten Saftmale. Ihre Farbe liegt dann im ultravioletten Bereich der Farbskala – für Insektenaugen ohne weiteres wahrnehmbar. Eine Aufnahme von der scheinbar rein gelben Sumpfdotterblume bei UV-Licht zum Beispiel zeigt deutlich das Saftmal im Blütenzentrum.

Doch viele Pflanzen begnügten sich nicht mit optischer Werbung, die ja nur auf kurze Distanz anspricht. Sie entwickelten zusätzlich auch noch attraktive Düfte, die von besonderen Drüsen in

den Blüten abgegeben wurden und Insekten aus großer Entfernung anlockten.
Blüte und Duft erfüllen einen doppelten Zweck: Einmal sind sie eine ausgezeichnete Rekla-

Ein Strahlenmuster auf der Ehrenpreisblüte zeigt den Weg zum Nektar.

me, zum zweiten wirken sie wie ein individuelles Firmenzeichen: Wenn ein Insekt auf eine lohnende Nektarquelle stößt, ist ihm natürlich daran gelegen, auf Blüten derselben Art den ertragreichen Beutezug fortzusetzen. Und dank der unverwechselbaren Kombination aus Farbe, Form und Duft kann es artgleiche Gewächse leicht identifizieren. Diese sogenannte Blütenstetigkeit – die »Treue« von Insekten zu Blüten derselben Art – liegt wiederum im Interesse der Pflanzen, denn nur dann, wenn sich das Insekt nach dem Blütenbesuch unverzüglich auf die Suche nach einer artgleichen Blüte macht, wird die Befruchtung vollzogen.

Ein Gefängnis mit Zeitschloss

Noch haben die Bienen wenig Konkurrenz. Zu Recht heißen Schmetterlinge im Volksmund Sommervögel. Jetzt im Frühjahr gaukelt nur gelegentlich ein Kleiner Fuchs oder ein Tagpfauenauge vorüber. Sie haben in dunklen Winkeln als Falter überwintert und haben gerade erst ihre Eier auf irgendeinem besonnten Brennesselfeld abgelegt. Auch die Zitronenfalter, die hin und wieder zum Auftanken an eine Blüte kommen, haben ihre Raupenkindheit im Vorjahr durchlebt und den Winter als Falter im Fallaub überstanden. Ihr grasgrüner Nachwuchs benagt in dem kleinen Auwaldrest unten am Bach bereits die Blätter von Kreuzdorn und Faulbaum.

Jetzt im Frühjahr zeigt sich der schmale Auwaldstreifen in lichtdurchfluteter Übersichtlichkeit. Noch ist das Blätterdach nicht geschlossen, und die Sonne malt ein fleckiges Mosaik auf die Krautschicht. Das Blütenmeer der Märzenbecher ist längst zu unzähligen schmutzigweißen Fetzen zusammengeschnurrt; aus den Blattschöpfen ragen nur mehr die Stengel mit den schwellenden Samenständen. Wo die lanzenförmigen Blätter des Bärlauchs niedergetreten wurden, steigt ein dezenter Duft nach Knoblauch auf. Buschwindröschen, Gelbes Wind-

Schmetterlingseier sind formvollendete Kunstwerke: Die Eier des Kohlweißlings (oben links) sehen aus wie geriefte Zitronen, die des Tagpfauenauges wie Tischtennisbälle (oben rechts). Der Schlehenspinner legt Eier mit dunklem »Nabel« (unten links), und die Gelege der Kupferglucke erinnern an phantasievolle Perlen (unten rechts).

Blühende Bärlauchfluren im Auwald gehören zum Eindrucksvollsten, was man Nase und Auge bieten kann.

röschen und Scharbockskraut blühen noch, und grünlichweiß recken sich die bizarren Blütenstände des Aronstabs aus dem Blätterteppich.

Buschwindröschen blühen, solange das Blätterdach noch nicht geschlossen ist.

Eigentlich sind seine weißlichgrünen Blatt-Tüten, die den braunvioletten Kolben wie ein extravaganter Kragen umrahmen, gar keine Blüten. Die weiblichen Blüten des Aronstabs sitzen vielmehr von außen unsichtbar an der Basis des Kolbens, dort wo sich das Hüllblatt zum Kessel schließt. Oberhalb der weiblichen Blüten sitzen die männlichen Blüten, und wo sich das Hüllblatt zur »Taille« verengt, bilden haarförmige Auswüchse eine Art Reuse.

Der Duft des Aronstabs ist nur für Spezialisten ein Genuß: Die Kolbenspitze verströmt einen fauligen Geruch, von dem sich Fliegen und Käfer unwiderstehlich angezogen fühlen. Doch wenn die Insekten dem verlockenden Duft folgen und auf der öligen Oberfläche des Hüllblattes zu landen versuchen, rutschen sie ab und fallen durch die Reuse ins Kesselinnere. Dort sitzen sie zunächst fest, denn die Borsten versperren ihnen den Rückweg. Sobald die Besucher die weiblichen Blüten mit ihrem mitgebrachten Pollen bestäubt haben, werden sie mit Nektar »ausgezahlt«. Und sind die weiblichen Blüten befruchtet, reifen auch die darüberliegenden

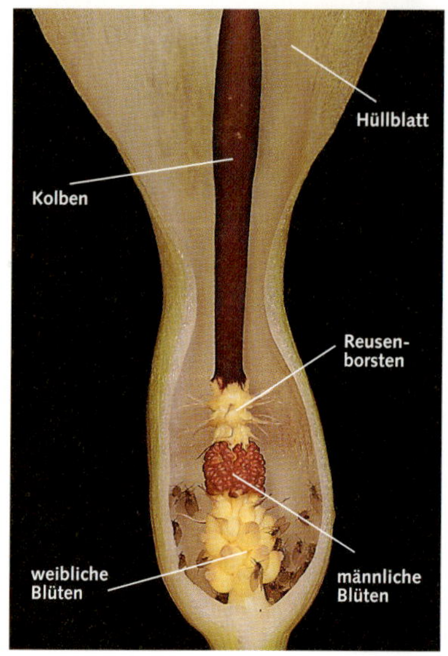

Geiselnahme im Auwald: Fliegen, die in die Blatt-Tüte des Aronstabs gestürzt sind, werden erst wieder entlassen, wenn sie die Blüten befruchtet und sich mit Blütenstaub eingepudert haben (unten Querschnitt, vgl. Text).

männlichen Blüten und pudern die inhaftierten Insekten mit Blütenstaub ein. Jetzt endlich welkt das weiße Hüllblatt, und die Borsten geben den Ausgang wieder frei – ein Gefängnis mit Zeitschloß.

WIE WIRD AUS NEKTAR HONIG?

Bei Honigbienen – das Photo zeigt sie Honigwasser schlürfend – ist der Unterkiefer zu einer komplexen Saugzunge umgewandelt.

Nektar ist für Bienen lebensnotwendige Kraftnahrung, doch nur ein kleiner Teil dessen, was sie mit ihrem Rüssel aus der Blüte saugen, wird sofort als Treibstoff verbraucht. Der größere Teil der Ernte wandert in den stecknadelkopfgroßen Honigmagen und wird heim in den Stock getragen – als Vorrat für schlechte Zeiten oder als Nahrung für die Brut. Noch während des Fluges wird der Nektar im Honigmagen mit Sekreten aus Schlund- und Speicheldrüse versetzt. Im Stock würgt die Sammlerin die angereicherte Mischung wieder hoch und gibt sie an eine honigverarbeitende Biene weiter, die nun ein seltsames Spiel mit der wertvollen Flüssigkeit beginnt: Etwa so, wie ein Kind Kaugummiblasen produziert und wieder verschwinden läßt, läßt die Biene den Nektar aus dem Rüssel austreten und saugt ihn gleich darauf wieder ein – immer wieder, bis das zuckrige Gemisch auf 50–60 Prozent eingedickt ist. Dieses Konzentrat wird nun in Zellen gefüllt und von Helferinnen quasi trockengefönt: Bis zu 3Tage lang sitzen flügelschwirrend lebende Ventilatoren auf den Waben, bis der Honig nur noch einen Wassergehalt von etwa 20 Prozent hat und ausgereift ist.

Bienen stellen ihr Baumaterial selbst her: Aus Wachs, das sie aus ihren 8 Bauchdrüsen schwitzen, werden mit den Mundwerkzeugen paßgenaue Deckel geknetet und auf die gefüllten Waben gesetzt. Der Honig ist jetzt luftdicht verschlossen und vor Gärung sicher.

Übrigens passen knapp 6 mm^3 Nektar in den Honigmagen einer Biene. Demnach sind über 160000 Sammelflüge vonnöten, bis 1 Liter Nektar zusammengetragen ist – doch der ergibt nur 150 g Honig.

WEIDENHÄUSCHEN

Weiden gehören zu den vitalsten Geschöpfen in der Pflanzenwelt. Schon aus einem einzigen Zweig, der in den feuchten Boden gesteckt wird, kann sich ein ganzer Strauch oder Baum entwickeln. Wer genug Platz im Garten hat, kann mit seinen Kindern ein Spielhaus mit besonderer Note bauen.

Das Baumaterial für ein solches Kinderhäuschen ist nicht schwer zu bekommen: Bei landschaftspflegerischen Arbeiten in der Gemeinde oder in Naturschutzorganisationen fallen oft Weidenruten an. Sicher wird man Ihnen auf Anfrage ein paar davon abtreten. Besonders die Zweige der Korbweide, aber auch andere Arten eignen sich gut zum Häuschenbauen. Die Ruten dürfen bis 3 Jahre alt und kinderarmdick sein. Sie werden kreisförmig so in den Boden gesteckt, daß ein Abschnitt des Kreises als »Tür« ausgespart bleibt. Der Durchmesser des Kreises richtet sich danach, wie groß das Spielhaus später sein soll. Wichtig ist, daß die Ruten möglichst tief im Boden stecken: Nur wenn sie nicht austrocknen und vom Wind nicht zu sehr gelockert werden, können sich Wurzeln bilden. Wenn die Witterung allzu trocken ist, muß der Rohbau hin und wieder gegossen werden, damit die Wurzelbildung nicht ins Stocken kommt.

Die eingesenkten Weidenruten werden so miteinander verflochten, daß eine eiförmige Kuppel entsteht. Anfangs wirft man eine Decke über das Geflecht, damit die spielenden Kinder von vornherein das richtige Höhlengefühl haben. Später, wenn die Weidenruten Blätter und Seitenzweige getrieben haben, wächst das Bauwerk zu einer grünen Kuppel zusammen.

Aus Weidenzweigen lassen sich mit wenig Aufwand lebende Tunnels (oben), Spiralen (unten) oder Wigwams bauen: Einfach Zweige in den feuchten Boden stecken und abwarten.

Katz und Maus

Jedes Kind weiß, wie fein Katzen hören. Sie nutzen jedes Grasbüschel als Deckung aus, bewegen sich wie in Zeitlupe und erstarren sofort zur Salzsäule, wenn die belauerte Maus Verdacht geschöpft hat. Und jeder weiß, wie Mäuse verhindern, daß jede hergelaufene Katze sie fängt: Kein Knistern entgeht ihnen, denn sie lassen pausenlos die Ohren spielen, mit ihren vorstehenden Knopfaugen, die seitlich am Kopf sitzen, können sie verdächtige Bewegungen auch dann noch wahrnehmen, wenn sie sich hinter ihrem Rücken abspielen, und sie huschen sofort ins sichere Loch, wenn ihnen etwas nicht geheuer ist.

Schon Kinder ab 8 Jahren haben großen Spaß daran, Raubtier und Beute zu spielen: Alle Mitspieler bilden einen Kreis, ein Kind ist die Maus und bekommt die Augen verbunden, und ein Mitspieler übernimmt die Regie. Wenn der Spielleiter auf eine Person zeigt, wird sie zur Katze und versucht, sich möglichst lautlos an die Maus anzuschleichen. Die Maus spitzt die Ohren und versucht, den Anschleicher zu erlauschen. Hat sie ihn gehört, zeigt sie in seine Richtung und ruft laut »erwischt«.

Das gescheiterte »Raubtier« wird nun zur Maus, verbindet sich die Augen und muß seinerseits versuchen, heranpirschende Anschleicher zu erlauschen, und die ehemalige Maus darf die nächste Katze aussuchen.

Dieses Spiel macht nicht nur Spaß und birgt eine Menge Spannung, es hat auch einen gewissen Nutzwert: Kinder, die gelernt haben, sich bewußt zurückzunehmen, haben viel bessere Chancen, Tiere in der Natur zu beobachten. Wer durch den Wald trampelt, dem erscheint er leer und langweilig. Nur wer schleichen kann wie ein Tier, entdeckt Interessantes.

Wenn Traubenkirschen weiße Seide tragen (links), sind Gespinstmotten am Werk. Die Raupen (oben) fressen den Baum ratzekahl, doch der treibt im Juni wieder aus.

Mit Stumpf und Stengel

Pflanzen sind weit trickreicher gebaut, als man glauben möchte. Manchmal allerdings hat es den Anschein, als sei alle Raffinesse vergebens. Die Traubenkirschen unten im Auwald zum Beispiel sehen zeitweise aus, als seien ihre Tage gezählt. Nackt ragen ihre Äste zwischen all den kraftstrotzenden Büschen und saftiggrünen Bäumen heraus, so als hätten sie den letzten Frost nicht lebend überstanden. Aus der Nähe betrachtet zeigt sich allerdings, daß der Baum genau wie all die anderen Blätter getrieben haben muß, doch jetzt enden die Stengel in kahlgefressenen Blattadern. Über Stamm und Zweige spannt sich von oben bis unten eine zähe, silbrigweiße Haut, so als habe jemand dem Baum einen maßgeschneiderten Ganzkörperstrumpf verpaßt. Zwischen den krallenartig gekrümmten Blattadern wuchern Gespinste, deren weiße Seide über und über mit winzigen, schwarzen Kotklümpchen gesprenkelt ist. Im Inneren der Gespinstballen winden sich Horden knapp zentimeterlanger Raupen – die Larven der Gespinstmotte *Yponomeuta evonymella*. Im vergangenen Sommer haben die Motten ihre Gelege in den Rindenritzen der Traubenkirsche verstaut, und jetzt fressen ihre Raupen den Baum bis aufs letzte Blatt kahl.

Eine der Raupen hat sich ins Freie gewagt und benagt den Rand eines übriggebliebenen Blatt-Torsos. Auf leichtes Anhauchen reagiert sie blitzschnell: Hastig läßt sie sich vom Blatt plumpsen und baumelt zwischen Himmel und Erde an einem selbstgesponnenen Halteseil. Später, wenn ihrer Meinung nach der Feind verschwunden ist, wird sie sich an ihrem Faden wieder ins schützende Gespinst zurückhangeln.

Wunder der Statik

Den feuchtesten Winkel des Auwaldes hat in Monokultur die Rote Pestwurz überwuchert. Unsere Ahnen hatten die Pflanze mit dem kräftigen Wurzelstock sicherlich überschätzt, als sie das Kraut für ein verläßliches Mittel gegen die Pest hielten, doch bis heute ist die Pestwurz ein Bestandteil der Kräutermedizin geblieben: Patienten mit Gallensteinen wird empfohlen, Pestwurztee wegen seiner krampflösenden Inhaltsstoffe zu trinken. Außerdem soll die Pflanze Husten lindern und schweiß- und harntreibend wirken.

Die eigentliche Sensation aber sind die herzförmigen Blätter. Jetzt im Frühjahr sieht man den Blättchen noch nicht an, daß sie sich im Lauf der nächsten Wochen zu knapp meterlangen Exemplaren auswachsen können und alles unter einem Blätterdach verschwinden lassen werden. Wollte man in der Architektur statisch Vergleichbares leisten, man müßte eine Überdachung für ein kleines Stadion konstruieren, das von einem einzigen Pfeiler getragen wird. Der kräftige Blattstiel, die Mittelrippe und das Netzwerk aus den vielfach verzweigten Seitenrippen, die das riesige Blatt der Roten Pestwurz halten, sind in dieser Hinsicht genial.

Und ewig lockt das Weib

Zwischen den breiten Lappen der Pestwurz wühlt und rempelt es. Lehmbraun und goldäugig streben Erdkröten einem der größeren Überschwemmungstümpel zu. Unauslöschlich hat sich ihr Geburtsort in ihr Gehirn eingeprägt. Hier sind sie aufgewachsen, und hierher kommen sie wieder zurück, um sich zu paaren.

Diese Kröten haben Glück: Sie haben es nicht nur geschafft, auf ihrer bis zu 4 km langen Wanderung etliche Straßen mit heiler Warzenhaut zu überqueren, sie haben außerdem das große Glück,

Ein Erdkrötenpaar braucht 20 Minuten, um eine 30 m breite Straße zu überqueren. Ein Auto braucht...

daß ihr Tümpel noch existiert. Hierzulande gelten Kleingewässer nur zu oft als lästiges Hindernis auf dem Weg zum landwirtschaftlichen Höchstertrag. Falls nicht das fürsorgliche Auge des Naturschutzes auf Tümpeln und Teichen ruht, sind sie nur allzu schnell in Gülle

Die Rote Pestwurz hält den Landesrekord: Ihre Blätter werden nach der Blütezeit bis zu 1 m lang und 60 cm breit.

Erdkrötenmännchen in Paarungslaune sind anhänglich wie Kletten. Weil die Damen in der Minderzahl sind, ringen bisweilen mehrere Männer um ein Weibchen.

ertränkt, trockengelegt oder mit Müll aufgefüllt. Die Kröten aber, die hier einmal ihr Kaulquappendasein verbrachten, »beharren« weiterhin lebenslänglich auf diesem Paarungsplatz – selbst dann, wenn der mittlerweile Teil eines Getreidefeldes oder eines Wirtschaftsweges geworden ist. Verwirrt werden sie sich weiter Jahr für Jahr dort versammeln, bis auch die letzte Kröte gestorben oder unter die Räder gekommen ist.

Gewöhnlich meiden Erdkröten das Tageslicht, doch jetzt zur Paarungszeit sind solche Regeln außer Kraft gesetzt. Die viel kleineren Männchen sind eher am Treffpunkt erschienen und wimmeln nun aufgeregt durchs seichte Uferwasser des Überschwemmungstümpels. Jeder Neuankömmling wird einer handgreiflichen Kontrolle unterzogen: Sträubt er sich nicht, wenn sich einer der kleinen Männer huckepack auf seinen Rücken klemmt, muß es sich wohl um ein Weibchen handeln. Immer wieder kommt es vor, daß sich ein noch unbeweibtes Männchen im Eifer des Gefechts einen Geschlechtsgenossen greift, doch der Bedrängte macht ihn sofort auf seinen Irrtum aufmerksam. Ein flötendes »trüüüt« heißt: »Absitzen und weitersuchen!«

Wer Glück hat, konnte schon auf der Anreise ein Weibchen ergattern und reitet nun auf der Dame in den Laichtümpel ein. Doch die Konkurrenz schläft nicht – zumal bei Erdkröten auf ein Weibchen im Schnitt 4–6 Männchen kommen. Unentwegt müssen die siegreichen Krötenmänner Mitbewerber mit energischen Flötentönen und Fußtritten in die Flucht schlagen. Da kann es schon mal passieren, daß partnerlose Männchen Anschluß bei Holzstücken und Fischen suchen oder sich sogar an den Händen des menschlichen Beobachters festhalten. Der Klammerreflex ist mächtiger als alles andere.

Doch auch wer sich gefunden hat, kommt nicht etwa umgehend zur Sache. Krötenpaare bleiben noch tagelang untätig im Uferwasser sitzen, bis auch das Weibchen in Stimmung gekommen ist und sich die Eier aus dem Eierstock lösen können. Erst dann biegt es seinen Rücken zum Hohlkreuz durch und preßt schubweise die Eischnüre heraus – eine bis zu 5 m lange, doppelreihige Perlenkette voller Leben. Das Hohlkreuz des Weibchens signalisiert dem Männchen auf seinem Rücken, gleichzeitig sein Sperma ins Wasser abzugeben und die Eier zu befruchten. Wie bizarre Girlanden ziehen sich die durchsichtigen Laichschnüre später von Wasserpflanze zu Wasserpflanze.

Schon 12–18 Tage nach dem Ablaichen haben sich die Erdkröten-Embryonen weit genug entwickelt, um ihre glibbrige Hülle zu verlassen. Sekrete lösen die Gallerthülle so weit auf, daß sich die Kaulquappen einen Weg ins freie Wasser bahnen können – ein Frühstart ins Leben, so scheint es. Jedenfalls können die Neugeborenen

Erdkrötenlaich sieht aus wie eine doppelreihige Perlenkette (oben links). Die Kaulquappen bekommen zuerst Hinterbeine (unten links), dann brechen die Vorderbeine durch. Schließlich schrumpft der Ruderschwanz zu einem Stummel (oben rechts), und die kleine Kröte ist fertig für ihr Landleben (unten rechts).

vorerst nicht fressen und nur unbeholfen schlenkernd schwimmen. Wie große schwarze Kommas bleiben sie ein paar Tage lang fast reglos an den Laichschnüren oder an Wasserpflanzen hängen. Mit Hilfe einer Haftdrüse kleben sie dort wie Poster am Pinboard, leben vom Dottervorrat in ihren Eingeweiden und warten, bis sich der Ruderschwanz zu betriebsfertiger Größe entwickelt hat und Mund und After sich geöffnet haben. Wenige Tage nach dem Schlüpfen sind auch die beiden Kiemenbüschel von Hautfalten überwachsen und nun äußerlich nicht mehr zu erkennen.

WER LAICHT WANN?

Lurchart	Paarungszeit	Laichform	Zeit bis zum Schlupf	Entwicklungsdauer der Larven
Feuersalamander	März und April	lebendgebärend		3–5 Monate
Kammolch	Anfang März bis Mitte Mai	einzelne Eier an Wasserpflanzen	1–4 Wochen	2–5 Monate
Teichmolch	April und Mai	einzelne Eier an Wasserpflanzen	1–4 Wochen	2–5 Monate
Bergmolch	Mitte März bis Ende Mai	einzelne Eier an Wasserpflanzen	1–4 Wochen	2–5 Monate
Fadenmolch	Ende März bis Anfang Juni	einzelne Eier an Wasserpflanzen	1–4 Wochen	2–5 Monate
Gelbbauch- und Rotbauchunke	Anfang Mai bis Mitte Juni	sehr kleine Laichklumpen im seichten Wasser	wenige Tage	knapp 2–3 Monate
Erdkröte	Anfang März bis Anfang Mai	bis 5 m lange Doppelschnur, wird um Wasserpflanzen u.ä.gewickelt	2–3 Wochen	2–3 Monate
Kreuzkröte	Anfang April bis Ende Juni	1–2 m lange Doppelschnur, sinkt zu Boden	3–7 Tage	meist 6–7 Wochen, manchmal bis 12 Wochen
Wechselkröte	Anfang April bis Ende Juni	bis 5 m lange Doppelschnur, wird um Äste u.ä.gewickelt oder auf dem Boden abgelegt	3–5 Tage	2–3 Monate
Geburtshelferkröte	Mai und Juni	das Männchen wickelt sich die einreihige Laichschnur um die Hinterbeine	3–6 Wochen	überwintert oft als Larve
Knoblauchkröte	Anfang April bis Ende Mai	50–70 cm kurze, dicke Laichschnur	im Schnitt 8 Tage, Kaulquappen ausgewachsen oft über 10 cm lang	die Kaulquappe überwintert zum Teil mehrmals

WER LAICHT WANN?

Froschart	Paarungszeit	Laichform	Zeit bis zum Schlupf	Entwicklungs-dauer der Larven
Grasfrosch	Februar bis Ende April	Laichklumpen 7–10 cm im Durchmesser, schwimmen an der Oberfläche	2–4 Wochen	2–4 Monate
Moorfrosch	Ende März bis Anfang Mai	Laichklumpen 7–10 cm im Durchmesser, schweben im Wasser	1–3 Wochen	1–3 Monate
Springfrosch	Anfang März bis Ende April	Laichballen 7–10 cm im Durchmesser, schweben im Wasser	3 Wochen	2–5 Monate
Seefrosch und Wasserfrosch	Mitte Mai bis Mitte Juni	Laichballen 7–10 cm im Durchmesser, sinken auf den Boden	4–10 Tage	5 Wochen bis mehrere Monate
Laubfrosch	Anfang bis Ende Mai	walnußgroße Laichklumpen, werden an Wasserpflanzen befestigt	8–15 Tage	2–3 Monate

Gelbbauchunken (oben links) haben die Farbe der flachen Lehmpfützen und Radspuren, in denen sie leben und laichen. Auch Wechselkröten (unten rechts) tarnen sich: Ihr Fleckenmuster in Beige und Oliv erinnert an die Tarnnetze, unter denen sich Militärfahrzeuge unsichtbar machen. Bergmolche (unten links) ziehen sich zur Paarungszeit um: Die zuvor unauffällig grauschwarz gefleckten Tiere tragen zur Balz leuchtend hellblaue Flanken und auffällige schwarze Tupfen und Flecken. Feuersalamander dagegen (oben rechts) paaren sich im Alltagsdress. Ihr schwarzgelbes Äußeres warnt vor dem Gift ihrer Hautdrüsen.

Für kernfaule Bäume haben Buntspechte (oben) ein sicheres Gespür. In solche Stämme meißeln sie in wochenlanger Arbeit ihre Nisthöhle.

GEFRÄSSIGE KAULQUAPPEN

Während die Krötenmänner noch um ihre Weibchen rangeln, haben die Grasfrösche ihren Laichtümpeln längst wieder den Rücken gekehrt. Der Auwald mit seiner gleichmäßigen Feuchtigkeit, wo der Boden unter jedem Schritt leise schmatzt, ist ihr Paradies. Hier hüpfen einem selbst bei hellichtem Tage alle paar Schritte Grasfrösche über den Weg. Jetzt treiben ihre Laichballen leer auf den Tümpeln, und der Inhalt zappelt bereits zu Tausenden durchs modrige Tümpelwasser.

Kaulquappen haben ähnlich einseitige Interessen wie Schmetterlingsraupen: Fressen und wachsen ist alles. Pausenlos raspeln die Grasfroschquappen mit ihren hornigen »Schnäbeln« Algenrasen von Steinen und Blättern oder nagen an fauligen Blättern. Wenn ein Weiher besonders gut besetzt ist, könnte man von weitem meinen, das Tümpelwasser habe den Siedepunkt erreicht und brodle nun in der Sonne vor sich hin.

LAUTSTARKE TARNKÜNSTLER

Hier im Auwald sind auch Laubfrösche keine Rarität. Wer sie allerdings tagsüber auf ihrem Sonnenplatz ausspähen will, muß schon sehr geübte Augen haben. Laubfrösche können ihre Hautfarbe nämlich der Farbe ihres Sitzplatzes angleichen. Je nachdem, wie sich die Farbpigmente in der Haut verteilen, kann derselbe Frosch auf einem Blatt grasgrün, auf Baumrinde schokoladenbraun und auf Kieseln aschgrau aussehen. Sogar himmelblaue Laubfrösche gibt es. Ihr auffälliges Kostüm ist allerdings nicht ein Anpassungswunder an eine blaue Umgebung, sondern verrät einen Mangel: Den »Bläulingen« fehlt ein gelber Fettfarbstoff. Und Grün minus Gelb ergibt Blau.

Mögen Laubfrösche auch leicht zu übersehen sein, zu überhören sind sie jedenfalls nicht. Wenn in den Nächten des Spätfrühlings der Chor der kleinen Grünen loslegt, versteht man sein eigenes Wort nicht mehr. Die dünne Schallblase an der Kehle kann ausgedehnt werden, bis sie so groß wie der ganze Laubfrosch ist. Sie wirkt wie ein Hochleistungsverstärker. Noch in 1 km Entfernung weiß dann jeder, daß die Laubfrösche auf Freiersfüßen sind.

Woran Ludwig Uhland wohl gedacht haben mag, als er von der fernen Flöte sprach? Wir wissen es nicht – doch eines steht außer Zweifel: Quakende Laubfrösche kann er kaum im Sinn gehabt haben. Müßte man den Chor der kleinen Frösche mit etwas Menschengemachtem vergleichen, man dächte am ehesten an einen langsam laufenden Schlagbohrer.

Die Schallblase an der Kehle des Laubfrosches (rechts) wirkt wie ein Hochleistungsverstärker: In warmen Sommernächten ist das "äp-äp-äp" der Froschchöre kilometerweit zu hören.

Wird ein Laubfrosch (links) fleckig, steht er meistens unter Streß.

Frösche im Rampenlicht

Am besten warten Sie auf eine warme, feuchte Nacht nach einem Frühlingsregen und machen sich dann mit einer Taschenlampe auf den Weg zum nächsten Laichtümpel. Wichtig ist, daß Sie auf den letzten Metern vor dem Tümpel sehr behutsam auftreten, denn die meisten Amphibien reagieren empfindlich auf Bodenerschütterungen. Wenn Sie sich langsam bewegen und dabei den Lichtkegel der Taschenlampe vorsichtig über Ihre Umgebung wandern lassen, haben Sie gute Chancen, einen Grasfrosch, eine Kröte oder sogar einen Molch zu entdecken: Im Lichtkegel bleiben die meisten Amphibien zunächst reglos sitzen – ein Verhalten, das auf Straßen oft tödliche Folgen hat.
Falls Sie den Erfolg Ihres Ausflugs nicht dem Zufall überlassen wollen: Seit einigen Jahren gibt es im Handel Kassetten mit den Stimmen einheimischer Lurche. Froschchöre vom Band wirken auf die ansässigen Frösche so unwiderstehlich, daß sie in das Konzert einstimmen. Doch es geht auch ohne Tonband: Füllen Sie eine Streichholzschachtel mit Kieselsteinchen und schütteln Sie die Schachtel. In den Ohren eines Laubfrosches klingen die klappernden Kiesel wie ein quakender Kollege – ein unwiderstehliches Signal, nun ebenfalls die Stimme zu erheben.

Der Frühsommer

...gilt als Wetterprophet für die folgenden Monate. Denn Ende Juni entscheidet sich nach einer alten Bauernregel, welches Wetter der Sommer bringen wird: An Siebenschläfer Regen verheißt 7 verregnete Wochen.

Wie die Linien einer kunstvollen Graphik ziehen sich die Trockenrisse über den Boden und verwandeln Lehmflächen in rätselhafte Mosaike. Seit Wochen bleibt der Regen aus. Die Bewohner der Erde haben sich in die Tiefe zurückgezogen, wo noch ein Rest Feuchtigkeit in den Bodenporen haftet.

TROCKENHEIT: WENN DER SOMMER STRESST

Die Gluthitze der vergangenen Wochen hat ihre Spuren hinterlassen. Dort, wo der lehmige Boden seinen Pflanzenpelz eingebüßt hat, ist er zu einer kompakten Masse verbacken. Ein Krakelée aus Rissen und Spalten hat die oberste Schicht zerschnitten, und der satte Braunton der Erde ist längst zu einem kränklichen Beige ausgebleicht. Mit allen Kräften hält die Krume in feinsten Poren einen Rest Feuchtigkeit fest – mit Kräften, die weit über die Saugkräfte der Pflanzenwurzeln hinausgehen. Wer der anhaltenden Dürre nicht mit Tricks und raffinierten Strategien begegnen kann, muß jetzt aussetzen. Viele Tiere verfallen in Trockenschlaf und warten auf bessere Zeiten. Viele Pflanzen überleben nur, weil ihre Wurzelstöcke im Schutz der Erde gegen Wasserverlust gefeit

sind und nach dem ersten Regen wieder austreiben können.

Der Huflattich am Rande des ausgetrockneten Straßengrabens läßt bereits die Blätter hängen. Als sich vor vielen Sommern ein paar seiner unzähligen Flugsamen hier niederließen, war der Boden ein Paradies für den anspruchslosen Pionier: nackt, lehmig und feucht. Jetzt ist er nackt, lehmig und steinhart. Seit Wochen bohren sich die Huflattichwurzeln suchend durch den Boden, doch wo immer sie hinwachsen, überall stoßen sie auf festgebackenen Lehm. Das bißchen Wasser, das sie noch nach oben pumpen, genügt nicht, um den Innendruck der Blätter aufrechtzuerhalten. Wie ein angepiekster Luftballon ist der Huflattich in sich zusammengesunken.

Doch wenige Schritte von den welkenden Blattellern entfernt, verkörpert eine andere Pflanze höchst vital das Prinzip Dennoch: Auf dem Kies am Wegrand hat sich ein Rasen aus Weißem Mauerpfeffer ausgebreitet. Aus dem saftiggrünen Geflecht ragen weiße Blütenschirme empor, auf denen nektarsuchende Steinhummeln geschäftig hin- und herwuseln. Ameisen müssen die Mauerpfeffersamen aus einem der benachbarten Gärten hierhergeschleppt haben, und nun kriechen die ledrigen Stengel kreuz und quer über den Boden, treiben Seitenzweige, die an winzige Tannenbäumchen erinnern, und krallen sich mit haarfeinen Wurzeln im Untergrund fest.

Auf einem so lebensfeindlichen Fleck müßten die meisten Pflanzen

Der Weiße Mauerpfeffer ist für heiße Sommerwochen perfekt gerüstet: Seine wurmförmigen Blättchen geben der Sonne wenig Angriffsfläche. Außerdem wird der Großteil der Sonnenstrahlen vom wachsartigen Überzug auf der Blatthaut reflektiert.

scheitern. Dem Mauerpfeffer aber genügten die wenigen Wochen Feuchtigkeit im Frühjahr, um zu keimen und sein bemerkenswertes Leben zu beginnen. Selbst Zeiten großer Wassernot können dem Überlebenskünstler nicht an den Lebensnerv gehen, denn wie kaum eine andere Pflanze geizt er mit dem kostbaren Naß. Kein Tropfen wird vergeudet.

Wenn Wasser Mangelware ist

In Dürrezeiten müssen sich viele Pflanzen zwischen zwei Übeln entscheiden: Entweder sie erleiden Schäden durch Trockenheit oder durch Überhitzung. In der Blatthaut sitzen nämlich winzige Poren – die sogenannten Spaltöffnungen –, die das Innere der Pflanze mit der Außenluft verbinden. Durch diese haarfeinen Kanälchen kann Sauerstoff aus der Pflanze heraus- und Kohlendioxid hineinströmen – ein lebenswichtiger Prozeß, denn keine Pflanze könnte ohne Kohlendioxid wachsen (s. Photosynthese, S. 24). Durch dieselben Poren verliert die Pflanze allerdings auch wertvolles Wasser. Eine Bohnenpflanze zum Beispiel kann in einer Stunde auf 100 cm^2 Blattoberfläche 450 mg Wasser verdunsten. Eine Birke mit 200000 Blättern verliert an heißen Tagen über ihr

Wie jagen Fledermäuse?

Wenn wir Ultraschall wahrnehmen könnten, bekämen wir nachts wohl kein Auge zu. Ein nervenzerfetzender Mischmasch aus Knallen, Klicken und Summen würde die Luft erfüllen – zumindest in Gegenden, wo noch Fledermäuse vorkommen. Die kleinen Insektenfresser, die ihrer spitznasigen Gesichter wegen den irreführenden Beinamen »-mäuse« bekommen haben, jagen nämlich mit Echolot.

Zwischen 20 und 100 kHz liegt der Frequenzbereich der Peillaute (der Mensch kann nur Geräusche zwischen 16 Hz und 20 kHz hören), die von den meisten Fledermausarten über den Mund, von den Hufeisennasen aber durch die Nase abgegeben werden. Ein einzelner Ultraschallruf dauert nur 0,002 bis 0,1 Sekunden. Solange die Fledermaus auf Beutesuche ist, stößt sie diesen Laut 10–30mal pro Sekunde aus. Werden aber ihre Rufe von fliegenden Insekten zurückgeworfen, steigert sie das Tempo ihrer Rufe auf bis zu 170 »Schreie« pro Sekunde. Hätten wir Fledermausohren, würden wir keine einzelnen Rufe, sondern nur noch ein hochfrequentes Surren wahrnehmen. Fliegende Fledermäuse können dank ihres überlegenen Echolotsystems noch hauchfeine Drähte von 0,12 mm Dicke orten und ihnen ausweichen. Selbst winzige Beutetiere entgehen ihrer Aufmerksamkeit nicht: Als man eine kleine Fledermaus in einem Raum voller Mücken fliegen ließ, fing sie innerhalb einer Viertelstunde 175 Stück.

Doch was für ein magerer Bissen sind doch Mücken im Vergleich zu ein paar fetten Nachtfaltern! Die allerdings wissen sich gegen die fliegende Truppe recht gut zu wehren: Ihre pelzigen Körper wirken wie eine akustische Tarnkappe; sie werfen die Peilrufe der Fledermäuse nur stark abgeschwächt zurück. Außerdem können auch die Falter Ultraschall bis zu einer Frequenz von 150 kHz hören und den Fledermäusen mit akrobatischen Flugmanövern beizeiten ausweichen. Ist der Feind schon zu nahe, läßt sich der Falter einfach mit zusammengeklappten Flügeln zu Boden plumpsen. Bärenspinner beherrschen noch bessere Tricks: Zum einen ist ihr Pelz so dicht, daß sie die Ultraschallsignale der Fledermäuse fast restlos absorbieren. Wird es trotzdem brenzlig, geben sie eine Serie knatternder Töne im Frequenzbereich um 1 kHz von sich. Zwar lassen sich Fledermäuse in der Regel von Fremdgeräuschen kaum irritieren, doch die Kakophonie der Bärenspinner wirkt wie ein Störsender: Die Luftjäger schwenken ab.

Per Echolot ortet das Große Mausohr (links) seine Beute. Doch Bärenspinner wie dieser Braune Bär (oben) fallen ihnen selten zum Opfer: Ihr dichter Pelz schluckt die Peilrufe der fliegenden Jäger fast restlos. Außerdem können die Falter mit einer Serie knatternder Töne die Peilortung der Fledermäuse stören.

Laub bis zu 400 Liter Wasser – wertvolles Wasser, das im Sommer oft genug Mangelware ist.

Pflanzen, die ungebremst »schwitzen«, sitzen in Dürrezeiten bald auf dem Trocknen. Natürlich könnten Birke und Bohne diesen Mißstand beheben, indem sie einfach die »Lecks« stopfen und die Spaltöffnungen schließen. Doch dann müßten sie nicht nur hungern, weil der Kohlendioxidnachschub unterbrochen wäre; ihr Gewebe würde sich schnell lebensgefährlich aufheizen und Schäden erleiden (wir kennen das aus eigener Erfahrung: Schwitzen kühlt ab). Meistens sieht die Lösung des Dilemmas so aus: Zumindest während der heißesten Tagesstunden bleiben die Spaltöffnungen geschlossen. So steigt den Pflanzen zwar über Mittag die Hitze ein wenig zu Kopfe, aber sie verlieren weniger Feuchtigkeit. Erst in den kühleren Nachmittagsstunden wird wieder »durchgeatmet«.

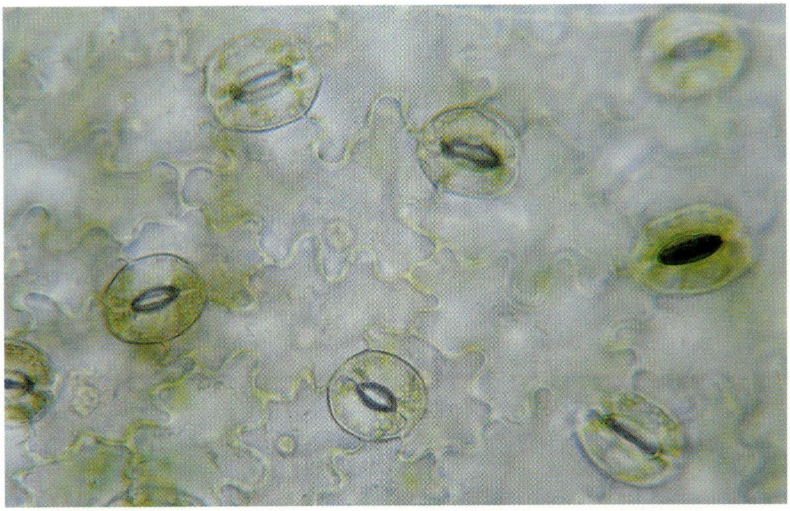

Pflanzen atmen mit jedem Blatt. Durch die Spaltöffnungen – winzige Atemschlitze in der Blatthaut – nehmen sie Kohlendioxid auf, geben Sauerstoff ab und »schwitzen« Wasserdampf aus, ein wirksamer Schutz vor Überhitzung. Das Photo zeigt die Spaltöffnungen einer Christrose.

Mit Pelz in den Sommer

Die Strategie des Mauerpfeffers sieht im Prinzip nicht anders aus: Wenn der Regen ausbleibt und die Temperaturen steigen, spart auch er Wasser und schützt sich gegen Überhitzung – allerdings mit wirksameren Methoden: Ein Mauerpfefferblatt ist kein ausladendes Gebilde wie zum Beispiel das Blatt der Bohne. Die wurstförmigen Blättchen sind knapp zentimeterlang und bieten der Sonne nur wenig Angriffsfläche. Vor Überhitzung ist die Pflanze also weitgehend sicher – und das bedeutet, daß sie weniger Wasser für kühlendes »Schwitzen« verschwenden muß. Auf der Unterseite der kleinen Blattwalzen sitzen denn auch nur rund 70 Spaltöffnungen pro Quadratzentimeter, während sich auf einem Quadratzentimeter Bohnenblatt etwa 280 Poren verteilen. Außerdem sind die Blattwalzen des Mauerpfeffers von einer glänzenden, wachsartigen Schicht überzogen, die nicht nur die Blatthaut rund um die Poren abdichtet, sondern auch einen Teil des Sonnenlichts reflektiert. Klarer Fall: Licht, das vom Blatt gar nicht erst »angenommen« wird, kann auch nicht aufheizen – das Prinzip der Thermoskanne, nur im umgekehrten Sinn.

Die Trickkiste der Natur ist geräumig, und der Mauerpfeffer hat nur ein paar der Anpassungen umgesetzt, mit denen Pflanzen auf das Problem Trockenheit antworten können. Wo der Feldweg beginnt, der zwischen Acker und Wiese entlangführt, hat eine Kleinblütige Königskerze trotz der Dürre Haltung bewahrt – und das, obwohl sie sich den Luxus ausladender Blätter leistet und sogar auf die schützende Wachshaut verzichtet. Dafür hüllen sich die Blätter in einen dichten, weißen Haarfilz. Weiß sind die Härchen deshalb, weil sie abgestorben und mit Luft gefüllt sind; Luft aber isoliert – das berücksichtigen wir alle beim Dämmen unserer Häuser und beim Kauf unserer Winterkleidung. Und die Farbe Weiß reflektiert Licht und damit Wärme – das machen sich die Tuareg in der Wüste zunutze, wenn sie sich zum Schutz gegen die sengende Sonne in weite, weiße Kleider hüllen. Doch der pflanzli-

Die Kleinblütige Königskerze (*Verbascum thapsus*), auch Wollkraut genannt, trägt Pelz gegen die sengende Sonne: Ein dichter Filz aus luftgefüllten, weißen Haaren auf den Blättern der Pflanze reflektiert die Sonnenstrahlen und isoliert gleichzeitig gegen Hitze.

che Haarpelz hat noch einen dritten Vorteil: Er schafft eine windstille Zone auf der Blattoberfläche, in der sich die feuchte Luft staut. Könnte trockenheißer Wind direkt über das Blatt streichen, würde er wie ein Haarfön wirken. Ohne Pelz wäre die Königskerze längst zu einem kläglichen Häufchen zusammengewelkt.

Das Sommerloch der Regenwürmer

Manche Lebewesen versuchen erst gar nicht, sich mit der sommerlichen Trockenheit zu arrangieren und dabei ein normales Leben weiterzuführen. Sie pausieren einfach, bis wieder bessere Zeiten kommen. Wenn man die ausgetrocknete Kruste mit den Fingern abträgt und dort, wo der Boden einen Rest Feuchtigkeit bewahrt hat, die Erdbrocken auseinanderbricht, stößt man hin und wieder auf kleine Hohlräume, in denen sich brezelartig gewundene, blaßrosa Gebilde aufknäueln: Regenwürmer im Sommerschlaf. Wenn Trockenheit und Hitze krümeliges Erdreich zu

Wenn die Erde zu einem kompakten Kuchen verbäckt, knäueln sich Regenwürmer in ihren unterirdischen Kammern zu brezelartigen Gebilden auf und verfallen in Trockenstarre.

einem kompakten Kuchen verbacken, ergreifen sie die Flucht und ziehen sich in tiefere Erdschichten zurück. Dort unten stemmen sie sich kleine Höhlen frei, entleeren ihren Darm und tapezieren die Innenwände mit ihrem Kot – eine sinnvolle Maßnahme, denn der eigenartige Wandverputz stabilisiert

die Höhle gegen Einsturz und sorgt außerdem dafür, daß der Insasse kaum Wasser verliert.

In der bezugsfertigen Eremitage ringelt der Wurm seinen Körper schließlich zu aufeinanderliegenden Spiralen, steckt das Vorderende in die Mitte der Windungen und verharrt in dieser kleinstmöglichen Verpackung so lange in einem Starrezustand, bis wieder feuchtere und kühlere Zeiten anbrechen.

Auch Schnecken haben's gerne feucht und legen jetzt eine Sommerpause ein, aber sie treten den Rückzug eher nach oben an. Im Gezweig der Schlehe kleben an einem starken Ast gleich mehrere bunt gebänderte Häuschen der Schnirkelschnecke. Den Eingang

Wenn's heiß hergeht, machen Gartenschnirkelschnecken die Schotten dicht. Hinter getrockneten Häutchen aus Schneckenschleim warten sie auf den nächsten Regen.

der Schneckenhäuser deckeln silberige Häutchen zu, die Hausbesitzer selbst haben sich tief in ihr kalkiges Biwak zurückgezogen. Irgendwann wird der erste Regen die getrockneten Häutchen aus Schneckenschleim wieder aufweichen und den Ausgang freigeben.

FLATTERHAFTES

Nehmen Sie sich an einem lauen Juniabend ein wenig Zeit und eine Decke, und machen Sie sich auf die Suche nach einem Büschel Weißer Lichtnelken. Die Blume wird bis 1 m hoch, wächst am Rand von Äckern und ist auch unter dem Namen Weiße Nachtnelke bekannt – aus gutem Grund: Tagsüber wirken die Blüten welk und unscheinbar und sind fast geruchlos. Abends öffnen sie sich ganz und verströmen einen intensiven Duft.

Am besten richten Sie sich auf Ihrer Decke so ein, daß die Blüten der Nachtnelke als Silhouette vor dem hellen Abendhimmel stehen. So können Sie die Nachtschmetterlinge gut beobachten, die jetzt scharenweise zum Auftanken kommen. Die schwirrenden Flügel über den pummeligen Körpern nimmt das menschliche Auge nur noch als verwischte Schatten wahr. Manche Falter bleiben wie winzige Hubschrauber in der Luft vor der Blüte »stehen«, während sie ihre dünnen Rüssel in die Blütenröhren stippen, und in der Stille der Nacht ist deutlich ein tiefes Surren zu hören, so als liefe ein Ventilator auf höchsten Touren. Wenn Sie das Glück haben, in einer nachtfalterreichen Gegend zu wohnen, werden Ihnen auch bald ein paar größere Schatten auffallen, die über Ihrem Kopf im Zick-Zack-Flug durch die Dämmerung schießen: Fledermäuse auf der Jagd.

Wenn Sie keine Weiße Nachtnelke finden, können Sie sich auch vor anderen Blütenpflanzen auf die Lauer legen: Der Gartensalbei, der in fast jeder Kräuterecke wächst, ist bei Nachtschmetterlingen ebenfalls sehr beliebt. Auch an den zitronengelben Blüten der Gemeinen Nachtkerze oder am Gartenphlox herrscht abends Hochbetrieb.

Wie ein Hubschrauber kann der Mittlere Weinschwärmer in der Luft »stehen« – zum Beispiel, um an der Blüte einer Weißen Nachtnelke Nektar zu tanken.

MIT DEN FÜSSEN SEHEN

Nehmen wir einmal an, Sie haben auf einem Spaziergang einen wunderschönen Baumveteranen kennengelernt. Wie würden Sie Ihre Begegnung einem Freund beschreiben? Würden Sie ihm schildern, wie lebkuchenartig süß moderndes Holz riecht? Wie lebendig sich die zerklüftete Rinde anfühlt? Daß Sie in den Moospolstern am Stamm des Baumgreises gesessen haben wie in einem Federbett? Vermutlich nicht. Wahrscheinlich würden Sie wie die meisten von uns nur weitergeben, was Ihnen Ihre Augen gemeldet haben.
Der Mensch ist nun mal ein »Augentier«. Nase, Ohren, Tastsinn sind fast immer untergeordnete Informanten – aber das läßt sich in einem Spiel leicht ändern. Wer hätte zum Beispiel gedacht, wie empfindsam Füße sein können:
Suchen Sie sich eine Stelle, vielleicht am Waldrand, wo der Boden möglichst abwechslungsreich beschaffen ist. Einer der Mitspieler zieht Schuhe und Strümpfe aus, läßt sich die Augen

Füße werden zu hochempfindlichen Tastorganen, wenn man sie aus ihren ledernen Gefängnissen befreit. Auch Ungeübte können auf Anhieb den Unterschied zwischen Waldboden, einem Moospolster und einer Kiesfläche erfühlen.

verbinden und wird nun an der Hand vorsichtig über einen Parcours geführt, den er sich zuvor aber nicht ansehen durfte. Die Barfuß-Strecke könnte zum Beispiel über Sand, Moos und Fichtennadeln, durch eine kleine Wasserlache, über Wurzelwerk und über Gras führen (natürlich kann derselbe Untergrund auch mehrmals vorkommen). Dabei muß die geführte Person versuchen, mit den Füßen so genau wie möglich den Untergrund zu erfühlen und ihn sich einzuprägen. Anschließend wird er oder sie an den Ausgangspunkt zurückgeführt und muß den Parcours nun mit offenen Augen wiederfinden.
Besonders verantwortungsvoll ist bei diesem Spiel die Aufgabe des »Blindenhundes«: Er muß auf Stolperstellen aufmerksam machen, muß darauf achten, daß sein Schutzbefohlener nicht mit dem Kopf an einen Ast stößt und muß Brennesseln oder Disteln ausweichen. Nur wenn sich ein Mitspieler voll und ganz auf seinen Anführer verlassen kann, wird er sich entspannen und auf seinen Weg konzentrieren.
Wenn es Ihnen schwerfällt, ein abwechslungsreiches Stück Land zu finden, das sich für einen Fühlpfad eignet, können Sie auch selbst ein wenig nachhelfen. Aus Sägemehl, Rindenmulch und Laub, etwas Reisig, Flußkieseln, Lehm und Stroh läßt sich schon ein recht kniffeliger Fühlpfad zusammenstellen.

Wir zivilisierten Menschen ertrinken in einer Flut aus Farben, Geräuschen und Gerüchen. Knallgelbe Wegweiser, leuchtendrote Warnschilder, übermannshohe Reklametafeln und aufdringliche Leuchtschriften drängen uns ihre Botschaft auf. Wer die marktschreierische Signalsprache der Stadt gewohnt ist, muß sich erst an die dezenteren Signale der Natur gewöhnen, wenn er etwas sehen will. Zum Glück kann man diesen Blick fürs Detail nicht nur trainieren, das Training macht sogar noch Spaß.
Die Mitspieler teilen sich in zwei Gruppen auf;

HABICHTSAUGEN GEFRAGT!

schon eine Familie mit zwei Kindern kann zusammen »Habichtsauge« spielen. Nun wird mit einer kräftigen Schnur ein geschlossener Kreis über ein möglichst abwechslungsreiches Stück Wiese oder Waldboden gelegt. Innerhalb des Kreises könnten zum Beispiel ein paar Wurzeln, einige blühende Blumen, Moos, Laub, ein paar Steine liegen ...
Alle Mitspieler prägen sich jetzt die Minilandschaft genau ein. Nun entfernt sich die eine Gruppe, und die andere verändert einige Dinge innerhalb des Kreises (über die Anzahl der Veränderungen einigen sich die beiden Gruppen natürlich vorher). Man könnte beispielsweise einen Stein umdrehen, so daß die feuchte Seite nach oben zeigt. Oder einen Tannenzapfen in die Wiese legen. Oder ein Zweiglein »einpflanzen«. Die erste Gruppe darf nun wieder zurückkommen und muß herausfinden, was umgestellt worden ist.
Wenn man das Spiel zum ersten Mal ausprobiert, ist es ratsam, deutlich sichtbare Veränderungen vorzunehmen. Je besser die Mitspieler gelernt haben, auf Kleinigkeiten zu achten, desto schwieriger läßt sich das Spiel gestalten. Fast automatisch schult sich der Blick für Dinge, die »nicht stimmen«: Ein Haselnußblatt kann nicht an einem Farnwedel wachsen. Es ist unwahrscheinlich, daß drei Steine exakt aufeinander liegen. Schließlich fällt es den »Habichtsaugen« sogar auf, wenn ein Hälmchen geknickt ist, das vorher aufrecht stand. Eigentlich gar nicht mehr so rätselhaft, wie die sagenhaften indianischen Spurenleser ihre Fährten verfolgten!

Ortskundige Lerchen

Seit Wochen kein Regen. Schnecken und Regenwürmer verharren in ihrem privaten Sommerloch. Die Konturen der Büsche am Rande des Weizenfeldes zerfließen in der Mittagshitze zu einem vagen Flimmern. Sommerliche Bildstörung. Lautlos taucht über dem kniehohen Getreide eine Feldlerche auf, geht flügelschwirrend zum Singflug über und schraubt sich höher und höher, bis das Auge gerade noch einen trillernden Federball irgendwo im Blau ausmachen kann. Die erste Brut ist längst ausgeflogen, die zweite noch nicht geschlüpft: Im Juni haben die Lerchenmänner vorübergehend dienstfrei, denn Brüten ist bei ihnen Frauensache.

Dieser Getreideschlag allerdings hat aus der Sicht der Lerchen seine beste Zeit schon hinter sich. Denn geschlossene, hochaufragende Halmwälder sind nicht ihre Sache. Die meisten Lerchen haben im Verlauf des Juni dem Halmurwald bereits den Rücken gekehrt und ziehen ihre zweite Brut auf einer der angrenzenden Viehweiden auf. Die wenigen, die geblieben sind, müssen findig sein: Nur dort, wo beim Säen die Maschine ausgesetzt hat und die Weizenreihen aussehen, als seien die Motten hineingeraten, nur dort taugt ein Getreidefeld auch jetzt im Juni noch als Lerchenbrutplatz.

Die baumlosen Steppen Innerasiens müssen die ursprüngliche Heimat der Feldlerche gewesen sein. Heute lebt sie überall dort, wo der Ackerbau Ersatzsteppen geschaffen hat.

Das singende Männchen über dem Weizenschlag muß so einen schütteren Winkel für sein Nest gefunden haben. Minutenlang zieht es trillernd seine Kreise, sinkt dann mit ausgebreiteten Flügeln tiefer, verstummt schließlich und läßt sich zielsicher an einer ganz bestimmten Stelle zwischen die endlosen grünen Reihen fallen. Woran nur erkennt der Vogel, wo in diesem grünen Einerlei sein Weibchen brütet? Über dieselbe Frage zerbrach sich schon Goethe den Kopf: »...die Lerche [..] steigt singend auf über einem Halmfeld, sie schwebt über einem Meere von Halmen, das der Wind hin und her wiegt, und wo die eine Welle aussieht wie die andere; sie fährt wieder hinab zu ihren Jungen und trifft, ohne zu fehlen, den kleinen Fleck, wo sie ihr Nest hat. Alle diese äußeren Dinge liegen klar vor uns wie der Tag, aber ihr inneres geistiges Band ist uns verschlossen.«

Doch so übersinnlich, wie Goethe glaubte, ist der Ortssinn der Lerchen gar nicht. Vermutlich erkennen sie aus der Vogelperspektive einfach viel besser, wo die Getreidehalme dichter und wo sie lückiger stehen und können sich an diesem Muster orientieren. Lerchen – so vermutete der Ornithologe Rudolf Pätzold – kennen ihr Getreidefeld so gut wie der Förster seinen Wald. Außerdem stellten Pätzold und Mitarbeiter fest, daß die kleinen Vögel sich Merkmale einprägen, die unsereinem gar nicht ins Auge fallen. Als die Vogelkundler probehalber alle auffallend großen Steine und blühenden Wildkräuterstengel aus der Umgebung der Lerchennester entfernten, waren die Vögel sichtlich verunsichert und mußten eine Weile suchen, ehe sie ihr Gelege wiederfanden.

Wenn Wiesen ausatmen

Der Himmel ist wieder leer, die Lerche verstummt. Das monotone Zirpen, Schrillen und Knarren un-

Ein reglos daliegendes Rehkitz (rechts) ist mit seinem getupften Fell für Feinde fast unsichtbar, denn Raubtiere sind farbenblind. Erst nach einigen Wochen folgen die Kitze ihrer Mutter (oben).

zähliger Heuschrecken bohrt sich mit hypnotischer Macht in die Ohren. Wie im Koma liegt die Wiese da, seltsam kränklich wirkt der fahle Gelbstich der Gräser. Seit der letzten Mahd sind ein paar Wochen vergangen, und neben den harten Grasstoppeln sind längst wieder junge Halme aufgeschossen, doch dem Ganzen fehlt das Saftstrotzende der Frühlingswiese. Der Wassermangel macht sich bemerkbar.

Bei jedem Lufthauch lassen die Gräser apathisch ihre Ähren pendeln, und bei jeder Bewegung wabern blaßgelbe Schwaden auf. Die Gräser haben eine Lebensphase erreicht, die Allergikern untrüglich in die Nase sticht: Straußgras, Wiesenrispengras, Knäuelgras und wie sie alle heißen, stehen in voller Blüte. Gräser bauen auf die Bestäubungsdienste des Windes. Und weil auf den, wie jeder weiß, nicht immer Verlaß ist, müssen sie ihre Pollen in wahrhaft verschwenderischen Mengen auf den Weg schicken; nur dann haben sie Aussicht auf Erfolg. Vom »Schwefelregen« spricht der Volksmund, wenn die Wiese beim leisesten Windhauch pudrige Pollenwölkchen ausatmet, und in der Tat zeichnet sich im Windschatten jedes Stein-

UNTERMIETER WILLKOMMEN

In jedem Garten fallen im Lauf des Jahres Äste und Zweige an, sei es beim Obstbaumschnitt, sei es, weil die Hecke in ihrem Wildwuchs gebremst werden muß. Wohin mit dem sperrigen Zeug? Auf die Deponie für Grünabfälle? In den Sperrmüll? Es gibt eine viel einfachere und sinnvollere Lösung: In fast jedem Garten läßt sich ein verstecktes Plätzchen finden, wo Zweige in Ruhe verrotten können, ohne den Schönheitssinn des Gartenbesitzers zu stören. Hinter den Himbeeren oder unter überhängenden Sträuchern zum Beispiel kann der Grün»abfall« fast unsichtbar lagern. In dem angenehm feuchten Klima und den reich gegliederten Stockwerken solcher Reisighaufen nisten sich mit Vorliebe Insekten, Asseln,Spinnen und Regenwürmer ein; zahlreiche Vögel holen sich hier Nistmaterial und Verpflegung; Zaunkönige und Heckenbraunellen bauen im Schutz des Zweigwirrwarrs ihr Nest; Igel, Erdkröten und vielleicht sogar eine Blindschleiche verköstigen sich hier und finden tagsüber einen geschützten Unterschlupf.

Aber ein Reisighaufen macht noch keinen Naturgarten. Erdkröte, Igel und Blindschleiche (das ist keine Schlange, sondern eine beinlose Eidechse!) werden sich nur dann irgendwann einfinden, wenn das Nahrungsangebot stimmt. Einen Teil der Grundversorgung finden sie zwar im Reisighaufen selbst, doch das genügt bei weitem nicht. Sie brauchen Fallaub, unter dem allerlei Krabbeltiere hausen, sie müssen Zugang zur Wimmelwelt eines Komposthaufens haben, und sie sind vor allen Dingen empfindlich gegen Pestizide. Ein wildtierfreundlicher Garten setzt veränderte Ideale des Gartenbesitzers voraus. Wer es im Hausgarten gern so ordentlich hat wie in der guten Stube, bleibt einsam. Doch leider ist auch ein vorbildlicher Naturgarten noch keine Garantie für den Erfolg. Wenn Sie Pech haben und Ihr Garten die einzige grüne Insel in einem Meer aus Beton und Asphalt ist, finden Igel, Kröte und Wiesel kaum den Weg bis zu Ihrer Oase.

»Unordentliche« Gärten sind reiche Gärten – reich an Tieren. In Reisighaufen siedeln sich nicht nur Igel (links), sondern manchmal sogar Blindschleichen (oben) an.

Eine Pension für Ohrwürmer

Wenn die astronomischen Zahlen der Blattläuse an Ihren Rosen Sie wieder einmal zur Weißglut treiben, denken Sie daran, daß Sie kompetente Schützenhilfe haben: Marienkäfer und ihre Larven stellen den Saftsaugern nach, Florfliegenlarven saugen sie aus, Schwebfliegenlarven machen sich über sie her. Und viele Ohrwurmarten verspeisen Blattläuse in Massen.
Ein einziger hungriger Ohrwurm kann in einer Nacht bis zu 100 Blattläuse vertilgen. Tagsüber ziehen sich Ohrwürmer gern in dunkle, trockene Winkel zurück. Das kann ein loses Stück Rinde, ein hohler Stengel oder auch eine selbstgebastelte »Ohrwurmtagesstätte« sein. Hauptsache die Bewohner haben allseits Körperkontakt; erst dann fühlen sie sich geborgen.
Ein Ohrwurmhäuschen ist schnell gebastelt: Füllen Sie einen Blumentopf mit einer Handvoll Stroh, trockenem Gras oder Holzwolle, legen Sie ein altes Orangen- oder Zitronennetz über die Topföffnung und binden Sie das Netz am Bodenloch des Blumentopfes straff zusammen. Das war's eigentlich schon. Jetzt müssen Sie den Blumentopf nur noch kopfüber mit der Öffnung nach unten dort aufhängen, wo die Blattläuse Ihnen Ärger machen.
Übrigens: Ohrwürmer sind nicht die Schutzheiligen des Gartenfreundes; sie fressen nicht nur Blattläuse, und manche Arten sind auch Grünzeug nicht abgeneigt.

Angriff der Schleimer

In taufeuchten Nächten und an regnerischen Tagen ziehen sich silbrige Kriechspuren kreuz und quer durch den Garten: Etwa 5 Schnecken leben in jedem Liter Gartenerde. Auch ein mittelgroßer Garten beherbergt demnach ein Heer von Schnecken, und die scheuen weder Zeit noch Mühe, um frisch gesetzte Jungpflanzen aufzuspüren. Auch der toleranteste Gärtner bekommt einen harten Zug um den Mund, wenn von Schnecken die Rede ist. Die beste und unschädlichste Abhilfe ist und bleibt Ausdauer. Zwar sollen Güsse aus Adlerfarnjauche (1 kg Adlerfarn auf 10 l Wasser) Schnecken in die Flucht jagen, sollen Zwischenpflanzungen aus Zwiebeln sie verscheuchen und Schutzringe aus Holzasche oder Steinmehl sie abschrecken, aber die ersten beiden Rezepte beeindrucken durchaus nicht jede Schnecke, und die Ascheringe funktionieren nur bei trockenem Wetter.
Ausdauerndes Absammeln indessen hilft immer: Legen Sie Bretter, feuchte Säcke, ausgehöhlte Gurken oder welke Blätter an mehreren Stellen im Garten aus und lesen Sie jeden Morgen die Schnecken ab, die sich tagsüber in und an diese Unterschlüpfe zurückgezogen haben.
Auch die im Handel angebotenen Schneckenzäune schützen wirksam – vorausgesetzt, es hängen keine Pflanzenstengel von außen ins umzäunte Innere hinein. Schnecken bedienen sich gern solcher Kletterhilfen, um über den Zaun und an den Salat zu gelangen. Am besten umgeben Sie den Zaun mit einem Ring aus Kies, den sie pflanzenfrei halten.

chens, jeder Wagenspur ein schwefelgelber »Schatten« ab.

Die kleinste Brise jagt Schauer über das Grasmeer, als liefe eine Gänsehaut darüber hinweg. Wie weiße Pompons ragen die Dolden des Wiesenkerbels und die ersten Pusteblumen heraus. Hier und da kräftige lila Kleckse blühender Wiesenflockenblumen, zartlila überhauchte Flecken an den feuchteren Stellen, wo das Wiesenschaumkraut blüht, und das gleichmäßige Tupfenmuster aus lackglänzenden, gelben Hahnenfußblüten neben blaßrosa und weißen Kleeköpfchen.

In gelblichen Schwaden übergeben Gräser dem Wind Unmengen von Blütenstaub (ganz oben). Das Wiesenschaumkraut (oben) ist dagegen auf den Bestäubungs-Service von Insekten angewiesen. Wiesen mit blühendem Wiesenschaumkraut sind im Frühling und Frühsommer wie von einem zartlila Schleier überzogen.

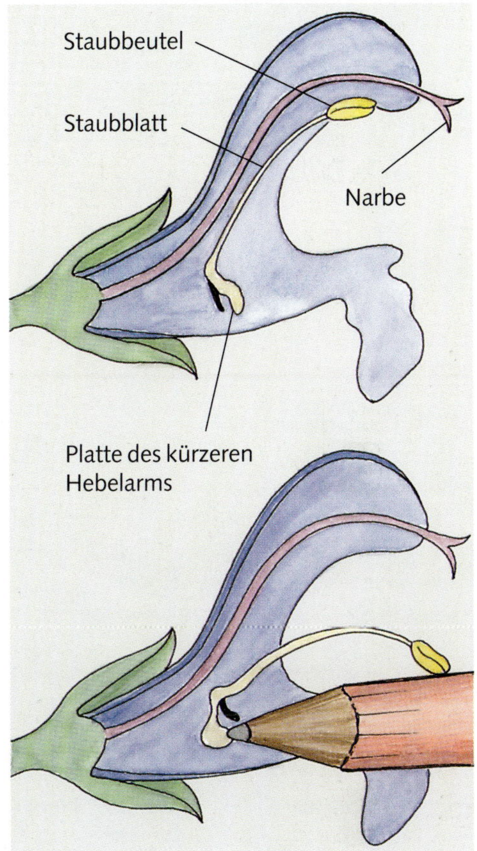

Der Wiesensalbei sorgt aktiv für seine Bestäubung: Wenn Insekten wie diese Honigbiene (links) im Inneren der Salbeiblüte nach Nektar suchen und dabei eine schwenkbar gelagerte Platte wegdrücken, sausen die Staubbeutel auf den Insektenrücken nieder (siehe auch S. 90). Mit einem Bleistift (Zeichnung rechts) läßt sich der Vorgang leicht nachspielen.

WAS HUMMELN BESSER KÖNNEN

Jedes Kind weiß, daß Rotklee reichlich Nektar enthält: Wenn man die Blütenröhren abzupft, am geschlossenen Ende ein Eckchen abbeißt und daran saugt, erfährt man, wie Nektar schmeckt: süß und ziemlich wäßrig. Für die meisten Insekten allerdings ist der Nektar in der Rotkleeblüte so unzugänglich wie für unsereins der Wein in der verschlossenen Flasche, wenn der Korkenzieher fehlt: Nur Blütenbesucher mit besonders langen Rüsseln kommen an den Krafttrunk tief unten am Grund der Blütenröhre heran.

Ein Irrweg der Evolution? Nein, eher ein Abkürzungsweg: Langrüsselige Hummeln gehören zur kleinen Gruppe der Privilegierten, für die Kleenektar vorgesehen ist. Weil sie beim Rotklee Exklusivrechte genießen und nicht mit anderen Insekten um die wertvolle Nahrung konkurrieren müssen, haben sie allen Grund, Kleeblüten bevorzugt zu besuchen. Sie transportieren also den Pollen auf dem kürzesten Weg von einer Kleeblüte zur anderen – und genau das »bezweckt« der Rotklee mit seinem Blütenbau: Expreßtransport spart Pollen und erhöht die Trefferquote bei der Bestäubung.

Von solchen Wechselwirkungen hatte man im vergangenen Jahr-

hundert natürlich noch keine Ahnung. Als Siedler im 19. Jahrhundert in Neuseeland versuchten, für ihre Viehzucht die Futterpflanze Rotklee anzubauen, scheiterten sie kläglich: Der Klee wuchs zwar und blühte auch, aber es wollten einfach keine Samen reifen. Jahr für Jahr mußte Neuseeland Kleesamen importieren. Erst als jemand den rettenden Einfall hatte, aus England vier langrüsselige Hummelarten einzuführen, war das Problem gelöst: Die europäischen Hummeln konnten mit ihren längeren Rüsseln den Nektar in den Tiefen der Kleeblüten erreichen und puderten sich dabei mit Pollen ein. Die Bestäubung war endlich gesichert. (Schlechte Erfahrungen in der Vergangenheit haben übrigens dazu geführt, daß man heute nur noch mit größter Vorsicht Tier- und Pflanzenarten in fremde Länder umsiedelt. Allzu oft verdrängten Neuankömmlinge die Ureinwohner von ihren Nahrungsquellen und aus ihren Lebensräumen.

Auf »legalem« Weg kommen kurzrüsselige Hummeln zwar nicht an den Nektar in der Beinwellblüte heran, doch wie das Bißloch in der Blütenwand links zeigt, führen viele Wege zum Ziel.

Auch die hübschen dunkellila Salbeiblüten haben ihren Nektar für Hummeln mit langen Rüsseln reserviert. Fast halbmeterhoch und geradezu provozierend vital stehen die Blütenkerzen des Wiesensalbeis am Wegrand zwischen schlappen Nachtnelken und welkendem Löwenzahn. Das Geheimnis seiner guten Kondition: Bis zu 1 m tief reichen seine Wurzeln – tief genug, um Durststrecken problemlos überbrücken zu können.

Der Salbei überläßt es nicht dem Zufall, wieviel Pollen die Blütenbesucher mit auf den Weg nehmen; er wird selbst aktiv und klatscht den Hummeln die Pollenfracht mit Nachdruck auf den Rücken. Eben ist wieder eine hungrige Hummel auf einer Salbeiblüte gelandet. Ungeduldig arbeitet sie sich vorwärts, drängelt ins Innere, da schnellen plötzlich die Staubblätter nach unten, als habe jemand einen Auslöseknopf gedrückt.

Verblüffend aber wahr: Die Salbeiblüte arbeitet tatsächlich mit Auslöser. Ihre Staubblätter sehen wie kleine Wippen mit verschieden langen Armen aus; am längeren Hebelarm sitzen die Staubbeutel, der kürzere Hebel verbreitert sich zu einer Art Platte. Wühlt sich nun eine Hummel auf Nektarsuche in die Blüte hinein, drückt sie unweigerlich auf die Platte des kürzeren Hebelarms, woraufhin die prallvollen Staubbeutel am Ende des langen Hebelarms auf ihren Rücken niedersausen und sie einpudern.

Der Beinwell am Rande des Weizenfeldes hat sich mit seinen langen Blütenröhren ebenfalls auf langrüsselige Hummeln eingestellt, doch wenn man sich die lila und rosa Blüten genauer ansieht, entdeckt man in der Blütenwand eine Reihe kleiner Löcher: Diebstahl, Mundraub, Einbruch! Weil kurzrüsselige Erdhummeln und andere Insekten mit kurzen »Saugrohren« nicht auf dem vorgesehenen Weg an den Nektarvorrat herankommen, bedienen sie sich durch die Hintertür. Sie »schummeln« und beißen einfach dort, wo innen die Nektardrüsen sitzen, von außen ein Loch in die Blütenwand. Der Beinwell wird dabei allerdings ausgetrickst: Einbrecher bestäuben nicht.

Masse statt Klasse?

Seit Tagen »schneit« es. Unmengen wolliger Weidensamen tanzen durch die Luft, legen sich als hauchdünner Schleier auf das Blattwerk der Hecke und bleiben als flaumige Schneewehen auf dem Altlaub liegen. Ein Rotkehlchen,

Im Juni wirbeln Schneeflocken besonderer Art durch die Luft: Jeder Windhauch treibt Unmengen von Weidensamen vor sich her (im Bild der Zweig eine Silberweide).

das knicksend und warnend auf einen Schlehenzweig gehüpft ist, wird von einem Schneegestöber von Weidenflöckchen eingehüllt. Der Flockenwirbel muß unten vom Auwald herkommen, wo Weiden paradiesische Lebensbedingungen haben.

Alle 25 einheimischen Weidenarten leben nach demselben Motto: Masse statt Klasse. Zwar ist nur ein kleiner Prozentsatz dieser gewaltigen Zahl keimfähig, aber der genügt, um die Landschaft flächendeckend mit Weidenembryos auf Standortsuche zu überziehen. Die winzigen Samen mit dem Haarschopf sind ebenso allgegenwärtig wie die Pollenkörnchen der Gräser. Überall, wo sie auf nacktem, ausreichend feuchtem Boden landen, wo sie genügend Licht und keine Konkurrenz haben, können sie keimen, den Boden durchwurzeln, ihn später mit ihrem Laub düngen und dadurch schließlich für anspruchsvollere Arten vorbereiten. Weiden sind echte Pioniere. Hier im Halbschatten der Hecke auf dem filzig durchwurzelten Boden stehen die Chancen für die Weidenflöckchen allerdings schlecht. Was hier angeweht wird, endet wohl eher als Polstermaterial in den Nestern von Amsel, Mönchsgrasmücke und Rotkehlchen.

Aus einem der nahen Gärten ist eine achtköpfige Brut Blaumeisen in die Hecke abgerückt. Pausenlos geben die Jungen mit hoher Lispelstimme ihren Standort an die Eltern durch. Emsig drehen die Kleinen Blätter um, klettern schon leidlich routiniert an den Zweigen herum, picken nach winzigen Happen – und verfallen sofort wieder flügelzitternd und schnabelsperrend in Kleinkindergehabe, sobald einer der Altvögel in die Nähe kommt. Neben ihrem pummeligen Nachwuchs wirken die Eltern geradezu abgezehrt. Unentwegt sind sie auf der Suche nach Freßbarem, pausenlos liefern sie Verpflegung nach.

Junge Blaumeisen machen ihrem Namen noch wenig Ehre. Erst erwachsene Vögel tragen die charakteristisch blauen Flügeldecken und die blaue Kopfkappe.

Die grosse Zahl

Mehr und mehr stellt das Meisenjungvolk auf Selbstversorgung um. Wer nicht heikel ist, hat in der Hecke ja auch bald den Magen voll: Die Stengel des Wiesenpippaus, der im Schutz von Schlehe und Weißdorn blüht, tragen im oberen Viertel dicke, schwarze Strümpfe: Blattlauskolonien. Kugelrund drängt sich ein Hinterteil ans andere; Saugrüssel neben Saugrüssel bohrt sich ins Gewebe des Pippaus. Die Flüssigkeit in den Saftleitungen steht unter so hohem Druck, daß die Blattläuse nicht einmal aktiv saugen müssen. Sie stechen den Rüssel nur in den Saftstrom und lassen sich den Kraftcocktail in den Magen steigen – wirklich schlaraffenhaft.

Pflanzensaft ist eine Mischung, die viel Zucker, aber wenig Eiweißstoffe enthält. Blattläuse aber brauchen reichlich Eiweiß. Sie kommen nur dann auf ihre Kosten, wenn sie gewaltige Saftmengen in sich hineinschlürfen, ihnen das Eiweiß entziehen und den Rest ausscheiden – unbrauchbarer Abfall für sie, wertvolle Nahrung für Ameisen und andere Insekten. Darum auch wuseln durch die Kolonie auf dem Wiesenpippau ständig kleine schwarze Wegameisen und betrillern hier und da ein Läusehinterteil mit den Fühlern. Die angebettelte Blattlaus reagiert denn

DIE BLATTLAUSLAWINE

An einem Tag im April läßt sich auf dem Stengel einer Wildrose eine einzelne Blattlaus nieder, sticht den Rüssel in den Saftstrom, wächst und gedeiht. Und wenige Wochen später ist die Rose von einem leise wabernden, schwarzen Überzug eingehüllt: Blattläuse über Blattläuse in allen Größen. Die Blattlausstammmutter hat sich vertausendfacht. Wie ist das in so kurzer Zeit möglich?

Bereits nach 10 Tagen erstklassiger Saftnahrung war die Blattlaus erwachsen und konnte selbst Junge in die Welt setzen, was unverzüglich geschah. Blattläuse brauchen nämlich den Sommer über keine Männchen und keine Befruchtung, um sich zu vermehren. Sie bringen auf dem Wege der jungfräulichen Geburt fertige Junge zur Welt – lauter Töchter. Auch diese Töchter gebären wieder ausschließlich Weibchen. Die Sache hat unbestreitbare Vorzüge: Wenn Männchen entbehrlich sind, entfällt die langwierige und riskante Suche nach einem Partner; außerdem wächst der Bestand weitaus schneller, wenn jedes einzelne Mitglied Nachwuchs produzieren kann.

Wenn das Gedränge in den Blattlauskolonien, die abnehmende Nahrungsqualität oder einfach die Jahreszeit das Signal dazu geben, wird hin und wieder eine Generation geflügelter Blattläuse eingeschoben. An windstillen Tagen erheben sich diese Beschwingten in die Luft, lassen sich manchmal kilometerweit von Luftströmungen tragen und versuchen, auf neuen Weidegründen Fuß zu fassen. Kaum sind die Pioniere gelandet, verkümmern ihre Flugmuskeln und sie geben sich wieder ihrem Lebenszweck hin: Saugen und Junge gebären.

Bis zu 17 Blattlausgenerationen können in einem guten Sommer aufeinander folgen. Würden alle Kinder und Kindeskinder überleben, könnte eine einzige Blattlausstammutter in einem Sommer ein Heer von 17×10^{13} Nachkommen in die Welt setzen. Erst wenn der Herbst naht und die Temperaturen sinken, werden in einer der vielen Blattlausgenerationen endlich geflügelte Männchen geboren. Erst jetzt verläuft alles wieder »normal«: Die Männchen machen sich im Herbst auf die Suche nach Weibchen und befruchten sie. Und die begatteten Weibchen gebären keine lebenden Jungen mehr, sondern legen an geschützten Stellen in Blattknospen Eier, bis sie erschöpft sterben. Diese Eier überwintern und platzen beim ersten warmen Frühlingshauch, um neue Blattlausstammütter auf die jungen Triebe loszulassen.

Eine Blattlaus wird geboren. Den ganzen Sommer über sind Blattlauskolonien eine männerlose Gesellschaft: Für die gefräßigen Pflanzensauger ist die jungfräuliche Geburt der Normalfall.

auch prompt und läßt aus dem After ein durchsichtiges Exkrementtröpfchen austreten: Süßspeise, Kraftfutter für Ameisen.

Da kommt zielstrebig ein Zweipunkt-Marienkäfer den Stengel heraufgekrabbelt. Entweder hat er Hunger, oder er will seine orangeroten Eier an einem Plätzchen ablegen, wo seine Larven nach dem Schlüpfen gute Verpflegung vorfinden – und das ist wichtig, denn eine einzige Marienkäferlarve braucht bis zu ihrer Verpuppung rund 600 Blattläuse!

Doch während der Marienkäfer noch die Ergiebigkeit der Kolonie abschätzt, kommt Unruhe in die Ameisen. Mit ihrem Nutzvieh, den Blattläusen, gehen sie nicht nur pfleglich um, sie sind sogar bereit, die Läuse zu verteidigen. Der Marienkäfer bekommt unverzüglich Ärger. Auf einmal werden die Ameisen zu Bodyguards, krümmen ihren Körper zum Katzenbuckel, schieben das Hinterteil zwischen den hochaufgerichteten Beinen durch und schießen Ameisensäure auf den sichtlich irritierten Käfer. Anfangs versucht der noch, einen ameisenfreien Winkel in der Blattlauskolonie zu finden, doch bald resigniert er und tritt eiligst den Rückzug an.

Blattläuse haben viele Freunde

Wenn es dem Marienkäfer gelungen wäre, eine Blattlaus zu packen, hätte das Opfer eine Alarmsubstanz ausgestoßen, einen Duftstoff, der Artgenossen sofort in eine Rette-sich-wer-kann-Stim-

Was Blattläuse als unbrauchbar ausscheiden, ist für Ameisen (oben) wertvolle Nahrung. Der Zweipunktmarienkäfer (unten) hat es nicht auf den zuckerhaltigen Blattlauskot, sondern auf die Pflanzensauger selbst abgesehen.

mung versetzt. Wie auf ein geheimes Kommando hätten sich die Nachbarn im Zentimeterumkreis vom Stengel ins Nichts gestürzt. Doch Blattläuse bewegen sich mit behäbiger Gemessenheit, Marienkäfer und ihre Larven dagegen sind überraschend gut zu Fuß. Auch wenn sich die eine oder andere Blattlaus mit einem Sprung in den Abgrund retten kann, macht ein Marienkäfer noch reiche Beute. Erst wenn er 100 Stück verspeist hat, ist sein Bedarf für einen Tag gedeckt! Und er ist nicht der einzige, der die guten Jagdgründe zu schätzen weiß: Blattlausschlupfwespen legen ihre Eier auf Blattläuse, damit die Larven nach dem Schlupf genug Proviant vorfinden, Schwebfliegenlarven saugen Blattläuse aus, Florfliegenlarven stellen ihnen nach und Raubwanzen verspeisen sie.

Doch in der Blattlauskolonie auf dem Wiesenpippau ist vorerst wieder Frieden eingekehrt. Die Läuse haben sich nicht aus der Ruhe bringen lassen, als ihre Wachposten den Feind in die Flucht schlugen. Ihr Lebenszweck ist schlicht und füllt sie voll und ganz aus: Saft schlürfen und Junge in die Welt setzen. Für den zweiten Teil ihrer Lebensaufgabe brauchen Blattläuse den Sommer über nicht einmal Männchen. Vom Frühjahr bis zum Herbst gebären unbegattete Weibchen ein lebendes Junges nach dem anderen, bis zu 70 Stück (s. linke Seite). Sage da noch einer, die jungfräuliche Geburt sei ein Mythos!

Auf den jungen Trieben des Holunders verfolgt man denselben Lebenszweck. Auch dort überziehen blauschwarze Futterale aus unentwegt saugenden Blattläusen die Blütenstiele. Den Holunderstrauch indessen scheint der Aderlaß nicht sonderlich anzukränkeln. Der Strauch ist ein kraftstrotzendes Prachtexemplar, gut 5 m hoch, und manche der prachtvollen Blütenschirme dürften wohl so groß wie Kuchenplatten sein. Gelblichweiß die Dolden des Holunders, weiß die Rispen des Ligusters, weiß auch die Blütentrauben der wildwuchernden Brombeeren und weiß schließlich die Dolden des Giersch im Halbschatten der Sträucher und die »Schneewehen« der umhergewirbelten Weidenflöckchen: Weiß scheint in der Hecke die Farbe des Monats zu sein.

Ramie, eine nahe Verwandte unserer Brennessel, könnte die Textielfaser der Zukunft sein: Ihre Fasern werden zu Geweben verarbeitet, die in ihren Eigenschaften dem Leinen ähneln.

Vom Nutzen der Nessel

Es ist noch gar nicht so lange her, da wurden Brennesseln nicht nur geduldet, sondern hatten sogar große wirtschaftliche Bedeutung. Noch im Jahre 1881 belehrte Ausgabe Nr. 273 des Leipziger Tageblatts ihre Leser: »Der Nesselbast, nachdem er ähnlich wie Flachs vom Holz befreit, hat ziemlich rohes Aussehen. Die Nesselfaser bildet genau wie beim Flachs im Stengel einen Bast, nur liegt er bei der Nessel in stärkeren Lagen auf und wird zwei- bis viermal so lang.« Bis ins 18.Jahrhundert hinein baute man Brennesseln auf Feldern an und verarbeitete die bis zu 30 cm langen, zähen Fasern in den Stengelkanten zu Nesseltuch. Um die Fasern vom anhaftenden Pflanzengewebe zu trennen, mußten die Stengel in Lauge gekocht werden, aber die Prozedur lohnte sich: »Das Nesselgarn, welches eine ungemeine Federkraft besitzt, wird zu sogenannten Zephyrs und andern ähnlichen Putz- und Modesachen verarbeitet.« So war 1834 im »Vollständigen, allgemeinen waarenlexikon« von Johann Christian Schedel zu lesen.

Als Anfang des 19. Jahrhunderts mit Beginn der Industrialisierung die Baumwolle immer bedeutender wurde, verlor man das Interesse an Brennnesseln. Erst während des Ersten Weltkriegs, als der Handel weitgehend zum Erliegen kam und man auf eigene Erzeugnisse angewiesen war, besann man sich in Deutschland wieder auf die Nessel und versuchte erneut, sie als Textilrohstoff zu nutzen. Damals wurden über 30 Verfahren zur Fasergewinnung aus Brennesseln patentiert, und in jüngster Zeit kündigt sich ein Comeback der Brennesselgewächse an: Ramie, die Edelfaser der Naturtextilbranche aus dem tropischen Asien, ist nichts anderes als die Bastfaser einer chinesischen Verwandten unserer Brennessel. Am häufigsten wird die bis 2,5 m hohe Art *Boehmeria nivea* angebaut. Aus den Fasern werden Gewebe mit ausgezeichneten Trageeigenschaften gefertigt: Ramiestoffe können viel Feuchtigkeit aufnehmen und fühlen sich deshalb auf der Haut angenehm kühl an. Seit dem 19. Jahrhundert wird Ramie auch in Europa angebaut.

Und die Insekten des Monats? Da liegen Schwebfliegen sicher in Führung. Besonders die offenen Doldenblüten von Kerbel, Giersch und Holunder mit ihren leicht zugänglichen Nektarreserven sind ein gefundenes Fressen für Schwebfliegen. Wie kleine Hubschrauber »stehen« sie einen Augenblick lang über der Blüte in der Luft, huschen

Die schwarzgelbe Warntracht der Mittleren Wespe (unten) signalisiert unübersehbar: Achtung, wehrhaft! Die wehrlose Schwebfliege (oben) ahmt das Wespenkostüm so perfekt nach, daß auch sie unbehelligt bleibt.

blitzschnell zur Seite, wenn eine Bewegung sie irritiert und lassen sich schließlich schwerelos auf der Blüte nieder. Die Zahlen hinter diesem Kunststück: Eine Schwebfliege schlägt in der Sekunde bis zu 300mal mit den Flügeln!

Alle Schwebfliegen haben eines gemeinsam: Sie sind perfekte Imitatoren. Manche sehen mit ihrem schwarz-gelb-gebändertem Hinterleib wie Wespen aus, andere tragen einen bräunlichen Pelz und ähneln eher Bienen, und wieder andere sehen Hummeln verblüffend ähnlich. Der Vorteil liegt auf der Hand:

Womit brennt die Brennessel?

Brennesseln haben eine großartige Erfindung gemacht: Die Injektionsspritze ist ihre Schöpfung. Ganze Arsenale von Brennhaaren sitzen auf Stengeln und Blättern und schützen die Pflanze höchst wirksam vor scharfe Bruchstelle in die Haut ein und injiziert den ätzenden Zellsaft – eine fürwahr reizende Erfahrung für das Opfer. Werden bei der schmerzhaften Begegnung die Brennhaare abgebogen, preßt der Druck auf

hungrigen Freßfeinden. Jedes Brennhaar besteht aus einer einzigen Zelle, die im unteren Teil kolbenartig verdickt ist, in einen schlanken Schaft mündet und schließlich in einem leicht abgeknickten Köpfchen endet. Am kolbenförmigen unteren Ende des Brennhaares besteht die Zellwand aus elastischer Zellulose, der Hals des Köpfchens dagegen ist der eingelagerten Kieselsäurekristalle wegen äußerst spröde und bricht bei der leisesten Berührung ab. Wie ein zersplitterter Flaschenhals dringt dann die den elastischen Kolben auch noch den letzten Tropfen Ätzflüssigkeit in die winzige Wunde.

Doch keine Waffe bietet hundertprozentigen Schutz. Einige der farbenprächtigsten Tagschmetterlinge, zum Beispiel der Kleine Fuchs, das Tagpfauenauge und das Landkärtchen, legen ihre Eier ausgerechnet in den Brennhaarverhau der Nesseln, und ihre Raupen verspeisen ungestraft die Blätter der wehrhaften Pflanze. Warum nur werden sie nicht vom Nesselgift verbrannt?

Wo die samtschwarzen Raupen des Tagpfauenauges geweidet haben, bleiben von Brennesseln nur noch abgenagte Blattrippen unter einem weißlichen Gespinst übrig. Weil Brennesselfluren an jedem überdüngten Bach, an jeder Müllkippe und Viehweide wuchern, gehört das Tagpfauenauge zu den häufigeren Schmetterlingsarten.

Wer den Eindruck macht, als sei er gut bewaffnet, wird so leicht nicht angegriffen.

Die Unersättlichen

An einer geschützten, etwas abschüssigen Stelle der Hecke wuchert ein undurchdringlicher Verhau von Brennesseln. Vom höhergelegenen Acker muß die Düngerbrühe wohl bis hierher abgeschwemmt worden sein, jedenfalls hat die stickstoffliebende Brennessel in diesem Winkel ihr Paradies gefunden; die Pflanzen sind zu wahrhaft königlichen Exemplaren von knapp anderthalb Meter Höhe aufgeschossen.

An manchen Stellen allerdings wirkt das Brennesseldickicht eigenartig lückenhaft, wie ein Gewebe, in das die Motten geraten sind. Die Ursache für das Lochmuster ist schwarz und gefräßig: Auf Blättern, an Stengeln, in den Triebspitzen, überall sitzen Scharen dicker, nachtschwarzer Raupen mit hauchzarten, weißen Pünktchen und einem Arsenal nadelspitzer Dornen auf dem weichen Körper: Raupen des Tagpfauenauges. Ge-

wissenhaft, als hätten sie ein Tagessoll zu erfüllen, raspeln sie sich durch die Nesselblätter und lassen Blattstreifen um Blattstreifen zwischen ihren knabbernden Kiefern verschwinden. Auf und nieder schwingen die Köpfe in einem monotonen Rhythmus, systematisch wie Sensenmänner arbeiten sie sich durch den Brennesselwald.

Ist ein Blatt bis auf die Mittelrippe skelettiert, kommt für kurze Zeit so etwas wie Bewegung in die Raupen. Unruhig richten die Tiere den Vorderkörper mit den drei krallenartigen Beinpaaren auf, schwenken suchend nach allen Seiten – und versinken wieder in emsiges Raspeln, sobald sie ein neues Blatt gefunden haben. Wenn eine Brennessel bis aufs letzte grüne Fitzelchen kahlgefressen ist, raffen sich die Raupen sogar zu Exkursionen auf, erkunden die umliegenden Nesseln und spinnen aus selbstproduzierter Seide Hängebrücken von den abgenagten Gerippen zu den neuen Weidegründen. Im Gegenlicht hat diese Architektur der Gefräßigkeit sogar etwas Elfenhaftes.

So träge die Pfauenaugenraupen auch sind, wehrlos sind sie nicht. Die dekorativen Dornen auf ihren Körpern sind hart genug, um menschliche Haut zu durchbohren. Und wenn den Raupen der typische Summton einer Schlupfwespe ins Ohr dringt, beginnen sie unisono, mit den Körpern zu schlagen. Viele Schlupfwespen legen ihre Eier nämlich mittels Legestachel in die Körper anderer Insektenlarven – aber welche Wespe kann ihren Legestachel schon an einer zappelnden Raupe ansetzen?

Geschlossene Gesellschaft

Unten im Auwald ist der stetig näherkommende Zweibeiner inzwischen unangenehm aufgefallen: Ein Eichelhäher warnt kreischend vor dem anrückenden Ärgernis, und eine Amsel schließt sich laut zeternd an, gefolgt vom dezenten Ticksen eines Rotkehlchens.

Es muß nicht immer Fisch sein. Graureiher füllen sich den Magen ebenso gern mit Mäusen oder Heuschrecken.

Alarmrufe sind unter Tieren genauso »international« verständlich, wie bei uns das SOS-Zeichen.

Der Graureiher, der auf der feuchten Wiese am Waldrand mit gezücktem Schnabeldolch auf Wühlmäuse gelauert hat, wuchtet sich schwerfällig vom Boden hoch. Zunächst schwingen die Beine bei jedem Flügelschlag vor und zurück wie das Pendel einer Uhr, doch dann findet er seinen Rhythmus, biegt den Hals zur eleganten S-Form und streckt die Beine ruhig nach hinten. Majestätisch rudert er über die Baumkronen hinweg nach Süden, einer anderen, hoffentlich störungsfreien Wühlmauswiese zu.

Auch ein Trupp Rabenkrähen in der mächtigen Silberweide ist aus der Siesta hochgeschreckt und flattert auf. Wie Schwimmer im Schmetterlingsstil hebeln sich die Krähen durch die Luft – minimaler Kraftaufwand, maximales Ergebnis. Nur eine paßt nicht ins Bild, rudert hektisch mit den Flügeln und tut sich sichtlich schwer, die Höhe zu halten. Ihre Bewegungen erinnern ein wenig an die ersten Schwimmversuche kleiner Kinder: vermutlich ein Jungvogel.

Der aufgebrachte Eichelhäher hat sich ins Waldesinnere zurückgezogen, Rotkehlchen und Amsel haben sich wieder beruhigt. Ein Kuckuck ruft, viermal, fünfmal. Irgendwo in den Buchenkronen muß er wohl sitzen. Jedes artgleiche Weibchen weiß jetzt Bescheid: Ein Männchen mit Grundbesitz sucht Anschluß. Eigentlich gilt der Kuckucksruf als Frühlingssymbol, doch auch im Sommer rufen die Vögel noch hin und wieder. So auffällig der zweisilbige Ruf ist, so selten bekommt man einen der grauen Vögel mit der quergestreiften Unterseite und den schmalen Falkenflügeln zu Gesicht. Kuckucke sind Heimlichtuer. Manchmal allerdings haben sie mehr Publicity als ihnen lieb ist: Kleinvögel scheinen zu wissen, daß ein Kuckuck in Nestnähe nichts Gutes verheißt und gehen erbittert auf ihn los.

Das Ei, das ein Kuckucksweibchen (links) ins Nest des Teichrohrsängers (oben) gelegt hat, paßt in Größe und Musterung genau zum übrigen Gelege. Im Nest einer Bachstelze oder eines Baumpiepers dagegen würde das fremde Ei auffallen und von den Nestbesitzern hinausgeworfen werden.

Jeder Kuckuck ein Spezialist

Trotzdem schafft es das Kuckucksweibchen, pro Saison seine 10 Eier in fremde Nester zu legen. Irgendwann, wenn die Wachsamkeit der Nestbesitzer nachläßt, ist der Augenblick für die Kuckuckin gekommen. Keine 10 Sekunden braucht sie, um in einem unbewachten Augenblick lautlos ins Nest zu schlüpfen, ihr Ei hineinzulegen und dafür ein Ei der Nestbesitzer hinauszuwerfen. Nach vollbrachter Tat sieht alles aus wie zuvor: Die Anzahl der Eier »stimmt«, das Kuckucksei ist ungefähr so groß wie die Eier der Wirtsvögel und es hat auch noch eine ähnliche Musterung.

Kuckuck ist nämlich nicht gleich Kuckuck. Es gibt Bachstelzen-Kuckucke, Baumpieper-Kuckucke, Rohrsänger-Kuckucke, und die Eier, die sie legen, passen verblüffend genau zum Gelege einer Bachstelze, eines Baumpiepers, eines Rohrsängers. Jede der unterschiedlichen Kuckucksrassen läßt ihre Jungen von der Vogelart aufziehen, bei der sie selbst aufgewachsen ist. Und wie das Nest aussehen muß, das zu den eigenen Eiern paßt, hat sich das Kuckucksweibchen während seiner Nestlingszeit fest eingeprägt.

Doch wie exakt die Eimusterung auch mit dem Gelege der »Gasteltern« übereinstimmen mag, viele Kleinvögel lassen sich trotzdem nicht täuschen. Besonders Wiesenpieper haben wahre Argusaugen und entdecken einen großen Anteil der untergeschobenen Kuckuckseier. Manche Vogelpaare verlassen ihr Nest, wenn sie das fremde Ei finden, andere überbauen das Gelege mit neuem Nistmaterial, und einige werfen das fremde Ei einfach über Bord.

Wenn das Kuckucksei allerdings unerkannt bleibt und ausgebrütet

VON DER RAUPE ZUM FALTER

Wochenlang raspeln Tagpfauenaugenraupen Brennesselblätter in sich hinein. Dann plötzlich vergeht ihnen von einem Tag auf den anderen der Appetit, und aus der samtschwarzen Raupenhaut schält sich die grünlich schillernde Puppe.

Auf Brennesseln, die an windgeschützten, sonnigen Plätzen wachsen, legen Tagpfauenaugen mit Vorliebe ihre Eier ab. Schon von weitem erkennt man so ein bewohntes Brennesselfeld an seiner seltsam löchrigen Blätterdecke. Seidige Gespinste ziehen sich von Nessel zu Nessel, und Klumpen nachtschwarzer, bedornter Raupen mit winzigen weißen Pünktchen geben sich dem kollektiven Kahlfraß hin. Besonders für Kinder ist es faszinierend zu beobachten, wie aus dem ständig fressenden, schwarzen »Wurm« so etwas Elfenhaftes wie ein Schmetterling wird. Tagpfauenaugen gehören dank der flächendeckenden Verbreitung der Brennessel zu den häufigeren Arten; es ist also durchaus zu verantworten, wenn man für wenige Wochen ein paar Raupen mit nach Hause nimmt. An Kost und Logis stellen die Räupchen keine großen Ansprüche: Ein weithalsiges Einmachglas mit Gazeüberzug, darin ein paar Brennesselstengel – fertig ist das Raupendomizil. Wer gerne bastelt, kann den Raupen auch ein gazebespanntes Holzgerüst als luftigen Käfig bauen.

Mehrere Wochen lang – je nachdem, in welchem Alter Sie die Raupen aufgelesen haben – werden Ihre Pfleglinge nun gewissenhaft die Brennesseln skelettieren, die Sie ihnen jeden Morgen frisch nachliefern müssen. Mehrmals streifen die wachsenden Raupen ihr zu eng gewordenes dorniges Hemd ab, bis sie schließlich nach der letzten Häutung jedes Interesse an Brennesselblättern verlieren. Unruhig wandern sie auf den Stengeln umher, bis endlich ein ganz bestimmter Fleck ihren Erwartungen entspricht. Aus Spinnseide, die aus zwei Drüsen an der Unterlippe austritt, formt die Raupe ein kleines Polster, hakt in dieses Gespinstpolster ihr Hinterende ein und hängt nun etwa einen Tag lang gekrümmt wie ein umgekehrter Spazierstock reglos von ihrem Stengel herab. Wenn sie mit sparsamen Bewegungen anfängt, sich zu räkeln, ist es soweit: Ein letztes Mal häutet sie sich. Doch aus dem Raupenhemd kommt keine größere Raupe, sondern ein zartgrünes, kantiges Gebilde mit rostroten Dornen und dezentem Metallicschimmer: Die Puppe. Kopfüber hängt diese sogenannte Stürzpuppe nun am Stengel und vollzieht im Verborgenen die Verwandlung von der Raupe zum Schmetterling. Nach 3 Wochen sollte auch der letzte Schmetterling geschlüpft sein (s.S.130/131).

HOLUNDER SEGNET DAS HAUS

Der Holunder oder Holler – in Norddeutschland heißt er »Flieder« – liebt feuchte, nährstoffreiche Böden. Stattliche Büsche können bis zu 10 m hoch werden. Unsere germanischen Ahnen pflanzten Holunderbüsche, um den Göttern einen Wohnort zu bieten und sich den Haussegen zu sichern. Im Juni ist der Holunder reich mit weißen Blütentellern übersät. Ihr Aroma steuert eine unverwechselbare Geschmacksnote zur Wildkräuterküche bei.

HOLLERKÜCHLE

Zutaten:
12 große Holunderblüten, 300 g Mehl, 3 Eier, etwa 1/4 l Milch, 1 Prise Salz, Öl zum Braten, Zimtzucker.

Die Eier trennen und Eigelb mit Salz und Milch verquirlen. Löffelweise das Mehl dazugeben und das Ganze zu einem glatten Pfannkuchenteig verrühren. Ganz zum Schluß wird das steifgeschlagene Eiweiß vorsichtig unter die Masse gehoben.
Die Holunderblüten abspülen (oft sitzen am Stiel Blattläuse und in den Blüten kleine Käfer) und auf einem Tuch abtropfen lassen. Dann die Blüten am Stiel fassen, in den Pfannkuchenteig tauchen und anschließend in heißem Öl schwimmend ausbacken.
Die fertigen Küchlein auf einem Sieb abtropfen lassen und vor dem Essen mit Zimt und Zucker überstreuen.

GEZÄHMTE BRENNESSELN

Nährstoffreiche Böden im Umfeld menschlicher Siedlungen sind das Ideal der Brennnessel. An Wegrändern, auf Schuttplätzen, am Rand von Viehweiden – überall gedeihen die wehrhaften Nesseln mit den ätzenden Brennhaaren. Bis zur Blüte im Juni lassen sich Brennesseln ernten und zu einem würzigen Wildgemüse verarbeiten. Allerdings sollte man zur Ernte Handschuhe anziehen.

BRENNESSELKUCHEN

Zutaten:
1 Paket tiefgekühlter Blätterteig, 100 g Speckwürfel, 3–4 Handvoll gehackte Brennesseln, 2 Eßlöffel Mehl, 3 Eier, 1/4 l saure Sahne, 200 g geriebener Emmentaler, Pfeffer.

Boden und Rand einer gefetteten Springform mit den angetauten Blätterteigplatten auslegen. Die Speckwürfel anbraten und gleichmäßig darauf verteilen. Die übrigen Zutaten gut mischen und darübergeben. Das Ganze wird im vorgeheizten Backofen etwa 30 Minuten lang bei 200–225 °C gebacken.

wird, hat das Junge nichts mehr zu befürchten. 10–15 Stunden nach dem Schlupf treibt es den nackten Jungkuckuck unwiderstehlich dazu, alles und jeden neben sich aus dem Nest zu schieben. In kurzer Zeit hat er sich seiner Stiefgeschwister entledigt, sitzt ohne Konkurrenz im Nest und bekommt in seinen verführerisch organgefarbenen Rachen die volle Ration gestopft, die für 3 oder 4 Jungvögel gereicht hätte. Was auch immer Ornithologen über den Brutschmarotzer denken mögen, Forstleute sehen den Kuckuck gar nicht so ungern: Er frißt auch haarige Raupen, die andere Vögel verschmähen.

Die Kolonien des Fingerkrauts

In den vergangenen Dürrewochen ist auch der Auwald trockener geworden, aber trocken ist relativ. Der knöcheltiefe Schlamm hat sich in feuchten Boden verwandelt – das ideale Beet für Jungpflanzen. Ein junger Bergahorn ist vom Frühjahrshochwasser samt Wurzelballen, Gras und Kräutern ausgerissen und hier abgesetzt worden. Jetzt tasten sich fadendünne Auswüchse wie die Arme eines hungrigen Kraken nach allen Seiten: Kriechendes Fingerkraut erkundet vom Wurzelballen des Ahorns aus das Umland. Wo die suchenden Triebe auf den nackten, feuchten Boden gestoßen sind, haben sie Wurzeln geschlagen, kleine Blättchen getrieben und Blütenknospen angesetzt. Noch sind die Stützpunkte mit der Mutterpflanze verbunden, aber schon in einer Woche könnten sie eigenständig leben, falls die »Nabelschnur« zur Zentrale reißen sollte.

Wie Puderquasten sehen die Blüten der Akeleiblättrigen Wiesenraute (oben) aus. Wolfseisenhut (unten) galt einst als todsicheres Mittel gegen Füchse und Wölfe.

Im zeitigen Frühjahr war der Auwald von blühendem Märzenbecher überflutet, später bohrten sich überall die Blattlanzen des Bärlauchs aus dem Boden, jetzt im Frühsommer ist alles von blühendem Giersch überschwemmt. Und als habe jemand bei der Kulissengestaltung etwas zuviel Romantik aufgetragen, schmücken das Ganze auch noch die rosa Puderquastenblüten der Wiesenraute.

Über den Gierschteppich wölben sich imposante Kuppeln aus untertellergroßen, handförmigen Blättern: Wolfseisenhut, das Vielzweckgift unserer Ahnen. Im Altertum präparierte man Fuchs- und Wolfsköder mit dem Pflanzengift, und Eisenhutextrakte wurden bei Indern und Griechen sogar als Pfeilgift eingesetzt. »Wolfsbane«, »Wolfstöter« heißt der Wolfseisenhut in England noch heute. In Deutschland verpaßte der Volksmund der berüchtigten Giftpflanze Namen wie Hundsgift, Narrenkappe oder Teufelswurz. Doch nicht immer gilt das Sprichwort »nomen est omen«: Die Ährige Teufelskralle, deren noch grüne Blütenkolben im Auwald überall aus der Gierschdecke ragen, verdankt ihren düsteren Namen keiner Giftfracht, sondern den jung zu einer Röhre verwachsenen krallenförmig gebogenen Blütenblättern.

Dicht am Bachufer rüstet eine stattliche Traubenkirsche zum zweiten Frühling. Vor einem Monat sah der Baum noch aus, als sei sein Schicksal besiegelt. Gespinstmotten hatten ihn bis aufs letzte Blättchen kahlgefressen. Jetzt zeugt nur noch die zähe, graue Seidenhülle auf Stamm und Ästen vom Kahlfraß der Raupen. Die Täter selbst hängen mittlerweile als faustgroße Bündel spindelförmiger Puppen in den Zweigachseln und warten auf ihre Verwandlung zur Motte. Der scheinbar hingerichtete Busch aber hat im zweiten Anlauf neues Laub ausgetrieben: Unter lauter Büschen und Bäumen mit ausgereiften Blättern ein Busch im »Aprilstadium«!

BLÄTTER UNTER DRUCK

Blätter sind die schönsten Druckvorlagen, die man sich denken kann! Am besten eignen sich solche, auf denen sich

Die Blätter von Storchschnabel,

...Kleinem Wiesenknopf,

das filigrane Netz der Adern plastisch hervorhebt. Sehr attraktive Druckvorlagen sind zum Beispiel die Blätter von Himbeere, Ahorn und Odermennig oder die lebhaft genarbten Blätter von Salbei und Königskerze. Buchenblätter mit ihren exakt parallel angeordneten Nerven dagegen wirken eher langweilig, und manche Blätter – zum Beispiel die der Wilden Karde – sind zwar wunderschön, haben aber zu stark gewellte Ränder und lassen sich nicht auf die zwei Dimensionen des Papiers zwingen. Manchmal lassen sich widerspenstige Blätter in Form bringen, wenn man sie ein wenig anwelken läßt. Wer den

...Gartensalbei,

Welkeprozeß beschleunigen will, kann das Dampfbügeleisen im Abstand von einigen Zentimetern über das Blatt halten und den Wasserdampf einwirken lassen.
Der Druckvorgang selbst ist denkbar einfach: Ein

..Kriechendem Hahnenfuß,

Klacks Druckerschwärze (zum Beispiel aus dem Linoldruckkasten, den viele von uns noch aus ihrer Schulzeit im Keller haben) wird auf der Glasplatte mit der Gummiwalze gleichmäßig verteilt. Wichtig ist, daß die Walze nur mit einer dünnen Farbschicht überzogen ist. Jetzt wird die Druckerschwärze mit der Walze vorsichtig so auf das Blatt übertragen, daß alle Blattadern und erhabenen Stellen eingefärbt sind – aber wirklich nur die. Geht man zu großzügig mit der Farbe um und schwärzt das Blatt bis in den letzten Winkel, kommt auf dem Druck keine Feinstruktur, sondern nur ein schwarzer Blattumriß zum Vorschein.

Das vorbereitete Blatt wird jetzt mit der schwarzen Seite nach oben auf ein Blatt Papier gelegt und mit einem zweiten Blatt Papier abgedeckt. Und nun kommt es auf Fingerspitzengefühl an: Die Finger tasten sich an den Umrissen des Blattes entlang, folgen den Adern und Konturen, drucken das Blatt behutsam auf das darüberliegende Papier. Auf der Papierunterseite zeigt sich später ein perfektes Spiegelbild des natürlichen Vorbildes.

...und Odermennig ergeben wunderschöne Druckvorlagen.

GLÄSERNE SCHWINGEN

Dort, wo eine mächtige Esche den Bach in eine scharfe Biegung zwingt, hat das Wasser ein tiefes, ruhiges Becken ausgehoben. Abgerissene Äste und Wurzelteile, eine leere Spülmittelflasche und etliche Plastiktüten haben sich im Wurzelwerk der Esche verfangen. In der ausgefaulten Höhlung eines treibenden Baumtorsos sprießt ein Ahornschößling, auf dessen Spitze sich eine blauschillernde Libelle niedergelassen hat: Ein wunderschönes Insekt mit schwarzblauen Schmuckflecken auf den Flügeln – das Männchen der Gebänderten Prachtlibelle. Die filigran geäderten Flügel auf dem Rücken zusammengelegt, das stabförmige Hinterteil nach oben gereckt, krallt sich die Libelle fest an ihr Ahornblatt und wartet. Den halbkugeligen Augen seitlich am Kopf entgeht nichts, die Haltung des Libellenmännchens ist unmißverständlich: Diese kleine Bucht ist sein Privatbesitz, und kein Rivale wird sie ihm streitig machen.

Ein zweites Männchen ist bis auf Armeslänge herangeflattert. Sofort hebt der Revierinhaber das Hinterteil noch höher und spreizt drohend die Flügel, doch der Eindringling läßt sich nicht einschüchtern. Erst als ihm der Hausherr mit zeitlupenhaft langsamen Flügelschlägen entgegenfliegt und damit deutlichst seinen Besitzanspruch zu verstehen gibt, macht sich der Fremde davon. Er wird anderswo nach einem unbesetzten Uferabschnitt suchen müssen, der ihm bietet, was ein Prachtlibellenmänn-

Ein Pärchen Dunkler Binsenjungfern (oben) hat sich zum Tandem zusammengetan.

Erst im Alter von 2 Monaten wagen sich junge Füchse (unten) aus dem Bau und fangen an, ihre Umgebung zu erkunden

Den Augen dieser Gewöhnlichen Binsenjungfer entgeht nichts. Bei Libellen setzen sich die halbkugeligen Facettenaugen aus bis zu 28 000 Einzelaugen zusammen. Paarungswillige Libellen müssen gelenkig sein wie indische Yogis. Die beiden Herbstmosaikjungfern (rechts) bilden zusammen das sogenannte Paarungsrad.

chen braucht: eine Sitzwarte und genügend Wasserpflanzen, an denen möglichst viele umworbene Weibchen ihre Eier ablegen können.

Ein Pärchen Azurjungfern ist dem Prachtlibellenmännchen in

Im Frühsommer sind Jungdachse schon alt genug, um gemeinsam mit den Geschwistern auf Futtersuche zu gehen. Grunddiät: Regenwürmer.

puncto Partnersuche schon ein Stück voraus. Als grünblau schillerndes Tandem – das Männchen vorn, das Weibchen hinten – schwirren die beiden über den Wasserrest eines fast ausgetrockneten Überschwemmungstümpels und lassen sich schließlich auf einem tiefhängenden Weidenzweig nieder. Mit zangenartigen Gebilden an der Spitze des Hinterleibs hält das Männchen seine Partnerin fest hinterm Kopf gepackt – doch das ist noch die einfachste Übung in der komplizierten Choreographie einer Libellenpaarung:

Bevor das Libellenmännchen mit seiner Dame zum Tandemflug aufgebrochen ist, hat es aus den Keimdrüsen Sperma in das Kopulationsorgan gefüllt. Das klingt einfacher als es ist. Die Keimdrüsen münden nämlich nahe der Hinterleibsspitze, das Kopulationsorgan aber sitzt am Bauch dicht hinter der Brust. Um das Sperma übertragen zu können, muß der Libellenmann den Hinterleib so stark nach vorne krümmen, daß man meint, er müßte abbrechen.

Aus dem Kopulationsorgan wird sich das Weibchen später seine Portion Sperma abholen: Sie wird – ebenso gelenkig wie das Männchen – den Hinterleib zwischen den Beinen nach vorne biegen, bis ihre Geschlechtsöffnung, die am Hinterleibsende sitzt, das Kopulationsorgan des Männchens berührt. Und während dieser ganzen Prozedur hält das Männchen seine Partnerin fest im Griff seiner Zangen. »Paarungsrad« nennen Biologen diese komplizierte Übung, auch wenn sie eher wie ein »Paarungsherz« aussieht.

Doch wirklich schwierig wird es erst, wenn das Libellenpaar schließlich nach einem geeigneten Eiablageplatz sucht. Azurjungfern brauchen Wasserpflanzen, in deren Stengel und Blätter sie ihre Eier legen können. Doch die Junihitze hat die meisten Überschwemmungstümpel an beiden Seiten des Baches längst leergetrunken.

Froschregen

In einem kleinen Wasserrest voller Fallaub wimmeln die letzten, fast fertig entwickelten Grasfroschquappen. Gierig drängeln sie sich um einen ertrunkenen Nestling und raspeln mit ihren Hornschnäbeln nahrhafte Gewebefetzen herunter. In solchen Augenblicken werden Kaulquappen mit etwas Phantasie zu Piranhas, und der Bach mit dem schmalen Auwaldstreifen, den wuchernden Waldreben und den unzähligen Libellen wird zum Amazonas.

Rund um den Tümpel hüpft und krabbelt es wie in dem berühmten Sack voller Flöhe. Winzige, knapp fingernagelgroße Grasfrösche haben ihren vertrocknenden Geburtstümpel hinter sich gelassen und ihr gefährliches Landleben begonnen. »Froschregen« nannten die Leute vom Land früher dieses Gewimmel. »Froschsegen« würden Eichelhäher, Singdrosseln, Igel und Amseln das Heer der Froschzwerge vielleicht nennen. Der Löwenanteil der Winzlinge wird mit Sicherheit in den Mägen von Vögeln, Igeln und Wieseln verschwinden. Bis zu 4000 Eier kann ein einziges Grasfroschweibchen jedes Jahr ablaichen – gerade genug, um den Grasfroschbestand zu erhalten!

»Froschregen« nannte man früher die Unmengen junger Frösche und Kröten, die alljährlich ihre Laichtümpel verließen (im Bild Erdkrötenhüpferlinge). In jenem Jahr, da der Pharao Moses und seinem Volk die Ausreise verwehrte, muß allerdings der Froschregen besonders reichlich ausgefallen sein: Heerscharen von Fröschen suchten Ägypten heim.

DER HOCHSOMMER

Die Tage werden schon wieder ein wenig kürzer, und doch entfaltet der Sommer erst jetzt im Juli und August seine ganze Kraft. Er schickt seine Sommervögel, die Schmetterlinge, über Land und kühlt seine Glut mit Gewittern von elementarer Wucht.

Oft ist es das Niemandsland der Wegränder, Böschungen und Schuttplätze, das dem Auge am meisten zu bieten hat. Der Rainfarn (oben) mit seinen goldgelben Blütenköpfchen wächst auf sandigen Böden oft zu über meterhohen Prachtexemplaren heran.

So sahen die Feldblumensträuße aus, die wir als Kinder gemalt haben: dicke Kleckse aus feuerrotem Mohn, kleine Kamillensonnen und dazwischen ein paar Tupfer in Blau, in Kornblumenblau. Der Feldblumenstrauß aus Kindertagen wuchert dort, wo noch vor wenigen Wochen die Schwalben ihren Mörtel holten: auf dem Erdaushub neben dem Neubau. Kniehoch ist der Klatschmohn aufgeschossen. Die scharlachroten, seidig glänzenden Blüten mit den schwarzen Flecken am Ansatz und dem üppigen Kranz aus Staubblättern um den Fruchtknoten sind etwas für Romantiker, etwas zum Hineinträumen. Wenn Bienen in der Blüte gierig nach Pollen kramen, scheinen die Blütenblätter sogar lebendig zu werden und sich in der Sonne zu räkeln. Fruchtige Duftschwaden steigen von der Ackerhundskamille auf, die sich auf dem fetten Mutterboden zu ausladenden Prachtexemplaren entwickelt hat. Gelbblühender Ackersenf und rosa Flohknöterich mischen dezentere Zwischentöne in die Farbsymphonie, und eine Handvoll blauvioletter Kornblumen verleiht dem Ensemble sogar etwas Edles.

Der nackte Boden des Erdhügels kam den grünen Schnellstartern wie gerufen. Viele Ackerwildkräuter wachsen, blühen und reifen unter günstigen Bedingungen der-

Noch im vorigen Jahrhundert galten Kornrade (ganz links) und Feldrittersporn (links) als lästige oder sogar gefürchtete Unkräuter; heute werden sie von Naturschützern als Raritäten geschätzt.

Das Sommer-Adonisröschen hat eine erstaunliche Karriere hinter sich: vom Getreide-Unkraut zur begehrten Zierpflanze alternativer Gartenbesitzer.

art rasant, daß in einer Saison bis zu 3 Generationen aufeinander folgen. Sie brauchen nur eines: offenen Boden. Sie vertragen nur eines nicht: Konkurrenz. Äcker sind ihr Paradies. Die vitalen Kräuter gehören zum Getreidefeld wie die Stubenfliege zum Menschen. Ausgrabungen haben belegt, daß zum Beispiel die Kornrade bereits in der Jungsteinzeit aus dem Vorderen Orient einwanderte. In der Bronzezeit folgten ihr Ackerhundskamille und Feldrittersporn, und im Mittelalter kamen noch Acker-Lichtnelke und Sommer-Adonisröschen dazu – ebenfalls alles Orientalen. Die Äcker unserer Vorfahren müssen bunt wie eine Sommerwiese gewesen sein.

Und was war, bevor die frühen Ackerbauern für die schönen Wilden den Boden bereiteten? Da besiedelten sie vermutlich ausgetrocknete Flußbetten, den aufgerissenen Boden neben entwurzelten Bäumen oder die Schlammflächen, die nach dem Frühjahrshochwasser zurückblieben.

Rettung für die Ackerwildkräuter

Noch vor kurzem sah es ganz so aus, als sei die Karriere der Ackerwildkräuter zu Ende. Vor nicht einmal 10 Jahren war Kornblumenblau aus den Feldern fast verschwunden, und auch das Rot der Mohnblüten wurde immer seltener. Nach dem Zweiten Weltkrieg hatte man den Mitläufern des Ackerbaus den Kampf angesagt, drängte sie mit Herbiziden und Saatgutreinigungsverfahren immer weiter zurück und drohte sie stellenweise sogar ganz zu vernichten – ein Pyrrhus-Sieg, denn wo Ackerkräuter ganz und gar ausgeschaltet werden, wo sie den Boden nicht mehr lockern, beschatten und vor Abschwemmung schützen, werden Bodenstruktur und Bodenleben zerstört. Kornrade, Feldrittersporn und Ackerringelblume gehören heute zusammen mit vielen anderen Wildpflanzen zu den Raritäten.

BLÜTENZAUBER

Weiße Margeriten und gelber Hornklee, rosa Malven und blaue Kornblumen – die Farbpalette der Pflanzenwelt scheint grenzenlos zu sein. Und doch wird die bunte Vielfalt von wenigen Farbsubstanzen gesteuert. Blau-, Rot- und Violettöne zum Beispiel sind vor allem das Ergebnis der Anthocyane. Diese Farbstoffe haben eine interessante Eigenart: In Säuren färben sie sich rot, in Basen aber – den Gegenspielern der Säuren – schla-

Der Säuregrad des Pflanzensaftes entscheidet darüber, ob sich die Blüten der Frühlings-Platterbse rosa oder blau färben.

gen sie in Blau oder Violett um. Fast immer sind Blütenfarben das Ergebnis einer Mischung verschiedener Anthocyane. Und weil jeder der Farbstoffe bei einem anderen Säuregrad umschlägt, sind Rot- und Blautöne in der Natur in allen Schattierungen vertreten.

Wenn Sie Spaß daran haben, können Sie am Küchentisch ein wenig Blütenzauber treiben und mit wenig Aufwand rosa Vergißmeinnicht oder bläuliche Rosen »züchten«. Sie brauchen dazu nur eine Käseglocke, Essigessenz (Vorsicht, ätzend!), Salmiakgeist aus der Apotheke und etwas Watte. Legen Sie ein paar blaue Blüten – Borretschblüten, Glockenblumen oder Vergißmeinnicht eignen sich gut – unter die Käseglocke, dazu einen Wattebausch, den sie in Essigessenz getränkt haben. Nach einigen Stunden werden sich die Blüten von Blau in Rosa umfärben. Ein mit Salmiakgeist getränkter Wattebausch und ein paar rote Blüten – Rosen oder Primeln zum Beispiel – lassen den Farbzauber in umgekehrter Richtung ablaufen.

INSEKTEN-STAUBSAUGER

Auf Ihren Streifzügen durch die kleinen Wildnisse Ihrer Umgebung werden Sie immer wieder Insekten, kleine Spinnen und Larven sehen, die Sie gerne aus der Nähe betrachten möchten. Besonders Käfer lassen sich gern vom Blatt fallen, wenn man ihnen zu nahe tritt. Daher ist es ratsam, solche Krabbeltiere mit einem Insektenstaubsauger vorübergehend gefangenzusetzen, um sie unter die Lupe nehmen zu können.

So ein Staubsauger ist schnell gebastelt: Sie brauchen eine durchsichtige leere Filmdose, ein kleines Stück einer ausgedienten Nylonstrumpfhose und je ein 10 cm langes Stück Aquarienschlauch mit 1 cm und mit 0,5 cm Durchmesser.

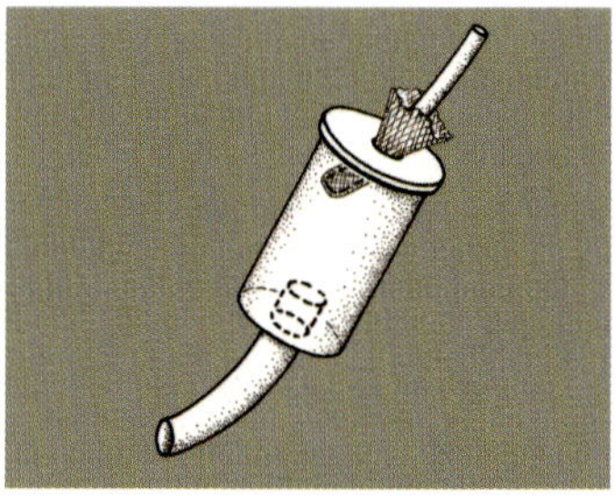

Mit einer spitzen Schere stechen Sie in den Deckel der Filmdose ein Loch, gerade so groß, daß der dünnere Aquarienschlauch gut darin festsitzt. Bevor Sie das Stück Schlauch durch das Loch stecken, spannen sie den Nylonstrumpf über die Schlauchöffnung. Der Schlauch sitzt richtig, wenn über dem in die Dose ragenden Ende wie ein Filter das Strumpfstück liegt. In den Boden der Dose schneiden Sie ein Loch mit knapp 1 cm Durchmesser und stecken das dickere Schlauchstück hinein. Wichtig ist, daß beide Schläuche wirklich stramm sitzen und keine Luft durchlassen.
Wenn Sie jetzt am dünneren Schlauchstück ansaugen, können Sie durch das dicke Schlauchstück Insekten, Spinnen und ähnliches Kleingetier in die Dose saugen.

Doch so funktioniert der Mensch nun mal: Was selten ist, steigt im Ansehen. Heute werden viele Ackerwildkräuter in Spezialgärtnereien eigens angebaut, und Standorte, wo noch der Frauenspiegel oder das Sommer-Adonisröschen blühen, erfährt man als Geheimtip hinter vorgehaltener Hand. Die lange geschmähten Begleiter der Landwirtschaft haben neues Ansehen gewonnen.

Und auch die Landwirtschaft selbst übt sich in Toleranz. Im Rahmen des sogenannten Ackerrandstreifenprogramms werden Ausgleichszahlungen an Landwirte geleistet, die auf einem mehrere Meter breiten Randstreifen ihrer Getreidefelder weder Herbizide versprühen noch das Unkraut mechanisch bekämpfen.

Die Kur schlug an. Viele Getreidefelder tragen heute breite, rot-weiß-blau gesprenkelte Gürtel. Viele, aber längst nicht alle. Das Getreidefeld, über dem im Frühsommer das letzte Lerchenmännchen sang, hat nicht am Ackerrandstreifenprogramm teilgenommen. Kein roter Tupfen unterbricht das blaßgrüne Einerlei. Schwer lassen die Ähren die Köpfe hängen. Es kann nicht mehr weit sein bis zur Ernte.

Nur am Rand des Feldes, wo die Herbiziddusche vom Acker nur noch als feiner Schleier herüberweht und keine Pflugschar das Unterste zu oberst kehrt, wird es wieder etwas bunter. Sperrig verzweigter Pastinak, ein paar Wiesenpippaustauden voller Blattläuse, fiederblättrige Teppiche aus Schafgarbe, stämmiger Bärenklau voller weißer Dolden und schließlich die zartlila Köpfchen der Ackerkratzdisteln behaupten sich gegen den Alleinanspruch des Weizens. Sie halten zu Recht die Stellung, denn im Grunde sind auch sie Kulturpflanzen – Pflanzen mit kultureller Vergangenheit: Pastinakwurzeln werden wegen ihres würzigen Aromas geschätzt, die Samen des Wiesenpippaus wurden früher als Kanarienvogelfutter gesammelt, Schafgarbe ist eine uralte Heilpflanze, Bärenklau war schon bei unseren Ahnen ein Grundelement der Wildgemüseküche, und die Blütenböden der vielgeschmähten Ackerkratzdistel sollen im Geschmack sogar den Artischocken ähneln (s. S. 117).

Aber wer kennt schon die verborgenen Werte der Ackerkratzdistel. Zum Leidwesen der Land-

»Speculum veneris« – Spiegel der Venus oder Frauenspiegel – so nannten unsere Ahnen diese wunderschöne Begleiterin der Getreidefelder.

Aus der Sicht des Distelfalters ist die Ackerkratzdistel kein hartnäckiges Unkraut, sondern eine Nektartankstelle allererster Qualität.

PFLANZEN MIT STACHLIGEM CHARME

»Verflucht sei der Acker um deinetwillen! Dornen und Disteln soll er dir tragen, und du sollst das Kraut auf dem Felde essen«, so verfluchte der Herr Adam und Eva, nachdem sie die paradiesische Etikette verletzt hatten. Disteln standen, so scheint es, schon bei den alten Israeliten in schlechtem Ansehen, und daran hat sich bis heute nichts geändert. Dabei müßte die geschmähte Ackerkratzdistel eigentlich zur Blume des Jahres gewählt werden:

Der Biologe Jürgen Angermann von der Universität Bayreuth zählte über 40 Insektenarten an dem Stachelgewächs. Blattkäfer und Schmetterlingslarven nagen an den Blättern, Schaumzikaden, Wanzen und Blattläuse schlürfen ihren Saft, Käferlarven und die Larven verschiedener Bohrfliegen gehen der Distel unter die Haut, Schmetterlinge und Schwebfliegen verpflegen sich mit Nektar und Pollen, und parasitäre Wespenarten legen ihre Eier an und in die verschiedenen Bewohner der Distel.

Über 40 Insektenarten leben in, an oder auf der Ackerkratzdistel.

Charles Darwin hätte sicherlich erwartet, daß sich die Distelnutzer gegenseitig so lange bekriegen, bis der Stärkere siegt und der Schwächere auf der Strecke bleibt. Doch auf der Ackerkratzdistel zeigt sich, daß nicht Konkurrenz sondern Kompromiß das Motto der Evolution ist. Zwei Bohrfliegenarten haben sich zum Beispiel »darauf geeinigt«, daß die eine Art ihre Eier in 3–4 Tage alte Blütenköpfe legt, die andere aber 4–5 Tage alte Blüten zur Eiablage wählt. Und da jede der beiden Fliegenarten an noch unbekannten Zeichen genau feststellen kann, ob ein Blütenkopf bereits »besetzt« ist oder nicht und nur in freie Knospen ihre Eier legt, kommt keine der anderen in die Quere.

Ackerkratzdisteln sind bei Insekten beliebt wie kaum eine andere Pflanze. Wie schaffen sie es, all den Fressern, Saugern, Minierern zum Trotz zu überleben? Sie haben Bodyguards. Parasiten und räuberische Insekten vernichten zum Beispiel bis zu 50 Prozent der Bohrfliegenlarven.

Außerdem hat die Distel einen längeren Atem als ihre Untermieter. Sie blüht auch noch im Spätsommer, wenn die Bohrfliegen längst keine Eier mehr legen, und kann dann noch genügend Samen produzieren.

Zwergmäuse können klettern wie Affen – am liebsten im Halmwald von Hafer- oder Weizenfeldern. Dort bauen sie in luftiger Halbmeterhöhe ihr Kugelnest aus zerspleißten Grashalmen.

wirte ist sie fast unsterblich. Ihre Wurzeln bohren sich bis zu 2m tief in die Erde und finden auch in trockenen Böden noch genug Feuchtigkeit. Selbst wenn man den Wurzelstock zerhacken würde, hätte man der Distel nur einen Gefallen getan: Jedes einzelne Stückchen kann wieder neu austreiben.

Besucher auf der Ackerkratzdistel

Für Insekten dagegen sind die kulinarischen Qualitäten der Ackerkratzdistel nichts Neues. An den Blütenköpfen der Disteln herrscht ständig Hochbetrieb. Weißlinge, Schwebfliegen, winzige, schwarze Käfer und hin und wieder eine Hummel stochern, wühlen, grabbeln in den lila Blütenquasten nach Futter. Mit weit aufgespannten Flügeln hat sich ein Distelfalter auf einer der Blüten niedergelassen. Deutlich sind die keulenförmigen Fühlerenden zu erkennen, ein untrügliches Markenzeichen aller

echten Tagfalter. Den Saugrüssel trägt er vorerst noch wie eine winzige Spiralfeder eingerollt unter dem »Kinn«, doch jetzt muß er wohl über eine Nektarspur gelaufen sein (die meisten Insekten schmecken mit den Füßen): Instinktiv rollt er die Rüsselspirale auf und beginnt, in den Blütenröhren nach Nektar zu stochern. Zielsicher führt er die haarfeine Rüsselsonde in ein Röhrchen nach dem anderen, trippelt auf seinen vier Beinen ein Stückchen weiter, sondiert wieder. Vier Beine? Ja, vier Beine. Die Vorderbeine sind beim Distelfalter und bei vielen anderen Tagfaltern zu sogenannten Putzpfoten verkürzt und erreichen beim Sitzen nicht den Untergrund. Insektenkundler vermuten, daß diese umgebildeten Beine eine wichtige Rolle spielen, wenn der Falter nach einem Eiablageplatz sucht.

Der Distelfalter ist verschwunden. Seinen Platz hat ein Tagpfauenauge eingenommen, das nun ebenso sorgfältig wie sein Vorgänger die Blütenröhren durchsucht. Gerade eben noch prunkte der Schmetterling in vollem Ornat, jetzt scheint nur noch ein Stück Rinde auf der Distelblüte zu sitzen: Das Tagpfauenauge hat die Flügel zusammengeklappt und zeigt die unscheinbare graubraune Unterseite. Perfekte Tarnung. Und falls sich ein Vogel von der Tarnung doch nicht täuschen lassen sollte, bleibt immer noch Strategie Nummer zwei: Das Tagpfauenauge klappt bei Gefahr die Flügel mit einem Ruck auf und zieht die Vorderflügel mit einem leise zischenden Geräusch nach vorne. Besonders unerfahrene Jungvögel lassen sich leicht verunsichern, wenn sie plötzlich von zwei Augen angestarrt werden, die auch noch leise zischen.

Aber Vögel lernen schnell. Das Tagpfauenauge auf der Distel hatte mit seinem letzten »Augen-auf«-Trick offenbar keinen Erfolg. In einem Hinterflügel fehlt ein großes

Im Alter von 2 Wochen wiegen junge Rauchschwalben dank der hochwertigen Insektennahrung 14mal soviel wie beim Schlüpfen, und schon 1 Woche später können sie selbst fliegen.

Die Weinschwärmerraupe schützt sich mit Bluff: Das Augenmuster verleiht ihr das Aussehen einer kleinen Schlange.

Schwebfliegen sind Meisterflieger. Manche Arten wandern im Herbst sogar in den Süden und legen dabei täglich bis zu 100 km zurück.

Stück. Seiner Flugtüchtigkeit aber tut das offenbar keinen Abbruch. Wendig wie seine unversehrten Artgenossen flattert der Schmetterling von dannen. Schwerelos hat eine auffällig gelb-schwarz getigerte Schwebfliege auf der Blüte Platz genommen. Nektarvorräte in tiefen Blütenröhren sind für Kurzrüssler wie sie zwar unerreichbar, aber dafür ist reichlich Pollen zu holen. Roboterhaft stempelt der Rüssel der Schwebfliege auf und ab.

Flatterhafte Schönheiten

Der Strom der Blütenbesucher reißt nicht ab. Vor einer frisch aufgeblühten Distelblüte schwirrt ein seltsames Geschöpf. Auf den ersten Blick könnte man das Wesen mit dem langen »Schnabel« und dem schwarz-weißen Schwanz für einen Kolibri halten, der im Schwirrflug Nektar tankt. Und tatsächlich gehen in Vogelwarten jedes Jahr aufgeregte Anrufe ein, man habe einen entflogenen Kolibri im Hausgarten gesichtet. Doch der »Schnabel« ist genau besehen ein 25 mm langer Rüssel, und der Kolibri in Wirklichkeit ein Schmetterling, ein Schwärmer namens »Taubenschwänzchen«. Eigentlich sind die hübschen kleinen Flugakrobaten im Mittelmeergebiet zu Hause, aber bei günstiger Witterung wandern immer wieder einige über die Alpen, wo sie dann in Parks, Friedhöfen oder sogar an Balkonkästen für Aufsehen sorgen.

Ein paar Distelblüten unter dem wendig umherschwirrenden Taubenschwänzchen sind zwei Schmetterlinge gelandet, die mit zen-buddhistischer Gelassenheit zu Werke gehen – bildschöne Geschöpfe mit blutroten Tupfen auf lackschwarzem Grund: Blutströpfchen aus der Familie der Widderchen. Tatsächlich tragen diese Falter ihre langen Fühler wie kleine Hörner nach außen gekrümmt.

Wenn Taubenschwänzchen im Rüttelflug vor einer Blüte »stehen«, erinnern sie eher an Kolibris als an Schmetterlinge.

Das auffällige Muster der Blutströpfchen bedeutet: »Wer mich frißt, hat sich seine Magenschmerzen selbst zuzuschreiben«.

Anders als die meisten Schmetterlinge sind Blutströpfchen keineswegs ständig fluchtbereit. Sie bleiben selbst dann noch träge auf der Blüte sitzen, wenn ihnen der Mensch auf Makrolinsenabstand zu Leibe rückt. Die Falter mit dem plakativen Flügelmuster können sich solche »Frechheit« leisten, denn Blausäureverbindungen in ihrer Körperflüssigkeit geben ihnen einen ekelhaften Geschmack. Manche Vögel weigern sich schon nach zwei Kostproben, jemals wieder ein Blutströpfchen in den Schnabel zu nehmen. Die auffällige Musterung des Ekelhappens sorgt dafür, daß die Vögel sich die Lektion gut merken können.

Wie ein kleiner Ball klebt der Eikokon an den Spinndrüsen der Wolfsspinne.

Gut getarnte Sprinter

Die kleine Wolfsspinne, die am Fuße der Distel hastig durch die Halme huscht, kann sich Provokation à la Blutströpfchen nicht erlauben. Sie setzt auf Tarnung. Wer unsichtbar ist, wird nicht so leicht gefressen. Außerdem hat man als Jäger mit Tarnkappe bessere Chancen, sich unbemerkt an Beutetiere heranzumachen. Die meisten Wolfsspinnen weben nämlich keine Fangnetze, sondern erhaschen ihre Opfer im Laufschritt. Den wissenschaftlich anerkannten Geschwindigkeitsrekord in der Spinnenwelt hält denn auch eine Verwandte der kleinen Wolfsspinne: *Lycosa saccata* huscht in 3 Sekunden 90 Zentimeter weit.

Wenn die kleine Spinne unter der Distel zwischen ihren kurzen Sprints innehält, ist sie auf dem krümeligen Boden tatsächlich kaum noch zu erkennen. Der zarte, erdbraune Körper verschmilzt vollkommen mit der Umgebung. Für die Augen ihrer Feinde wäre sie nicht mehr auszumachen, wenn da nur nicht dieses runde, weiße Gebilde wäre, das sie sich am Hinterleibsende an die Spinnwarzen geheftet hat.

Blühende Linden prägen das Duftklima des Hochsommers.

Aus der Nähe betrachtet sieht das weiße Etwas wie ein winziger Tischtennisball aus: ein Eikokon, in dem der Nachwuchs heranwächst. Wenn die Jungen aus der seidigen Hülle gekrochen sind, werden sie auf den Körper ihrer Mutter umsteigen und etwa eine Woche lang auf ihr durch den Unterwuchs reiten.

Erst danach werden sie sich in alle Himmelsrichtungen zerstreuen und ein eigenständiges Leben beginnen.

Es duftet nach Sommer

Jede Jahreszeit hat ihre duftende Visitenkarte. Im Sommer ist es der Heuduft frisch gemähter Wiesen, gemischt mit den honigartig süßen Duftschwaden blühender Linden. Dort, wo zwischen Acker und Wiese der Feldweg beginnt, steht eine junge Linde zum ersten Mal in ihrem vielleicht 20jährigen Leben in voller Blüte. Stellt man sich darunter, bekommt man auch noch die passende Geräuschkulisse dazu: Heerscharen nektarsammelnder Bienen bringen es im Chor auf eine Lautstärke, als liefe im Baum ein leiser Motor. Die ganze Linde scheint zu vibrieren.

ANHÄNGLICH WIE EINE KLETTE

Alles an der Großen Klette läßt sich irgendwie verwerten: Die jungen Blätter kann man wie Spinat oder Kohlrouladen zubereiten, und die geschälten, gekochten jungen Blattstengel ergeben mit Essig und Öl einen leckeren Salat. Doch das Beste an der Großen Klette ist der markhaltige Blütenstengel.
Da Kletten bis zu 1,5 m hoch werden können, reichen schon die Stengel einer einzigen Pflanze für ein Essen zu zweit.

KLETTENMARKGEMÜSE

Zutaten:
die Stengel einer Klette, 1 Prise Natron, etwas Fleischbrühe, Pfeffer, Salz, Butter, etwas Mehl.

Die Klettenstengel müssen Anfang Juli gesammelt werden, noch bevor sich die Blüten zu bilden beginnen. Die bitter schmeckende, dicke Rinde sorgfältig von den Stengeln schälen, das Mark in Stücke schneiden und 30 Minuten lang mit einer Prise Natron kochen. Das Kochwasser weggießen und die Stengel anschließend kurze Zeit in Fleischbrühe dünsten. Das Gemüse mit etwas Mehl überstäuben und mit Pfeffer, Salz und Butter abschmecken.

STACHELIGER LECKERBISSEN

Sie steht Spalier an jedem Getreidefeld, sie säumt jeden Kartoffelacker, sie widersteht jedem Ausrottungsversuch. Die Ackerkratzdistel ist ein Siegertyp par excellence. Doch jedes Ding hat seine zwei Seiten: Sicherlich gehören die blaßlila Blüten in der Insektenwelt zu den beliebtesten Nektarquellen. Und wer selbst erst einmal auf den Geschmack gekommen ist und die Ackerkratzdistel in seine Wildgemüseküche aufgenommen hat, wird zu schätzen wissen, daß man die stacheligen Stauden tatsächlich um jede Ecke findet.

DISTELKNOSPEN IN KRÄUTERSUD

Zutaten:
eine kleine Schüssel voll Distelknospen, 1,5 l Wasser, einige Gläser Weißwein, einige Koriander- und Pfefferkörner, 1 Eßlöffel Fenchelsamen, Saft von 2 Zitronen, einige Eßlöffel Olivenöl, Salz, frische Kräuter (Thymian, Dost, Petersilie).

Distelknospen müssen geerntet werden, wenn sie fest geschlossen und die Stacheln noch weich sind. Distelknospen schmecken angenehm nußartig – ähnlich wie Artischocken, die ja nichts anderes als kultivierte Disteln sind.

Die gesammelten Knospen waschen, in Salzwasser blanchieren und in einem Sieb abtropfen lassen. Aus den Gewürzen und den Kräutern einen Kräutersud zubereiten und die Disteln 20 Minuten lang im Siebeinsatz darin ziehen lassen. Die Knospen dürfen nicht zerfallen. Die gegarten Disteln in eine Schüssel geben und mit dem abgeseihten Sud begießen. Abkühlen lassen und kalt servieren.
Aber es geht auch einfacher: Die Distelknospen waschen, in Salzwasser blanchieren, abtropfen lassen, in frischem Salzwasser etwa 20 Minuten lang weichkochen und dann mit zerlassener Butter verspeisen.

Bevor sich das Männchen der Feldheuschrecke (*Chorthippus parallelus*) zwecks Paarung huckepack auf das Weibchen setzen darf, muß es die Dame mit ausführlichen Lockgesängen für sich gewinnen.

Das Konzert der Heuschrecken

Zur Wiese hin geht das tausendstimmige Summen der Bienen in ein rhythmisches Knarzen, Zirpen und Schrillen über. Aus der Nähe lassen sich noch einzelne Stimmen und verschiedene Rhythmen unterscheiden, aber in der Ferne verschmilzt alles zu einem einheitlichen Geräuschbrei, zu einem Surren, wie man es unter Hochspannungsleitungen hört. Auf den ersten Blick ist nicht einmal auszumachen, wer sich da so lautstark bemerkbar macht. Solange Heuschrecken reglos auf einem Grashalm sitzen, sind sie fast unsichtbar. Erst wenn – je nach Art – die muskulösen Hinterbeine oder die Flügel zu einem neuen Zirp-Vibrato ansetzen, wird das, was wie ein Stück Grashalm oder ein Blatt aussieht, als Insekt erkennbar.

Nähert man sich einem Heuhüpfer ganz langsam im Zeitlupentempo, verläßt er sich auf seine Tarnung und weicht mit winzigen Trippelschritten auf die Rückseite des Grashalms aus. Doch wenn sich etwas schnell nähert, fühlt sich der Hüpfer offenbar entdeckt und bringt sich mit einem großen Sprung in Sicherheit. Ihren deutschen Namen verdanken Heuschrecken übrigens nicht der Unterstellung, daß sie besonders schreckhaft seien, sondern ihren meisterhaften Sprungleistungen: Das althochdeutsche »skrekon« bedeutet »springen«.

Bei jedem Schritt durch die Wiese schnellen Unmengen von Heuschrecken zur Seite, viele davon noch nicht einmal fingernagelgroß. Die Winzlinge, die da durchs Gras hüpfen, sind keine besonders kleinen Heuschrecken sondern Heuschreckenkinder: Sie haben gar keine oder erst stummelige Flügel. Einer Raupe sieht man es nicht an, daß sie eines Tages ein Schmetterling wird; eine Fliegenmade oder Käferlarve hat nicht die geringste Ähnlichkeit mit dem fertigen Insekt; junge Heuschrecken aber sind Kleinausgaben der erwachsenen Tiere. Sie verpuppen sich nicht, sondern verwandeln sich peu à peu im Verlauf von 5–6 Häutungen zum fertigen Meisterspringer. Insektenkundler haben für diesen Prozeß natürlich einen sperrigen Ausdruck: Heuschrecken sind hemimetabol, Fliegen, Käfer und Schmetterlinge dagegen holometabol.

Wo sich der Heckenriegel in die Wiese schiebt, hat die getigerte Katze wieder einmal Spähposten bezogen. Im Frühjahr hat sie hier auf unerfahrene Vogeljunge gelauert, jetzt vertreibt sie sich die Zeit mit Heuschreckenjagd. Gespannt läßt sie ihre Augen durch den Grasurwald schweifen; nervös zuckt die Schwanzspitze. Jetzt muß die Katze einen der Wiesengeiger entdeckt haben. Im Zeitlupentempo zieht sie den pelzigen Körper zur Sprungfeder zusammen, während die Augen wie hypnotisiert an einem Punkt im Halmgewirr kleben. Plötzlich schnellt sie wie ein Gummiball in die Luft und landet auf weit vorgestreckten Pfoten im Gras. Unter der linken Vorderpfote scheint sich etwas zu regen. Vorsichtig hebt sie

die Pfote, lugt darunter – und ist ihre Beute wieder los. Die Heuschrecke hat die kleine Freiheit genutzt und sich mit einem gewaltigen Satz zwischen die Halme gerettet. Wenige Augenblicke später hat der Hüpfer die schaurige Erfahrung unter der Katzenpfote schon vergessen und zirpt wieder im Chor mit. Emsig reibt er die Hinterbeine mit ihren harten Kanten über eine Leiste am Vorderflügel. Ein rhythmisches, heiseres Schwirren ertönt – für Menschenohren ein bestenfalls neutrales Geräusch, für Heuschreckendamen beredte Werbung.

WO ES EIER REGNET

Das Schnarren, Zirpen und Schrammeln der unzähligen Grillen und Heuschrecken verfilzt sich zu einem monotonen Geräuschteppich. Immer noch – oder schon wieder – blühen Wiesenkerbel und

Wer weiß heute noch, daß die Wurzeln der himmelblau blühenden Wegwarte früher als Kaffee-Ersatz geerntet wurden?

MEISTERSPRINGER

Die schwarz-weiß gemusterte Spinne mit dem kompakten Hinterleib schiebt sich Millimeter um Millimeter an die Fliege heran, erstarrt in der Bewegung, trippelt weiter, hebt wie sondierend das vordere Beinpaar. Dann schnellt der Körper urplötzlich vor, wie von einer Sehne abgeschossen. **Springspinnen** können Sätze bis zum 25fachen ihrer Körperlänge ausführen. Doch nicht die Muskelkraft katapultiert sie vorwärts, sie bedienen sich der Hydraulik. Vor dem Sprung ziehen Springspinnen eines oder beide hintere Beinpaare dicht an den Körper, erhöhen durch Muskelkontraktion im Vorderkörper plötzlich den Druck der Körperflüssigkeit in den Beinen und bewirken dadurch, daß sich die Beine schlagartig strecken.
Manche **Flöhe** können 30 Zentimeter hoch springen; das entspricht dem 200fachen ihrer Körperlänge! Im Prinzip ist ein Flohsprung nichts anderes als das Auslösen einer gespannten Feder: Die Muskeln am Beinansatz sind zum Zerreißen gespannt und werden mit Hilfe eines Schnappmechanismus in dieser Stellung gehalten. Wird diese Arretierung plötzlich aufgehoben, strecken sich die Hinterbeine schlagartig, und der Floh schnellt mit einem hörbaren Klicken in die Luft – ein Vorgang, der nur eine Tausendstelsekunde dauert.
Wenn **Heuschrecken** springen wollen, spannen sie die Muskeln der Sprungbeine an und fixieren diesen Spannungszustand, indem sie den »Unterschenkel« ein wenig gegen den »Oberschenkel« verdrehen. Wenn sie diese Fixierung plötzlich aufheben, katapultieren die gestreckten Sprungbeine die Heuschrekke in die Luft.
Dem **Springfrosch** sieht man den Meisterspringer auf den ersten Blick an: Die Sprungbeine sind deutlich länger als bei anderen Fröschen. Im »Flug« reduzieren Frösche den Luftwiderstand, indem sie die Vorderbeine eng an den Körper legen und die Augen in den Kopf zurückziehen

Grasfrosch im Sprung: Alles, was den Luftwiderstand erhöhen könnte, wird eingeklappt.

wie die Scheinwerfer eines modernen Sportwagens. Spitzensprünge tragen den Springfrosch bis zu 2 m weit.

Trockenmauern mit ihren unzähligen Höhlungen und Spalten sind nicht nur ein Gewinn fürs Auge, sondern gleichzeitig Wohnraum für zahlreiche Wildtiere.

LEBENDIGE MAUERN

Vor rund 2000 Jahren »erfanden« die alten Römer die Trockenmauer. Nicht allein an der steinernen Stütze war ihnen gelegen. Die Mauern speicherten tagsüber die Sonnenwärme und gaben sie erst abends und nachts allmählich wieder ab – günstig für wärmeliebende Kulturpflanzen wie Wein, Mandeln und Pfirsiche, die dank des steinernen Wärmespeichers weniger unter Temperatursprüngen zu leiden hatten.
Heute stehen Trockenmauern aus einem anderen Grund wieder hoch im Kurs: In den Spalten und Hohlräumen der unverfugten Mauern können sich wärmeliebende Pflanzen ansiedeln und Tiere Unterschlupf finden, vom Laufkäfer bis zur Spitzmaus, von der Hummelkolonie über das Rotkehlchen bis zur Erdkröte.
Skeptikern sei versichert: Trockenmauern sind nicht nur aus der Sicht des Naturschutzes eine gute Sache, sie sehen auch noch schön aus. Mauern aus unregelmäßig geformten Natursteinen geben jedem Garten eine urige Note, terrassieren abschüssige Grundstücke oder schaffen einen attraktiven Rahmen für Nischen und Sitzplätze. Wenn Sie die Mauer nur bis etwa Sitzhöhe bauen und einige Grundregeln berücksichtigen, ist Trockenmauerbau keine Hexerei.

WICHTIGE ARBEITSSCHRITTE

- Die Mauer sollte 30–50 cm tief in den Boden eingesenkt sein, damit Bodenfrost die Steine nicht aushebeln und die Mauer dadurch ins Wanken bringen kann. Ein gegossenes Fundament brauchen Sie nicht.
- Die Mauer sollte möglichst auf »gewachsenem« Boden und nicht auf frisch aufgeschüttetem Grund stehen.
- Wenn Sie auf einem abschüssigen Grundstück eine Stützmauer planen, sollten Sie beim Bauen einen Abstand von etwa 30 cm zum Hang einhalten und den Zwischenraum zwischen Mauer und Hang mit durchlässigem Material auffüllen, damit Sickerwasser ungehindert abfließen kann und die Mauer nicht unterspült. Bei einer freistehenden Mauer wird das durchlässige Material zwischen die Seitenwände gefüllt.
- Das Fundament der Mauer muß der Stabilität wegen immer breiter sein als der obere Mauerabschluß. Die Steine sollten so geschichtet sein, daß sich die Mauer nach oben hin um 10–20 % verjüngt. Bei einer Stützmauer sieht das dann so aus, als lehne sie sich gegen den Hang.
- Die massivsten Steine werden im Fundament verbaut, nach oben hin können allmählich kleinere Steine gesetzt werden. Hin und wieder sollten langgestreckte »Ankersteine« so eingebaut werden, daß sie ins

Mauerinnere ragen und eine Verbindung zwischen innen und außen schaffen.

- Wenn Sie einige Fugen mit Lehm verputzen, erhöhen Sie nicht nur die Stabilität Ihres Bauwerks, sondern schaffen auch noch Wohnraum für Seidenbienen: Die Weibchen graben mit den Mundwerkzeugen ihre Nestgänge in weichen Mörtel.
- Fugen sollten der Stabilität zuliebe immer versetzt übereinanderliegen.
- Schönes Baumaterial ist oft günstig auf den Abraumhalden von Steinbruchunternehmen zu bekommen. Auch an Abbruchhäusern oder auf der Bauschuttdeponie lohnt sich die Suche.

Berghauswurz (oben) und Mauereidechse (unten): Trockenmauern gehören zu den buntesten Lebensgemeinschaften im Garten.

VORSCHLÄGE ZUR BEPFLANZUNG

Schon während des Bauens können Sie in einige Fugen Jungpflanzen einsetzen. Nach der ersten Pflanzaktion sollte die Mauer noch etwas schütter begrünt wirken. Viele Pflanzen brauchen Platz, um ihre ausladenden Polster oder hängenden Matten zu bilden. Für sonnenbeschienene Trockenmauern eignen sich viele alpine Pflanzenarten der Geröllhalden und Felsspalten, die an magere Böden und unregelmäßige Wasserversorgung angepaßt sind, zum Beispiel:

- Bergsteinkraut (gelb),
- Bergaster (lila),
- Berglauch (rosa),
- Silberwurz (weiß),
- Gemswurz (gelb),
- Hungerblümchen (goldgelb),
- Felsenehrenpreis (tiefblau),
- Alpenleinkraut (blaugrau),
- Thymian (lila),
- verschiedene Hauswurzarten,
- Mauerpfeffer- und Steinbrecharten (rötliche, gelbe, weiße Farbtöne),
- verschiedene Nelkenarten (z. B. Heidenelke, Felsennelke, Karthäusernelke).

Auch Pflanzen, die zur Lebensgemeinschaft der Trockenrasen gehören oder solche, die sich gern auf lockerem Schutt ansiedeln, sind Trockenmauerkandidaten, zum Beispiel:

- Dornige Hauhechel (rosa),
- Echte Küchenschelle (violett),
- Rauher Alant (gelb),
- Färberkamille (gelb),
- Frühlings-Adonisröschen (gelb),
- Gelbes Sonnenröschen (gelb),
- Gewöhnliches Leinkraut (gelb-orange),
- Goldaster (goldgelb),
- Grasnelke (rosa),
- Wolfsmilcharten (gelbe und grünliche Töne),
- Glockenblumenarten (blau bis violett),
- Natternkopf (tiefblau),
- Violette Königskerze (purpur),
- Echte Hundszunge (rotbraun),
- Orangerotes Habichtskraut (orange),
- Diptam (zartrosa),
- Wimperperlgras (attraktive Samenrispe),
- Zittergras (attraktive, herzförmige Ährchen).

Für welche Pflanzenkombination Sie sich auch immer entscheiden: Bitte wählen Sie wenn möglich immer die Wildformen. Zuchtsorten haben oft gefüllte Blüten, und die sind für Insekten, so paradox es klingt, nur leere Versprechungen. Und noch eine Warnung: Gerade einige der beliebtesten Steingartenpflanzen, zum Beispiel das Blaukissen, eignen sich überhaupt nicht für Trockenmauern. Sie wuchern zu stark und haben in kurzer Zeit sämtliche weniger wüchsigen Arten verdrängt.

Schnaken (links) und Kaminkehrer (oben) sieht man im Sommer zuhauf im Torkelflug über die Wiesen flattern: Die Schnaken suchen Eiablageplätze, die Schmetterlingsweibchen aber lassen ihre Eier einfach im Flug ins Gras fallen.

Bärenklau, Wiesenpippau, ein paar Flockenblumen und hin und wieder sogar einige Stengel Wiesenbocksbart. Wo die Wiese an den Feldweg grenzt, öffnen sich auf dem trockenen Randstreifen die himmelblauen Blütenrosetten der Wegwarten, und in einem ungestörten Winkel dicht an der Hecke hat sich eine botanische Pretiose angesiedelt: leuchtend pinkfarbene Karthäusernelken. Besonders die Nelken haben es einem kleinen, orangefarbenen Dickkopffalter angetan. Gewissenhaft durchstochert er eine Blütenröhre nach der anderen, und jedesmal, wenn der Rüssel in die Tiefe fährt, scheint er sich zu verbeugen.

Die dunkelbraunen Schmetterlinge allerdings, die im ungeschickten Tiefflug über die Wiese taumeln, wie jemand, der etwas Wichtiges verloren hat und es nun verzweifelt sucht, diese Schmetterlinge ignorieren selbst betörende Düfte und erstklassige Nektartankstellen. Die Falter mit dem torkelnden Flug heißen Kaminkehrer (*Aphantopus hyperanthus*), und der Zweck ihres Wiesenrundfluges ist so alt wie die Schöpfung: Sie sind dabei, Eier zu legen. Genauer gesagt: Sie sind dabei, ihre Eier abzuwerfen. Die Weibchen nehmen zum Eierlegen nicht einmal Platz, sondern verstreuen sie im Flug. Besondere Sorgfalt bei der Wahl des Eiablageplatzes wäre in der Tat überflüssige Mühe, denn die Raupen sind wenig wählerisch und fressen verschiedene Wiesengräser.

Auch die unzähligen Kohlschnaken, die scheinbar unbeholfen auf fadendünnen Beinen durch den Gräserwald wippen, gehören nicht gerade zu den Flugkünstlern. Fast immer sind es Weibchen, die über die Wiese tanzen – auf der Suche nach einem guten Platz für ihr Gelege. Wenn sie eine Stelle gefunden haben, an der Beschaffenheit und Feuchtigkeit des Bodens »stimmen«, stellen sie sich hochaufgerichtet auf ihren beiden hinteren Beinpaaren über den Platz ihrer Wahl, stechen die Spitze des Hinterleibs einige Millimeter tief in die Erde, stemmen mit schaufelartigen, kleinen Fortsätzen am Hinterleib eine kleine Kammer frei und deponieren darin das Gelege. Im Laufe eines Sommers kann es ein Kohlschnakenweibchen leicht auf mehrere hundert Eier bringen. So unbeliebt die Larven bei Gärtnern und Landwirten sind – sie nagen unter anderem an Wurzeln –, so harmlos sind die erwachsenen Insekten. Mit den blutsaugenden Mücken sind sie zwar verwandt, aber ihre schnauzenförmigen Mundwerkzeuge eignen sich allenfalls dazu, Wasser und Nektar zu schlürfen.

Seit Greifvögel nicht mehr vogelfrei sind und einige Pestizide wie das DDT nicht mehr eingesetzt werden, sind Turmfalken wieder häufiger zu sehen. Wühlmäuse sind ihre wichtigsten Beutetiere – eine Vorliebe, die ihnen die Sympathien der Landwirte einträgt (oben rüttelnder Terzel, rechts Weibchen mit erbeuteter Feldmaus).

Der Turmfalkenterzel auf Jagd

Dort, wo der Bauer einen Streifen Gras als Grünfutter gemäht hat, bleibt die Wiese seltsam stumm. Nur zögernd läßt hie und da eine Heuschrecke oder Grille ihr Zirpen hören. Aus der Sicht der kleinen Krabbeltiere ist die Mahd schlichtweg eine Katastrophe. Aus der Sicht eines Turmfalken dagegen ist ein freigemähter Streifen eine gewaltige Arbeitserleichterung. Transparenz ist für einen Greifvogel alles. Am Ende des gemähten Streifens rüttelt in sicherer Entfernung ein Turmfalke über den gelbgrünen Grasstoppeln. Rostbraun der Rücken, schiefergrau die Oberseite des Kopfes und der Stoß (Schwanz) – eindeutig ein männlicher Vogel, ein Terzel. Mit weit aufgefächertem Stoß »steht« der Vogel in etwa 10 m Höhe über der Wiese, späht angestrengt nach unten, gleitet mit schmalen Flügeln ein Stück tiefer, rüttelt wieder und stößt schließlich mit angelegten Schwingen hinab. Doch die Dolche bohren sich nur in Erde, die Feldmaus ist gerade noch in ihr Loch entkommen.

Mißerfolge gehören zum Geschäft. Mit raschen Flügelschlägen wuchtet sich der Falkenterzel wieder in die Luft und schwebt zu einer Stelle in der Wiese, die aus dem Tunnelgewirr zu schließen ein Verkehrsknotenpunkt der Wühlmäuse sein muß. Wieder bezieht er rüttelnd Spähposten, gleitet lautlos tiefer bis auf Stoßhöhe und läßt sich Augenblicke später wie ein Stein zwischen die Stoppeln fallen.

Gallen sammeln

Die halbmillimetergroße Buchenblattgallmücke ist der Urheber dieser Kügelchen (oben). Auf einem Eichenblatt (unten links) bilden Napf- und Linsengallen (Verursacher sind Gallwespen) und die Gallen der Gewöhnlichen Eichengallwespe ein abstraktes Muster. Im Inneren einer Ananasgalle (rechts aufgeschnitten) haben sich die jungen Galläuse eingenistet – ein geschütztes Quartier mit bester Verpflegung.

Pflanzen wird das Leben bisweilen gründlich vergällt. An Wurzeln, Knospen und Triebspitzen, an Sproßachsen, Blättern, Blütenständen und Früchten – überall können jene eigenartigen Wucherungen auftreten, die Biologen Gallen nennen. Noch eigenartiger ist, daß selbst mächtige Eichen von Insekten zum Wuchern gezwungen werden, die keine 3 mm groß sind. Gallwespen und Gallmücken, Rüsselkäfer und Blattläuse machen sich die Pflanze zu Diensten, indem sie mit Hilfe von Wachstumshormonen Gewebewucherungen »befehlen«. Im Inneren des aufgetriebenen Pflanzengewebes sitzt dann, gegen Klimaunbilden geschützt und erstklassig verpflegt, die Larve.

Doch nicht immer geht die Rechnung im Sinne der Hausbesetzer auf: Wenn Sie nach den ersten Frösten an den Stengeln der Lanzettkratzdistel – auch bekannt als Speerdistel – Wucherungen bis zu Tischtennisballgröße sehen, greifen Sie zu. Nehmen Sie ein paar davon mit nach Hause, legen Sie sie in einen Gazebeutel und warten Sie ab. Im warmen Zimmer werden nach 2–3 Wochen die Insassen der Gallen schlüpfen: Bohrfliegen mit gemusterten Flügeln. Und metallisch glänzende Erzwespen. Die Bohrfliegenlarven waren die Erstbewohner der Galle und ernährten sich vom wuchernden Pflanzengewebe; die Erzwespen sind Parasiten und legten ihre Eier in die Bohrfliegenlarven. Gallinsekten haben zwar die Pension mit Vollverpflegung erfunden. Alleinanspruch aber haben sie darauf nicht.

Eine Heuschrecke ist ins Spinnennetz gesprungen. In wenigen Augenblicken hat die Kreuzspinne ihre Beute mit Seide umgarnt und gefesselt.

Diesmal hat er ins Schwarze getroffen, im Falsett quietscht es über die Wiese. Rasch beugt er sich hinunter und beißt in einen zappelnden, dunklen Klumpen zwischen seinen Zehen; das Quietschen verstummt. Mit seiner Beute in den Fängen schwingt sich der Turmfalke auf einen weit herausragenden Zweig in der Hecke, breitet seine Schwingen wie einen Mantel über die Beute und sieht sich aufmerksam nach allen Seiten um: Keiner in Sicht, der ihm den Fang streitig machen könnte? Nein, die Luft ist rein. Im Nu hat der Falke die Maus verspeist, und wenige Minuten später ist er schon wieder auf der Jagd.

Im Juli müssen Turmfalkenterzel Schwerarbeit leisten. Für ihren eigenen Bedarf würden 7–8 gutgenährte Feldmäuse genügen, aber zum einen sind die Mäuse, die ihnen im Hochsommer zwischen die Fänge geraten, meist leichtgewichtige Jugendliche und zum anderen müssen die Falkenterzel bis Ende Juli auch noch ihre flügge werdenden Jungen und teilweise das Weibchen mitversorgen. Bis zu 30 Mäuse muß ein Turmfalkenterzel im Juli jeden Tag erbeuten, um die Mägen der Familie zu füllen. Das bedeutet eine durchschnittliche »Arbeitszeit« von 5 Stunden pro Tag – 5 Stunden zumeist im anstrengenden Rüttelflug, denn die Ansitzjagd vom Zaunpfahl oder Ast aus wirft bei weitem nicht soviel ab.

Einen Augenblick lang übertönt das schrille Gickern eines Turmfalken das Heuschreckenkonzert: Unten über den Baumkronen des Auwalds kreisen laut rufend 3 Falken. Die Jungen des jagenden Männchens? Der Terzel wendet den Kopf, zögert kurz und streicht schließlich ab, Richtung Auwald. In den Fängen baumelt die zweite Wühlmaus.

Erst im August wird sein Leben wieder in ruhigeren Bahnen verlaufen; dann ist sein Nachwuchs selbständig und kann sich aus eigener Kraft versorgen. Wenn man im Spätsommer Falken auf der Wiese herumhüpfen und nach irgendetwas im Gras haschen sieht, sind das meist Jungvögel auf Insektenjagd. Auch Heuschrecken, Mistkäfer und Raupen füllen den Magen. Oder auch mal eine fette Spinne.

Seidene Fallstricke

Die Kreuzspinne, die unter der Schlehe zwischen einer reifen Grasähre und dem verblühten Stengel eines Wiesenpippaus ihr Netz angelegt hat, tut gut daran, im sicheren Versteck unter der Grasähre auf ihre Beute zu lauern. Die unregelmäßig gestreiften Beine, das beigebraune Sprenkelmuster, das sich auf dem erbsengroßen Hinterleib zum Kreuz verdichtet, tarnen die Spinne so perfekt, daß man sie für einen Auswuchs der Grasähre halten könnte. Und das ist gut so. Allzu leicht könnte die Jägerin selbst zur Beute werden.

Das Netz einer Kreuzspinne verkörpert perfekte Statik, ist mit geringstem Materialaufwand gebaut und gleichzeitig stabiler als jede Kunstfaser aus unseren Chemielabors.

Die Beine eng an den Körper gelegt, die Ähre als Sichtschutz über sich, ein Bein wachsam auf einen Signalfaden des Netzes gesetzt, so sitzt sie und wartet. Radnetzspinnen jagen mit minimalem Energieaufwand. Sie sind einfach im richtigen Moment zur Stelle.

Eine leichte Brise streicht durch die Halme, doch die Speichen des Netzes zittern kaum im Wind, so gekonnt sind sie zwischen Ähre, Pippau und unterstem Schlehenast verspannt. Im Gegenlicht sind deutlich die winzigen Tröpfchen aus Spinnenleim auf dem Spiralfaden zu erkennen, die das Netz zur tödlichen Falle machen.

Eine kleine Fliege hat das Gespinst nicht bemerkt und ist mit Schwung in die Maschen geschwirrt. Sofort kommt Bewegung in das zusammengeballte Spinnentier. Tastend wandern die krallenartig gekrümmten Beine über die Netzspeichen, »irritiert« befühlt die Spinne mehrere Fäden. Eben noch meldete das Zittern im Gespinst Beute, und nun auf einmal Funkstille. Aber die Fliege ist nicht entkommen. Sie hält nur inne, vielleicht um neue Kräfte zu sammeln, und solange sich nichts im Netz rührt, kann die Spinne die Beute nicht orten. Sie verläßt sich nicht auf ihre Augen, sondern auf ihren Tastsinn.

Jetzt endlich das zündende Signal: Die Fliege strampelt mit allen Kräften. Sekundenbruchteile später ist die Spinne zur Stelle und wirbelt die Beute mit raschen Bewegungen um ihre eigene Achse wie ein Hühnchen am Bratspieß. Gleichzeitig läßt sie aus ihren Spinnwarzen an der Spitze des Hinterleibs einen Schwall feinster Spinnseide über das Opfer strömen. Im Gegenlicht sieht das aus, als quelle weißlicher Nebel aus dem Spinnenleib. Im Nu ist die Fliege eingewickelt wie eine Mumie. Nur schwach regt sich gelegentlich noch ein Bein, dann ist es still im Seidenpaket. Die Kreuzspinne muß gleich zu Anfang ihre Giftdolche in die Beute gebohrt haben, und Spinnengift wirkt schnell.

Die Kreuzspinne beißt die letzten Fäden durch, von denen die Fliege noch gehalten wird, und macht sich, das seidige Päckchen an ein Bein gehängt, auf den Rückweg zu ihrem Unterschlupf. Sie scheint sehr hungrig zu sein. Unter

WIE ENTSTEHT EIN RADNETZ?

An einem Punkt, der ihr als Aufhänger für ihr künftiges Netz geeignet erscheint, hält die Spinne einfach das Hinterteil in die Luft und entläßt aus den Spinndrüsen einen Flugfaden. Der Faden wird vom Wind erfaßt, wird immer länger und verankert sich schließlich an einem Zweig oder Grashalm. Die Spinne klebt nun den Faden an ihrem Sitzplatz (Punkt A) fest und krabbelt auf der seidenen Hängebrücke zum zweiten Stützpunkt (Punkt B) hinüber, während unentwegt Spinnseide aus ihren Drüsen austritt. Dieser neue Faden wird am Ankunftsort ebenfalls festklebt. Zwischen A und B webt die Spinne nun solange hin und her, bis ihr der Haltefaden fest genug erscheint. Dann beißt sie den Haltefaden durch, heftet an ihrem Sitzplatz (Punkt B) einen neuen Faden an und arbeitet sich folgendermaßen voran:
Während sie den alten Faden im Vorwärtskrabbeln aufknäuelt, spinnt sie hinter sich ständig neuen Faden. Und da sie mehr Faden spinnt, als sie vorne einsammelt, sinkt sie dabei allmählich immer tiefer. An einem bestimmten Punkt hält sie inne, heftet alten und neuen Faden aneinander und seilt sich von dieser Verbindungsstelle (Punkt C) aus ab. Wo die Spinne wieder Boden unter den Füßen hat (Punkt D), sucht sie nach einem geeigneten Ankerpunkt und klebt den Spinnfaden fest. Die ersten drei Speichen

»sitzen«, das Ganze sieht jetzt aus wie ein Y.
Von diesem Grundgerüst ausgehend werden weitere Speichen und Rahmenfäden angelegt. Wenn die Spinne so viele Speichen eingezogen hat, wie es ihrer Art entspricht, spinnt sie von der

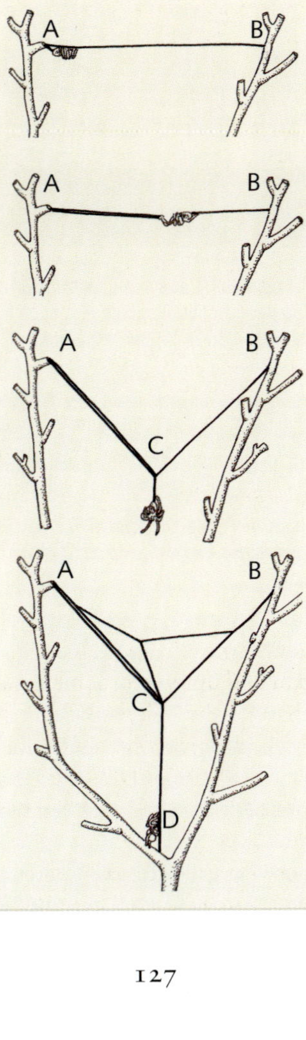

Nabe ausgehend eine Spirale mit ziemlich weiten Windungen. Später, wenn die Spinne die klebrige Fangspirale anlegt, nutzt sie diese Hilfsspirale als Laufsteg, um sich leichter über das Netz bewegen zu können. Fast alle Radnetzspinnen fressen übrigens die Fäden der Hilfsspirale wieder auf, während sie die Leimfäden legen: Spinnen haben das Materialrecycling lange vor uns erfunden.

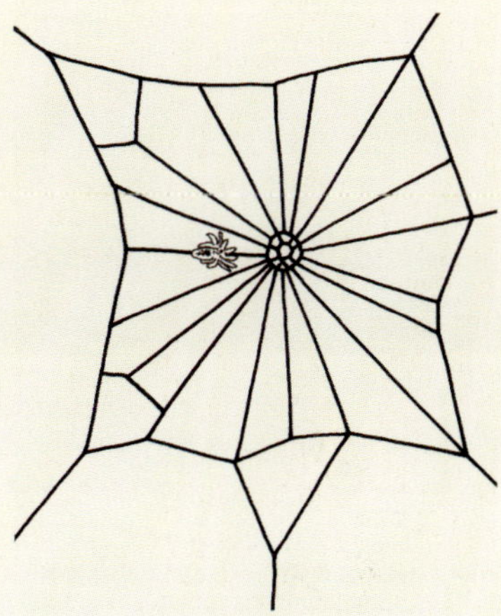

Soeben hat sich die Königslibelle aus ihrer Larvenhülle gearbeitet (links). Anfangs kleben die Flügel noch als schrumpelige Lappen am Insektenkörper, doch bald füllen sich die Adern mit Blut, und die Flügel entfalten sich zu ihrer vollen Größe (rechts eine ausgefärbte Königslibelle).

der Grasähre beginnt sie sogleich, mit den Kieferklauen energisch den Fliegenkörper durchzukneten. Weil Spinnen winzige Münder haben, denen auch noch ein Borstenfilter vorgeschaltet ist, können sie nur flüssige Nahrung aufnehmen. Erbeutete Fliegen, Heuschrecken, Käfer müssen also vor der Mahlzeit erst verflüssigt werden.

Zu diesem Zweck spuckt die Spinne etwas Verdauungssekret über die Beute und knetet sie dann kräftig durch, damit sich die Verdauungssäfte auch gut verteilen. Anschließend schlürft sie den aufgelösten Inhalt in sich hinein. Dieses Wechselspiel – Spucken, Trinken, Spucken, Trinken – geht solange weiter, bis die Spinne nur noch eine leere Chitinhülle in den Klauen hält.

Während die Kreuzspinne noch an der Fliege saugt, rappelt es wieder im Netz. Auf der Stelle läßt sie die Fliege fahren und stürzt sich in die Maschen. Eine Kohlschnake hat sich in den Fäden verheddert und zappelt mit Leibeskräften. Schon lockern sich die ersten Haltefäden, und wenige Augenblicke später wäre die Schnake wohl entkommen, doch die Spinne ist schneller. In Windeseile wird auch dieses Opfer wie ein Bonbon eingewickelt und unter die Grasähre geschleppt. Doch die Spinne ist offenbar schon satt; sie verzichtet diesmal auf den Giftbiß und legt die Schnake als Vorrat für regnerische, fliegenlose Tage zurück.

Nur zwei klaffende Löcher im Netz zeugen vom Jagderfolg des heutigen Tages. Im Schutze der Dunkelheit, kurz vor Sonnenaufgang, wird die Kreuzspinne zunächst das alte Netz auflösen und dann ein neues Seidengespinst erstellen, unsichtbar und unfehlbar wie das erste.

ZEBRASPRINGSPINNEN AUF FREIERSFÜSSEN

Springspinnen lassen sich leicht an ihren »Scheinwerferaugen« erkennen (Foto: Zebraspringspinne).

Die typische Spinne bevorzugt dunkle Ecken, kann mit ihren 6 oder 8 winzigen Augen nur Schemenhaftes wahrnehmen und wartet geduldig, bis ihre Beute in Reichweite gekommen ist. Springspinnen sind ganz anders. Sie treiben sich mit Vorliebe im prallen Sonnenschein herum, ihr vorderes Augenpaar ist vergrößert und sieht aus wie ein Paar Scheinwerfer, sie nehmen Bewegungen ausgezeichnet wahr, und sie jagen ihrer Beute – Ameisen, Mücken, Fliegen – höchst aktiv hinterher, sei es zu Fuß oder im Hechtsprung.
Schon der Alltag einer Springspinne, das Ausspähen, Beschleichen und Anspringen der Beute ist beobachtenswert . Ein Springspinnenmännchen in Paarungsstimmung aber ist ein besonderer Glücksfall. Wenn es ein Weibchen erblickt, mit einem Faden des Weibchens in Berührung kommt oder auch nur über eine Stelle läuft, die vorher ein Weibchen betreten hat, geht eine seltsame Verwandlung in ihm vor. Statt sich in katzenartig geduckter Haltung zu bewegen, in der es sonst seine potentiellen Opfer beschleicht, erhebt es sich beim Signal »Weibchen« hoch auf seine 3 hinteren Beinpaare und vollführt mit dem vorderen Beinpaar heftige Winksignale. Seine Scheinwerferaugen sind dabei unverwandt auf die umworbene Dame gerichtet – oder auf das, was es dafür hält. Springspinnenmännchen umwerben nämlich so ziemlich alles, was die richtige Größe hat. Zum Glück behalten wenigstens die Weibchen ihren kühlen Kopf. Sie akzeptieren nur Männchen, deren Körper mit dem arttypischen Muster geschmückt ist – Muster und Farben, die besonders die tropischen Springspinnenarten mit zu den schönsten Spinnen machen. Doch nicht die Schönheit gibt bei den Damen letztendlich den Ausschlag. Am meisten Anklang finden Männchen, die bei der Balz am meisten Engagement zeigen.

DIE »BUNTEN SOMMERVÖGEL« SCHLÜPFEN

Auch die Gespinste, die sich am Ende der Hecke von Brennessel zu Brennessel ziehen, sehen mitgenommen aus. Die seidenen Hängebrücken der Tagpfauenaugenraupen sind zu schmutzigweißen Fetzen verkommen. Dafür sehen die Nesseln aus wie neugeboren. Sie haben sich vom Kahlfraß der Raupen erholt und treiben frische, hellgrüne Blätter.

Von den Raupen selbst ist nichts mehr zu sehen. Sie sind längst in eine andere Lebensphase eingetreten. Gut versteckt hängen an Stengeln und Blattrippen kantige, metallischgrüne Gebilde: Schmetterlingspuppen. Manche der durchscheinenden Hüllen lassen etwas Bräunliches im Inneren erkennen, und man kann sich ausmalen, wie das Wesen aussehen könnte, das sich einmal herausarbeiten wird. Einige Puppenhüllen sind schon der Länge nach aufgerissen und pendeln leer im Wind.

Auf der Unterseite eines frischen Brennesseltriebes sitzt, gut getarnt mit zusammengeklappten Flügeln, ein Tagpfauenauge. Es reagiert weder auf Anpusten noch auf die Berührung mit einem Grashalm. Der Falter muß erst vor kurzem geschlüpft sein. Wahrscheinlich würde er liebend gerne fliehen, aber er kann einfach nicht. Erst nach Stunden, wenn die Flügel trocken und verfestigt sind, können sie den Falter tragen. Bis dahin ist er völlig hilflos und muß sich darauf verlassen, daß seine tarnfarbenen Flügelunterseiten ihn vor den Blicken seiner Feinde verbergen.

Vom Juni bis weit in den Oktober hinein öffnen sich beim Gewöhnlichen Leinkraut ständig neue Blüten.

Woher die bunten »Sommervögelein« eigentlich kommen, darüber war man vor 300 Jahren noch geteilter Ansicht. Schmetterlinge galten zwar einerseits als Sinnbild der christlichen Auferstehung, andererseits betrachtete man Raupen als dem Schlamm entstiegene Teufelsbrut und Schmetterlinge folglich als Hexenwerk. Angeblich verwandelten sich Hexen bisweilen in »Blumen mit Flügeln«, um unerkannt die Milch- und Buttervorräte zu verderben (im englischen »butterfly« ist diese üble Nachrede bis heute erhalten geblieben).

Die Puppenruhe ist für den Kleinen Fuchs zu Ende. Der fertige Schmetterling hat bereits einen Spalt in die Puppenhülle (links) gestemmt. Mühsam befreit er sich aus seinem Gehäuse (Mitte) und bleibt eine Weile mit zerknüllten Flügeln neben der leeren Hülle sitzen (rechts). Erst Stunden später, wenn die Flügel entfaltet und ausgehärtet sind, kann er endlich fliegen.

Als die berühmte Insektenforscherin Maria Sibylla Merian im 17. Jahrhundert Zuchtversuche mit allen möglichen Schmetterlingsarten unternahm und die Ergebnisse im Jahre 1679 unter dem Titel »Der Raupen wunderbare Verwandelung und sonderbare Blumennahrung« veröffentlichte, riskierte sie zweifellos, als Hexe auf der Folterbank zu landen. Ihre Schilderungen müssen in den Ohren ihrer Zeitgenossen höchst exotisch, wenn nicht gar ketzerisch geklungen haben. So schrieb sie – ihrer Zeit weit voraus – zum Beispiel, »daß alle Raupen aus ihrem Samen hervorkommen«, und: Eine wachsende Raupe »schiebt ihre Haut drey oder vier mal ganz ab, eben wie ein Mensch über den Kopf ein Hemd auszieht.«

Findige Schlupfwespen

Vermutlich hat schon Maria Sibylla Merian gewußt, daß bei weitem nicht aus jeder Schmetterlingspuppe ein Schmetterling schlüpft. Manche ihrer exquisiten Kupferstiche zeigen außer den Raupen auf ihren bevorzugten Nahrungspflanzen, den Puppen und den dazugehörigen Schmetterlingen auch zierliche Insekten mit schmaler Taille und durchsichtigen Flügeln: Schlupfwespen.

Wo Raupen leben, sind Schlupfwespen nicht weit. Dieses Jahr müssen sie im Auwald eine gute Saison gehabt haben. In der Traubenkirsche, deren Laub den gefräßigen Mottenraupen zum Opfer gefallen ist, hängen in den Zweig-

FARBEN DER NATUR

Purpur, die kostbare Farbe der Könige, wurde im Altertum aus Meeresschnecken gewonnen. Blau stellte man bis ins hohe Mittelalter aus Färberwaid her, der in Urin vergoren wurde. Roter Farbstoff entstand aus Krapp, einer Kulturpflanze, die bereits zu Beginn der christlichen Zeitrechnung bekannt war. Und Gelbtöne stellte man in Mitteleuropa aus Färberwau, Apfelbaumrinde und einer ganzen Reihe von Wildpflanzen her. Farben sind heute längst kein Luxus mehr für wenige Begüterte. In jeder Drogerie bekommt man eine große Auswahl von Farbpülverchen zum Selbstfärben, doch die bunte Welt hat auch ihre Schattenseiten. Nicht wenige Farbsubstanzen wurden als Allergene entlarvt, viele hinterlassen problematische Abfallstoffe. Die Abfälle eines Färbenachmittags dagegen landen problemlos auf dem Kompost. Und schließlich: Der Weg von der selbstgesammelten Pflanze bis zum fertig gefärbten Wollstrang ist einfach ungleich spannender.

GRUND-ARBEITSSCHRITTE

Welches Kraut Sie auch immer verarbeiten, die einzelnen Arbeitsschritte bleiben im wesentlichen gleich:

- Zum Färben von 100 g Wolle brauchen Sie 100–200 g getrocknete Färbepflanzen oder die 3–4fache Menge frischer Pflanzen. Pflücken Sie immer voll ausgereifte, unbeschädigte Blätter/Kräuter.
- Die Färbepflanzen werden kleingeschnitten, damit die Farbstoffe besser auslaugen, und über Nacht mit Wasser bedeckt stehengelassen.
- Färbepflanzenblätter werden 1 Stunde gekocht, Kräuter 2Stunden. Anschließend über Nacht abkühlen lassen und durch ein Mulltuch abfiltern.
- Die Wolle sollte vor dem Färben unbedingt mit einem Wollwaschmittel gewaschen werden, da Fett und Schmutz die Farbe fleckig einziehen lassen.
- Intensiver werden die Farbtöne, wenn Sie die Wolle vor dem Färben beizen. Als Beizsalz wurde in diesen Rezepten ausschließlich Alaun ($KAl(SO_4)_2$) verwendet; es ist ungiftig und in jeder Apotheke problemlos zu bekommen. Fragwürdige Beizsalze wie Kupfersulfat wurden bewußt nicht berücksichtigt, auch wenn die Farbresultate noch so bestechend sind.
- Auf 100 g Wolle werden 15–20 g Alaun in etwas heißem Wasser gelöst und auf 4–5 l Wasser aufgefüllt.
- Die Wolle wird gründlich angefeuchtet, in das 40 °C warme Wasser gelegt, und dieses

Sogar der Inhalt eines Gemüsebeetes eignet sich zum Wollefärben: Karottensaft ist ein dauerhaftes Färbemittel.

im Verlauf einer halben Stunde ganz langsam zum Kochen gebracht. Bitte sanft 1 Stunde lang köcheln lassen und die Wolle nur vorsichtig wenden und untertauchen, da sonst die Fäden verfilzen könnten.

- Die Wolle über Nacht in der Beize auskühlen lassen.
- Derselbe Prozeß wird nun mit dem Farbsud wiederholt: Auf 100 g Wolle rechnet man auch hier etwa 4–5 l Flüssigkeit. Den Farbsud auf 40 °C erwärmen, die abgetropfte Wolle hineinlegen, ganz langsam auf Kochtemperatur bringen und 1 Stunde sanft köcheln lassen. Während des Färbevorgangs die Wolle nur sehr vorsichtig untertauchen und wenden.
- Die fertig gefärbte Wolle wird ausgespült, mit Wollwaschmittel vorsichtig gewaschen und noch einige Male gespült, bis sich keine Farbreste mehr im Wasser zeigen. Wichtig ist, daß die Wolle keinen Temperaturschock bekommt, sondern von einer Spülung zur nächsten nur allmählich abkühlt.

Färbepflanzen müssen kleingeschnitten angesetzt werden (links), und die Wolle darf im Sud nur vorsichtig bewegt werden, sonst verfilzen die Stränge (rechts).

Herstellen der Farblösungen

- Warmes Gelb aus Schafgarbe: Das ganze Kraut kann im Juli und August gesammelt werden. 200 g getrocknete Schafgarbe oder die dreifache Menge frisches Kraut werden 2 Stunden lang eingeweicht und 2 Stunden lang gekocht. 15 g Alaun auf 100 g Wolle genügen.
- Goldgelb aus Goldrute: Hier ist nicht die kanadische Goldrute sondern die einheimische *Solidago virgaurea* gemeint! Das Kraut kurz vor der Blüte Anfang bis Mitte Juli ernten. 100 g Goldrute 1 Tag einweichen, 2 Stunden kochen lassen. Für die Beize 15 g Alaun auf 100 g Wolle abmessen.
- Braun aus Roßkastanienschalen: Für 100 g Wolle brauchen sie 300-800 g frische, grüne Kastanienschalen. Die Schalen färben so intensiv, daß keine Vorbeize nötig ist. Die Schalen werden wie gewohnt ausgekocht und mit der Wolle zusammen noch einmal gekocht.
- Grüngelb aus Rainfarn: Auf sandigen Böden findet sich Rainfarn an jedem Wegrand. Die grünen Teile werden im Juli vor der Blüte geerntet. Für die Beize nehmen Sie 12–20 g Alaun auf 100 g Wolle.
- Gelbbraun aus Walnußblättern: 600 g frische Blätter 1 Stunde lang kochen, und die Wolle mit einer Alaunbeize aus 15 g Alaun je 100 g Wolle vorbereiten.

Wollefärben ist etwas für experimentierfreudige Naturen. Am besten beizen Sie sich einen größeren Wollvorrat und testen dann an kleinen Teilmengen die Wirkung der verschiedenen Kräuter, Rinden und Wildfrüchte. Maiglöckchenblätter zum Beispiel (Vorsicht, giftig!) färben grün, Preiselbeeren tönen die Wolle zartrosa, blaue Weintrauben färben sie lila. Vielseitig verwendbar ist auch die Rinde von Ahorn, Faulbaum, Birke oder Obstbäumen. Die Rinde junger Zweige mit wenig abgestorbener Borke eignet sich am besten zum Färben. Auch zu Hause in Küche und Badezimmer können Sie fündig werden: Zwiebelschalen ohne Beize ergeben hellbraun, mit Alaunbeize goldgelb. Auch Kaffee und Tee färben sehr haltbar (wie jeder aus leidvoller Erfahrung weiß). Und Henna zum Haarefärben erzeugt ganz ohne Beize ein grandioses Rotbraun.

Zielsicher sticht die Holzschlupfwespe (oben) ihren über 3 cm langen Legebohrer durchs Holz, wenn sie darunter eine Holzwespenlarve gehört oder gerochen hat. Die angestochene Larve dient von nun an als lebende Vorratskammer der heranwachsenden Schlupfwespen.
Aus den spindelförmigen Puppen sind Scharen schneeweißer Traubenkirschen-Gespinstmotten geschlüpft (unten).

achseln immer noch die spindelförmigen Seidenkokons. Längst hätten Scharen von Gespinstmotten aus den Puppen schlüpfen müssen, aber nur vereinzelt sieht man hier und da eine der kalkweißen Motten mit den zarten, schwarzen Pünktchen sitzen. Dafür wuseln mit trillernden Fühlern Horden kaum zentimeterlanger, zierlicher Schlupfwespen über die Kokonbündel und über die zähe, graue Seidenhülle, die immer noch auf Stamm und Ästen liegt. Während sich die Gespinstmottenraupen im

DAS KRAUT DER HEXEN

Sie treibt hinreißend schöne dunkellila Glockenblüten, kann sich in Laubwäldern zu fast mannshohen Stauden auswachsen und ist, so sagt ihr wissenschaftlicher Name, Herrin über Leben und Tod: *Atropa belladonna*, die Tollkirsche. Atropos, »die Unbeugsame« der drei griechischen Schicksalsgöttinnen, teilte den Menschen die Lebenszeit zu. Mag sein, daß sie dabei oft mit der Tollkirsche gearbeitet hat; jedenfalls verursacht schon eine einzige Beere schwere Vergiftungen, und drei der schwarzen Früchte genügen, um ein Kind zu töten. Den Vergifteten plagen Übelkeit, Schwindelgefühle und Trockenheit im Hals. In schweren Fällen erblindet das Opfer, verfällt in Raserei und stirbt schließlich an einer Lähmung des Atemsystems.

Ein klein wenig Lähmung an der rechten Stelle indessen war den Damen der italienischen Gesellschaft durchaus recht: Wenn sie sich in Wasser gelösten Tollkirschensaft ins Auge träufelten, erweiterte das Atropin, das muskellähmende Gift der Tollkirsche, die Pupillen und verlieh der betreffenden Dame den begehrten unergründlich-tiefen Blick – allerdings auf Kosten der Sehschärfe. Dieser verbreiteten Art der Augenkosmetik verdankt die Tollkirsche ihren Zweitnamen: *belladonna*, »schöne Frau«.

Auch die Hexen des Mittelalters versuchten, die lähmende Wirkung der Tollkirsche in ihre Dienste zu stellen: Sie mischten in ihre Salben gerade soviel von der »Mörderbeere«, daß das analytische Denken ausgeschaltet war und sich euphorische Gefühle und erotische Träume einstellten.

Doch keine Hexe war gegen das Restrisiko ihres Berufes gefeit: Eine Tollkirschenstaude im Halbschatten hat eine andere Giftfracht als eine, die in voller Sonne wächst. Ein Schierling am Bachufer hat eine andere Giftkonzentration als einer am Ackerrand. Irrtümer in der Dosierung müssen selbst der routiniertesten Hexe unterlaufen sein – und den keineswegs routinierten Forschern der Neuzeit erst recht: Um die Jahrhundertwende starb Karl Kiesewetter, der Experte für Magie und Hexenkunst, während eines Selbstversuchs mit Hexensalben.

So stellte sich David Teniers d.Jüngere um 1650 den »Hexensabbat« vor.

Wenn ihnen die Eltern nicht mit Warnrufen sagen, wann Gefahr droht, benehmen sich die jungen Zaunkönige so naiv wie alle Jungtiere.

Die sommerliche Mückenplage beginnt auf einem Floß: Stechmücken legen ihre Eier auf der Wasseroberfläche ab – zusammengeklebt zu schiffchenartigen Gebilden, den sogenannten Eiflößen.

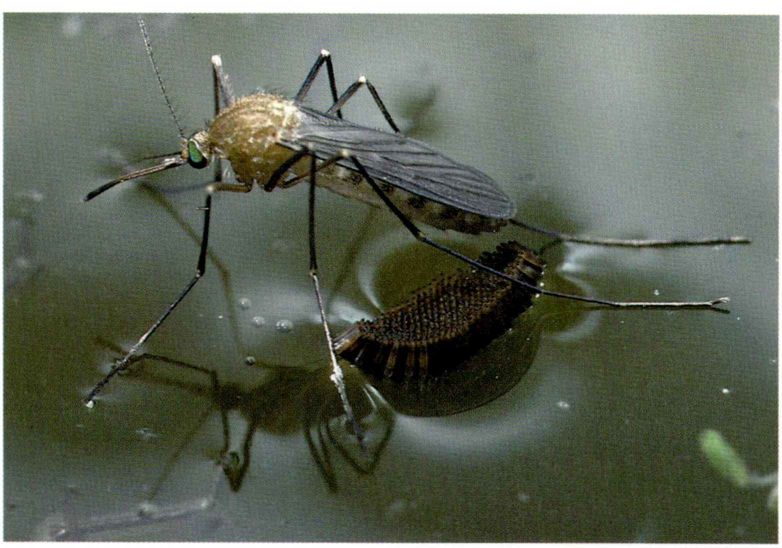

Kokon zur Motte verwandelten, bohrten die Schlupfwespen ihren Legestachel durch die seidene Hülle und legten ihre Eier in den Raupen ab. Fortan war es die Bestimmung der Raupen, als lebende Nahrungsreserve für die wachsenden Schlupfwespen zu dienen. Von den rund 3000 Schlupfwespenarten, die allein in Mitteleuropa umherschwirren, sind viele längst zu Lieblingen der biologischen Schädlingsbekämpfung geworden.

Doch Beutetiere wissen sich zu wehren. Auf den Zweigen des Waldgeißblatts haben sich Überzüge aus wachsartiger Wolle abgelagert. Streicht man mit dem Finger vorsichtig darüber, gerät der weiße Überzug in heftige Bewegung: Blutläuse sitzen darunter, und die weiße Wachswolle ist eine Absonderung ihrer Drüsen. Viele Feinde lassen sich davon den Appetit verderben, doch kein Schutz ist vollkommen: Manche Schwebfliegenlarven bevorzugen ausgerechnet die wachsproduzierenden Läuse!

Aus der Blattkuppel des hochgiftigen Wolfseisenhutes haben sich mittlerweile mannshohe Blütenstengel mit helmförmigen, blaßgelben Blütenansätzen geschoben. Nur die untersten Blüten haben sich schon geöffnet und werden von Hummeln begierig nach Nektar durchstöbert. Der Wolfseisenhut ist eine der Pflanzenarten, die den langrüsseligen Hummeln vorbehalten bleiben. Nur sie können die Nektarvorräte weit hinten in der Blüte erreichen. Auch der Nektar in den langausgezogenen Blütenspornen des Echten Springkrauts nebenan ist für die Elite der

Die Ringelnatter ist die Königin des Auwalds. Früher galt die hübsche Schlange als Glücksbringerin, und man sagte ihr nach, sie schütze das Vieh vor Krankheiten.

langrüsseligen Hummeln reserviert.

Zwischen blühender Sterndolde und den samenschweren Stengeln des Türkenbundes ist eine riesige Fichte zu Boden gegangen. Auf einem der schütter benadelten Äste hocken stummelschwänzig und aufgeplustert zwei Federbälle: Junge Zaunkönige. Das warnende Ticksen der Altvögel aus dem Dickicht scheint die beiden nicht im geringsten zu beunruhigen. Viel beunruhigender ist für sie ihr leerer Magen; laut zirpend verlangen sie nach Fütterung.

Der »Gesang« der Stechmücken

In dem kleinen Überschwemmungstümpel, aus dem noch vor wenigen Wochen Heerscharen winziger Grasfrösche gequollen sind, dominieren jetzt die Mückenlarven. Solange die Luft rein ist, hängen die Larven wie durchsichtige Stöckchen kopfunter an der Wasseroberfläche. Durch die Atemröhre am Hinterende holen sie Luft, während feine Borsten an der Mundöffnung Wasser samt feinsten Nahrungspartikeln heranstrudeln. Nur wenn ein Schatten über sie hinweghuscht oder Bodenerschütterung Gefahr verheißt, schlängeln sie sich rasch in sichere Wassertiefen davon.

Weit unauffälliger als die zappelnden Mückenlarven sind die knapp 5 mm großen, länglichen Gebilde, die hie und da an der Wasseroberfläche schwimmen: Ei-Flöße oder »Mückenschiffchen«. Bis zu 300 Eier kann ein einziges Stechmückenweibchen legen, doch die Eier können nur reifen, wenn die Mücke Blut bekommt. In unseren Breiten, wo die Malaria seit langem ausgerottet ist (sie wird von den auch bei uns verbreiteten Fiebermücken übertragen), könnte man den Mücken den Schluck Blut ja durchaus gönnen, wenn sie nur nicht mit diesem nervenaufreibenden Sirren zu Werke gingen. Doch das Sirren ist für den Fortbestand der Art genauso unerlässlich wie der Bluttrunk: Mit ihrem Summton von charakteristischen 350 Hertz locken jungfräuliche Stechmückenweibchen die Männchen herbei. Was uns in Sommernächten um den Schlaf bringt, ist also nichts anderes als der »Gesang« eines männerlosen Weibchens. Vielleicht hilft's, wenn man die Sache so betrachtet?

DER FRÜHHERBST

Die Sommerblumen sind verblüht, Ackerwinde, Springkraut und Goldrute öffnen ihre letzten Blüten – und doch kündigt sich im Frühherbst eine Farbenpracht an, die selbst der Frühling nicht erreicht: Früchte leuchten, das Laub steht in Flammen.

Der Erdaushub neben dem Neubau ist verschwunden. Wo im Sommer der Mohn-Kamillen-Kornblumen-Hügel prangte, breitet sich jetzt ein ordentlich geglättetes, zartgrün überhauchtes Rechteck aus. »Vor einer Woche haben wir gesät«, verkünden stolz die neuen Hausbesitzer, »da kommt ein richtiger englischer Rasen hin. Das wird wie'n grüner Teppich.« Die Vorfreude leuchtet aus ihren Augen, und man sieht ihnen an, wieviel Schweiß sie bereits jetzt in den künftigen Parkrasen investiert haben – und noch investieren werden: Jedes Frühjahr vertikutieren und jede Woche einmal mähen und regelmäßig düngen und »Unkraut« beizeiten ausstechen und den Sprenger aufstellen, wenn es mal länger als eine Woche nicht regnet, und im Herbst ans Belüften denken und das Laub immer ordentlich wegharken...

»Grün in seiner schönsten Form«, so bejubelt eine bekannte Gartenzeitschrift den Rasen am Haus. Der Redakteur hätte auch schreiben können »Grün in seiner mühsamsten Form«. Hätte nämlich die Natur das Sagen, würde sich ein Rasen wie jedes andere bewachsene Fleckchen Erde allmählich zu größerer Artenvielfalt hinentwickeln. Wer stattdessen auf den paar Grasarten besteht, aus denen sich die übliche Saatmischung zusammensetzt, stellt sich einem der mächtigsten Naturgesetze entgegen. Nur mit massiver Manipulation läßt sich das Kunstprodukt Rasen aufrechterhalten – und das kostet Kraft und Mühe. Rasenpflege ist wie Schwimmen gegen den Strom.

Der Standort macht's: Wenn der Breitwegerich im Halbschatten wächst, richten sich seine Blätter auf (oben); in praller Sonne dagegen bleiben die Blätter kleiner und legen sich flach auf den Boden (rechts).

Zum Glück erscheint vielen Gartenbesitzern die grüne Auslegeware gar nicht mehr so begehrenswert. Sie haben nichts dagegen, daß sich die blauen Blüten des Kriechenden Günsels durch die grüne Matte bohren, daß Gänseblümchensonnen ein Tupfenmuster darüberstreuen, oder daß hin und wieder ein Löwenzahn oder einer der robusten Breitwegeriche ihre Blattrosetten ausbreiten. Soll ein Rasen nicht in erster Linie eine trittfeste Unterlage abgeben? Der Breitwegerich ist trittfest wie wenige andere Pflanzen – na also!

Ein Platz an der Sonne

Mit dem Wegerich läßt sich übrigens ein unterhaltsames Experiment anstellen: Wächst ein Breitwegerich auf dem Rasen in voller Sonne, legt er seine Blätter flach auf den Boden, so als wüßte er, daß sie so vor dem Rasenmäher sicher sind. Gräbt man ihn aus und setzt ihn an eine schattige Stelle, geben die Blätter bald den Bodenkontakt auf und richten sich langsam auf. Außerdem werden sämtliche neuen Blätter deutlich größer als die in der Sonne gewachsenen Blättchen.

Nach kurzer Zeit sieht der verpflanzte Wegerich aus, als gehöre er zu einer ganz anderen Art.

Wiederholt man das Experiment mit einer der gedrungenen Löwenzahnpflanzen, die mitten im Rasen ihre kurzen Blütenstengel treiben, kommt man zum selben Ergebnis: Im Schatten auf gutem Boden richtet sich die ganze Blattrosette auf, alle neuen Blätter wachsen zu stattlichen Exemplaren heran, und die Blütenstengel schießen sogar bis 60 cm hoch auf. Ein Edelweiß, das man aus dem Hochgebirge in den Garten verpflanzt, reagiert etwa so, als hätte man es von der Sonne in den Schatten versetzt: Es bekommt lange, dünne Stengel, die Blütensterne verlieren ihre geschlossene Form und der weiße Haarpelz wird grau. Rekordverdächtig sind die Extreme, zu denen die Glanzmelde fähig ist: Die Pflanze kann ein 10 cm kleiner Winzling bleiben, kann aber auch zu einem 2,5 m hohen Giganten heranwachsen (solche Riesen produzieren 10 000mal mehr Samen als die zwergenhaften Exemplare derselben Art).

Die Macht der Gene?

Zwar steht jede Pflanze unter der Herrschaft ihrer Gene, zwar ist bei jedem Kraut festgesetzt, wie die Blätter geformt und wie sie am Stengel angeordnet sein müssen, welche Farbe die Blüten haben und wann sie sich öffnen – aber diese Normen sind keine Dienstvorschrift, die sklavisch genau befolgt wird. Wie eine Pflanze aussieht, hängt nicht zuletzt davon ab, unter welchen Umweltbedingungen sie lebt und wächst. Die Gene geben sozusagen die Skizze der Pflanzengestalt vor, doch erst die Umweltbedingungen diktieren die Reinzeichnung.

Beim Breitwegerich auf dem sonnigen Rasen bestimmen die Gene zum Beispiel, daß die Blätter eiförmig werden, eine Rosette bilden, und daß an ihrer Unterseite die Blattnerven deutlich hervortreten. Doch wie groß die Blätter werden, und ob sie liegen oder stehen,

Löwenzahn, Gänseblümchen oder Ehrenpreis zaubern bunte Farbtupfer auf das monotone Grün einer Rasenfläche. Wer sie nicht mit allen Mitteln bekämpft, fördert den ökologischen Wert seines Gartens und spart sich zudem viel Arbeit.

Die Blüten des Ysop sind eine der ergiebigsten Nektartankstellen für den Kleinen Fuchs (oben).

EIN GARTEN FÜR SCHMETTERLINGE

So paradox es klingt: Gerade die farbenprächtigsten Gartenblumen stellen sich bei näherer Prüfung oft als leere Versprechungen heraus – zumindest aus der Sicht eines Schmetterlings. Viele Zuchtformen haben ihre plakativen Farben und riesigen Blüten auf Kosten von Nektarreichtum und Duft erworben, und die gefüllten Sorten schließlich sind nichts weiter als Show: Aus den vollgestopften Blüten ist kaum noch etwas zu holen. Soll das heißen, daß sich mit schlichter Einfalt begnügen muß, wer einen schmetterlingsfreundlichen Garten haben will? Durchaus nicht. Gerade viele »altmodische« Bauerngartenblumen, viele farbenprächtige Steingartenpflanzen und natürlich eine ganze Reihe von Wildblumen sind für das menschliche Auge mindestens so erfreulich wie für den Magen der Schmetterlinge.

Das **Blaukissen** blüht im April und Mai. Kleiner Fuchs und Zitronenfalter tanken hier gern den ersten Nektar nach der Winterruhe.

Das **Felsensteinkraut** öffnet seine goldgelben Blüten im April und Mai.

Die **Karthäusernelke** und andere Wildnelkenarten sind bei Schmetterlingen überaus beliebt. Ab Juni bis weit in den Herbst hinein öffnen sich immer neue pinkfarbene Blüten.

Der **Judaspfennig** blüht im April und Mai. Der Aurorafalter – einer der vielen Besucher – legt manchmal sogar seine Eier auf der Pflanze ab.

Der **Ysop** gehört zu den schönsten Gewürzkräutern. Die intensiv dunkelblauen Blüten werden im Hochsommer von Schmetterlingen förmlich überrannt.

Die zartrosa Blütenpolster des **Seifenkrauts** bieten von Juni bis September reichlich Nektar.

Der hochaufragende **Gartenphlox** ist – je nach Sorte – von Juni bis September eine ergiebige Nektarquelle. Manchmal dient der Phlox den Raupen des Aurorafalters als Futterpflanze.

Thymian ist anspruchslos und bildet auch auf schlechten Böden dichte, rasenartige Polster. Von Juli bis Oktober locken die rosa Blüten Falter an.

Eine blühende Buddleia zieht Admiral und Tagpfauenauge (unten), Zitronenfalter und Distelfalter an wie ein Magnet.

Grüne Tips

Die Trichterblüten der **Petunie** (Blütezeit fast den ganzen Sommer über) sind besonders bei Taubenschwänzchen und anderen tagaktiven Nachtfaltern beliebt (Petunien werden erst im Mai gepflanzt).
Die **Katzenminze** wird von Schmetterlingen geschätzt und von Katzen geradezu vergöttert. Sollten Sie eine Katze haben, müssen Sie vermutlich öfter nachpflanzen: Stubentiger sind von der aromatischen Pflanze derart begeistert, daß sie sie in Grund und Boden knuddeln.
Die Blüten des **Lavendels** verströmen ihren charakteristischen Duft im Hochsommer. Lavendel kommt besonders bei Weißlingen und Ochsenaugen gut an.
Der **Sommerflieder** oder **Buddleia** hat mit gutem Grund den Beinamen »Schmetterlingsstrauch« bekommen: Die rosa und lila Blüten üben auf Falter eine magnetische Anziehungskraft aus.
Die rosa Blüten der späten **Fetthennenarten** gehören im Herbst zu den letzten »Tankstellen« für Schmetterlinge.
Auch auf den rosa-, purpur- oder lilafarbenen Blüten der **Herbstastern** drängen sich an warmen Herbsttagen Schwebfliegen und Falter, wenn anderswo kaum noch etwas zu holen ist.
Die aufgezählten Beispiele sind natürlich nur ein kleiner Ausschnitt aus dem großen Spektrum der Schmetterlingsblumen. Wenn Sie im Herbst Lücken in Ihren Beeten auffüllen wollen und im Zweifel sind, ob eine Pflanze nicht nur Ihnen, sondern auch den Schmetterlingen und anderen Insekten gefällt: Ungefüllte Formen und Arten aus dem mitteleuropäischen Verbreitungsraum passen eigentlich immer.

Vorratshaltung fürs Vogelhaus

Falls Sie vorhaben, im Winter einen Futterautomaten für Vögel aufzustellen oder Futterglocken zu basteln, können Sie schon im Spätsommer und Herbst Vorbereitungen treffen. Zwar bietet heute jeder Supermarkt Futtermischungen für Vogelhäuser an, doch dieses Vogelfutter ist nicht nur teuer, es hat oft auch lange Transportwege hinter sich (die sogenannte Nigersaat stammt zum Beispiel aus Ostafrika und Indien) und ist womöglich mit hohem Dünger- und Pestizideinsatz angebaut worden. Am einfachsten und zweckmäßigsten läßt sich eine »Vogelbar« mit selbstgesammelten Samen und Beeren füllen. Gut eignen sich zum Beispiel die Samen verschiedener Distelarten, Samen von Löwenzahn, Ampferarten, Brennesseln, Skabiosen, Flockenblumenarten, Wiesenbocksbart, Jakobskraut, Wiesenpippau, Wiesenkerbel und allen möglichen Gräsern. An Feldhecken und Waldrändern können Sie außerdem Wildbeeren sammeln. Vögel »fliegen« auf alle roten Früchte. Beliebt sind zum Beispiel die Beeren von Ebereschen, Pfaffenhütchen, Weißdorn, Berberitze und Kornelkirsche, aber auch andere Beeren werden gern genommen.

Rote Früchte wie die Beeren des Traubenholunders sind bei Vögeln besonders beliebt.

Bevor Haselmäuse (die keine Mäuse, sondern enge Verwandte des Siebenschläfers sind) von Ende Oktober bis April in den Winterschlaf versinken, müssen sie mit Beeren, Samen und Knospen noch gründlich aufspecken. Manchmal beziehen die kleinen Nager Nistkästen als Winterquartier - ein Grund mehr, die Kästen den Winter über hängen zu lassen.

darüber entscheidet die Sonneneinstrahlung. Bei gutem Licht wächst die Blattoberseite nämlich etwas schneller als die Unterseite, und das zwingt die Blätter flach auf den Boden. Beim Edelweiß gibt ebenfalls das Sonnenlicht den Ausschlag: Im Hochgebirge wächst die Pflanze gedrungener als im Tiefland, weil der hohe UV-Anteil der Gebirgssonne einen bestimmten Wuchsstoff zerstört, der für das Längenwachstum der Pflanzen verantwortlich ist.

Auch die Kleinblütige Königskerze hat einen beachtlichen »Handlungsspielraum«. Zwischen 30 cm kleinen Bonsais und fünfmal so großen Prachtexemplaren ist alles möglich. Die Königskerze am Rande des Straßengrabens muß wohl mit ihrem Standort zufrieden sein. Jedenfalls hat sie eine fast meterhohe Blütenkerze aufgesteckt, und noch immer öffnen sich neue blaßgelbe Blütenschalen, die sofort von schwarzglänzenden Käferchen

Bis in den September hinein schiebt die Kleinblütige Königskerze neue Blüten nach. Ob Pollen, Nektar, Blätter oder Stengel: Insekten haben die stattliche Staude zum Fressen gern.

nach Freßbarem durchsucht werden. Im Laufe des Sommers ist die Blattrosette der Königskerze zu einem Teller von fast 1 m Durchmesser herangewachsen. Insektenlarven haben Blätter und Stengel benagt, Schwebfliegen, Hummeln, Schmetterlinge und Käfer haben die Blüten nach Pollen und Nektar durchstöbert, und ein guter Teil der Samenmassen wird im Herbst und Winter auch noch in irgendwelchen Mägen landen. Die Kleinblütige Königskerze steht in der Hitliste der Insektenpflanzen auf einem der ersten Plätze: Rund 90 einheimische Insektenarten sind auf das »Wollkraut« angewiesen.

Nicht weit von der Königskerze entfernt treibt der Huflattich hartnäckig seine ledrigen Blätter. Jetzt im Frühherbst dauert es eine kleine Ewigkeit, bis er ein Blatt aus dem Boden geschoben hat und das nächste in Angriff nehmen kann. Die tieferen Temperaturen verlangsamen seine Lebensvorgänge, und die kürzer werdenden Tage signalisieren ihm, daß die Phase des winterlichen Ruhestandes bald gekommen ist. Aber noch ist es nicht soweit, noch wächst der Huflattich gemächlich weiter.

DAS GROSSE FRESSEN FÜR DIE WESPEN

In den Straßengraben zu Füßen von Königskerze und Huflattich hat der Wind die ersten Herbstblätter geweht, und auf die rotgelbe Blättermatte sind aus einem hangaufwärts gelegenen Garten ein paar Äpfel gekollert – ein Stilleben wie aus der Gemäldegalerie. Das Arrangement Äpfel-auf-Fallaub hat bereits seine Liebhaber gefunden: Wespen haben in einen der Äpfel ein nußgroßes Loch genagt, und nun knabbern sie drinnen zu fünft am Fruchtfleisch. Zur Hälfte ist der Apfel schon ausgehöhlt. Rhythmisch pumpen die schwarzgelben Hinterleiber, und jedesmal schieben sich dabei die Chitinringe wie die Teile eines altertümlichen Teleskopfernrohrs ineinander. Pausenlos sind die schwarzen Fühler in Bewegung, betasten wie kleine Wünschelruten den Untergrund, die Nahrung, befühlen die Nachbarinnen. Wenn zwei partout an derselben Stelle fressen wollen,

Das Kleid der Vögel

Der Wanderalbatros mit einer Flügelspannweite von 320 cm und das Wintergoldhähnchen mit nur 16 cm Spannweite, der 150 kg schwere Strauß und 2 g schwere Kolibriarten haben alle eines gemeinsam: Sie tragen ein Federkleid.
Federn sind Weiterentwicklungen der Reptilienschuppen, und ihre Feinstruktur kann man nur genial nennen: Von einem biegsamen Federkiel zweigen nach beiden Seiten hornige Strahlen ab, die ihrerseits wie Miniaturfedern aussehen. Feinste Seitenästchen der Strahlen verhaken sich in die Seitenästchen der Nachbarstrahlen, so daß das Ganze eine elastische Fläche ergibt, die sogenannte Federfahne. Selbst unter starker Belastung zerbricht dieses komplizierte Gebilde nicht. Wird der Druck der anströmenden Luft zu stark, trennen sich einfach die Verhakungen der Strahlen voneinander, etwa so, wie sich die beiden Teile eines Klettverschlusses unter starker Belastung voneinander lösen. Die Feder ist jetzt zwar keine geschlossene Fläche mehr sondern ein zerfranstes Gebilde, aber beim nächsten Gefiederputz repariert der Vogel den Schaden wieder: Er zieht die ramponierten Federn vorsichtig durch den Schnabel und fügt dabei die Hakenverbindungen neu zusammen.
Doch auch die beste Feder hält nicht ewig und ist irgendwann verschlissen. Einmal im Jahr erneuern Vögel deshalb ihr Federkleid: Sie mausern sich. Bei Greifvögeln, die als Luftjäger nur überleben können, wenn sie flugfähig bleiben, vollzieht sich die Mauser der Schwungfedern und der Schwanzfedern peu à peu, Feder für Feder. Bei Schwänen, Gänsen, Enten und Teichhühnern, die in der Sicherheit eines Schilfgürtels oder auf einer Wasserfläche ihre wochenlange flugunfähige Zeit überbrücken können, fallen alle Schwung- und Schwanzfedern mehr oder weniger auf einmal aus.
Mausern ist anstrengend. Der Organismus des Vogels muß nicht nur die neuen Federn bilden, der Vogel ist durch die Lücken im Gefieder auch noch bei der Nahrungssuche gehandikapt und weniger gut gegen Kälte isoliert. Die meisten Vögel wechseln ihr Gefieder deshalb dann, wenn die anstrengende Brutzeit vorüber ist und die Strapazen des herbstlichen Vogelzugs noch vor ihnen liegen. Wenn Sie im Spätsommer und Herbst Vögel mit zerrupftem Gefieder und lückigen Flügeln träge herumsitzen sehen, haben sie keine Räudeopfer vor sich. Diese Vögel sind einfach dabei sich umzuziehen.

Federn sind ein Geniestreich der Schöpfung. Die einzelnen Strahlen einer Feder sind wie mit winzigen Krallen untereinander verbunden - fest und doch elastisch (oben). Zum Körper hin zerfransen Deckfedern (unten eine Sperberfeder) zu einer wattigen Isolierschicht.

kommt für einen Augenblick ungehaltene Stimmung auf. Man rempelt sich energisch an, summt drohend, doch schon bald hat der Hunger die aufgeflammten Aggressionen wieder besiegt.

Gesichtszeichnung und Musterung des Hinterleibs verraten, daß die Apfelbesucher Sächsische Wespen sind – die Hauswespen par excellence. Für ihre Nester suchen sie sich Winkel, die einerseits regengeschützt sind, andererseits von der Sonne nicht zu stark aufgeheizt werden.

Der ideale Brutplatz, die Erfüllung all ihrer Wespenwünsche, ist ein Balken auf einem ungestörten, trockenen Dachboden oder in

Wenn Fallobst in den Straßengräben liegt, führen Wespen ein Schlaraffenleben (ganz oben Deutsche Wespen an einer Pflaume).
Ein Immigrant aus Übersee: die Kanadische Goldrute (oben).

einem Schuppen, denn die Brut braucht viel Wärme. Nur wenn sich kein überdachter Nistplatz findet, hängen Sächsische Wespen ihr Papiernest auch mal an einen starken Ast.

Die Wespen im hohlen Apfel stammen vermutlich aus einem etwa 100 m entfernten Geräteschuppen. Schon im Frühjahr flogen dort Wespen ein und aus, und jede Woche wurden es mehr. Manchmal konnte man die Arbeiterinnen des wachsenden Staates an grauverwitterten Zaunpfählen sitzen sehen, wo sie mit ihren kräftigen Kiefern hörbar knisternd Holzfasern und kleinste Schnipsel herunterschabten.

Über Stock und Steinchen

Wir kennen sie alle, die Monopolies und Malefize, die Fang-den-Huts und Mensch-ärgere-dich-nichtse, aber haben Sie schon einmal versucht, irgendwo auf einer Waldwiese ein Gesellschaftsspiel selbst zu erfinden? Es geht ganz einfach und macht besonders mit Kindern großen Spaß: Einigermaßen gleich große Steine bilden – zu einem Parcours aneinandergereiht – die Spielfelder, Eicheln mit farbigen Papierfähnchen am Stiel (Klebstoff, etwas Papier und Buntstifte mitnehmen!) sind die Spielfiguren, und einen Würfel bringt man von daheim mit. Nun geht es darum, ein möglichst abwechslungsreiches Spielfeld zusammenzustellen, das von den Mitspielern mit Spielfiguren und Würfel bewältigt werden muß. Schneckenhäuser könnten zum Beispiel eine Furt durch einen imaginären Fluß darstellen, die erst durchlaufen werden darf, wenn der Spieler eine Sechs gewürfelt hat; eine Fallgrube im Spielfeld könnte signalisieren, daß die Spielfigur an den Ausgangspunkt zurückkehren muß, falls sie das Pech hat, mit ihrer gewürfelten Zahl genau in der Grube zu landen; eine Wippe aus einem Stock und einem Stein könnte bedeuten, daß der Mitspieler eine Runde aussetzen muß, falls er das Hindernis nicht mit seiner gewürfelten Zahl überspringen kann; aus den Lianen der Waldrebe und ein paar Stöckchen ließe sich sogar eine Hängebrücke bauen, die als krönender Abschluß überwunden werden muß. Und wer gewinnt, bekommt einen »Lorbeerkranz« aus Farnwedeln aufgesetzt.

Haselhäuschen

Die Germanen weihten Haselbüsche dem Donnergott Thor und waren überzeugt, sie seien unter dem Busch vor Blitzschlag sicher. Im Mittelalter glaubte man, daß ein Platz von bösen Geistern und Hexen gemieden würde, wenn er mit einem Kreis aus Haselzweigen umsteckt worden war. Bis heute sind Haselbüsche etwas Besonderes geblieben – und sei es nur, weil sich in die Ruten mit der dunklen Rinde und dem hellen Holz so schöne Ornamente schnitzen lassen. Noch heute erproben Kinder ihre neuen Taschenmesser mit Vorliebe an Haselstecken. Schon 7jährige Kinder können mit etwas Hilfe ein kleines Blockhaus bauen: Fingerdicke Haselstecken werden zu etwa handlangen Stöckchen geschnitten und an beiden Enden eingekerbt. Ist ein genügend großer Vorrat an Stöckchen vorbereitet, geht es ans Bauen: 2 Hölzer werden im Abstand von etwa einer Handbreit parallel nebeneinandergelegt. Die nächsten beiden Stöckchen kommen quer darüber, so daß die Kerben in die darunterliegenden Stöckchen greifen. Nach diesem Schema wird weitergebaut, bis die Hütte die gewünschte Höhe erreicht hat. Als Giebel wird zum Schluß ein dickerer Stock mittig über die Hütte gelegt und mit etwas Bindfaden an den obersten Hölzchen befestigt. Schließlich bekommt das Dach noch eine Abdeckung aus Rindenstückchen oder Stroh.

Soll das kleine Blockhaus der Grundstein zu einem Bauernhof werden? Ein Hof braucht vor allem Weidezäune. Dünnere Haselstecken oder Weidenzweige werden

zu etwa handlangen Stöckchen zurechtgeschnitten. Die langen Stöckchen legen wir paarweise nebeneinander, legen kürzere Hölzchen in regelmäßigen Abständen quer darauf und binden die Hölzer mit Bast oder Bindfaden aneinander fest, so daß ein leiterartiges Gebilde entsteht. Befestigt man an beiden Enden der »Leiter« etwas längere Hölzchen, kann der Zaun mit diesen Endpflöcken gleich in den Boden gesteckt werden. Geübtere verwandeln mit wenigen Handgriffen ein paar gegabelte Hölzchen in Hühner und Hahn, basteln aus Wurzelstücken und etwas ungesponnener Wolle Schafe und Hund, machen aus einem Tannenzapfen mit aufgesteckter Eichel einen Hirten oder aus Holzscheiben mit Zweigen kleine Bäume.

Ketten aus Wildfrüchten

Alle Kinder lieben bunten Schmuck – vor allem dann, wenn sie ihn selbst gemacht haben. Rohmaterial für Halsketten oder Armbänder findet sich im Herbst an jedem Waldrand. Am besten wirkt es, wenn mehrere Samen- und Beerensorten, möglichst noch in verschiedenen Farben, miteinander kombiniert werden. Aus Maiskörnern und Hagebutten entstehen besonders farbenprächtige Ketten. Ein Halsschmuck aus den Früchten des Pfaffenhütchens (Vorsicht, giftig!) wirkt schon fast edel. Eine Bucheckernkette mit dazwischengeschobenen Sträußchen aus Weißdornbeeren erinnert ein wenig an die gute alte Flower-Power-Zeit. Nicht zu vergessen die »klassische« Kinderkette aus Eicheln und Kastanien.
Aber auch weniger Naheliegendes eignet sich als Schmuck, zum Beispiel die Samenkapseln des Klatschmohns, die Samen der Stockrose, die letzten überreifen Bohnenkerne aus Ihrem Garten oder zentimeterlange Stückchen der roten Blattstiele des Bergahorns. Und aus mancher simplen Kette wird plötzlich ein Schmuckstück, wenn Sie runde Scheibchen aus Kiefernrinde dazwischenfädeln.
Kleinere Kinder brauchen sicherlich Hilfe beim Durchbohren der Samen und Früchte. Hagebutten lassen sich am leichtesten kurz unterhalb der Spitze durchstechen, wenn sie noch frisch und weich sind. Für Maiskörner gilt dasselbe – oder man weicht die eingetrockneten Körner vor dem Verarbeiten eine Weile ein. Am besten bereiten Sie ein kleines Reservoir an Naturperlen vor und lassen dann Ihren Kindern freie Hand. Was auch immer dabei herauskommt – Unikate sind es allemal.

Die kunstvollen Papier-Kugelnester, die man bisweilen auf Dachböden, in Schuppen oder Garagen findet, sind fast immer das Werk Sächsischer Wespen. Diese Wespenart ist nicht so robust wie andere Wespen und weiß geschützte Winkel am Haus zu schätzen.

Staat mit Sozialdienst

Im Lauf des Sommers ist das Nest aus grauer Holzmaché zu einer gut kokosnußgroßen Kugel herangewachsen. Aus durchgekauten, eingespeichelten Pflanzenfasern haben die vielen hundert Arbeiterinnen nach und nach 4 untereinanderhängende Etagen aus Brutzellen gebaut; sie haben Scheinangriffe auf Mensch, Hund und Katze geflogen, wenn sie ihrem Nest zu nahe kamen, und haben die Larven mit Futterbrei aus gefangenen Insekten gefüttert, wenn die ewig Hungrigen mit den Kiefern bettelnd an den Zellwänden kratzten. Biologen, die es genau wissen wollten, haben bei einer verwandten Wespenart nachgezählt: Eine Gruppe von 60 Arbeiterinnen schaffte für die Brut in einer Stunde 227 Insekten heran, hauptsächlich Fliegen.

Als im Frühsommer mehrere Wochen lang kein Regen fiel und alles Lebendige in der Gluthitze zu braten schien, mußten die Arbeiterinnen die empfindlichen Larven vor Überhitzung schützen. Sie trugen Wasser ein, verteilten die Tröpfchen an den Zellenrändern und verwandelten sich flügelschwirrend in lebende Ventilatoren. Als es Ende August an manchen Tagen so kühl wurde, daß selbst die mehrschichtige Wärmehülle aus Papier, die das Nest wie ein Daunenanorak einhüllt, die Kälte nicht mehr abhalten konnte, wärmten die Arbeiterinnen die Brut: Sie setzten sich auf die Zellen und ließen dabei ihre Muskeln im Leerlauf arbeiten. Muskelwärme heizt ein.

Doch jetzt im September ist das Wespenjahr fast zu Ende. Die letzten Larven sind abgestorben oder von den Arbeiterinnen aus ihren Zellen gerissen worden. Die Untertanen des zerfallenden Insektenstaates müssen nur noch für ihren eigenen Magen sorgen – und der bevorzugt Süßes in jeder Form, sei es nun Baumharz, Blattlauskot oder eben Fallobst. Wenn man sich die schwarz-gelben Fresser in den ausgehöhlten Äpfeln genauer ansieht, fällt auf, daß einige davon deutlich längere Fühler haben: Männchen, wie sie sich gegen Ende der Saison aus unbefruchteten Eiern entwickeln. Sie begatten die herangewachsenen Königinnen und versorgen sie mit einem Spermavorrat, der für ein ganzes Wespenleben reicht. Wie alle anderen Untertanen des Wespenstaates werden auch die Männchen noch vor Einbruch des Winters sterben.

Nur die jungen Königinnen überleben die kalte Jahreszeit. Sie suchen sich einen geschützten Platz, verfallen bis zum Frühjahr in

Im Frühling flöteten über dem Getreidefeld die Lerchen, im Hochsommer bauten Zwergmäuse ihre Nester zwischen den Halmen. Jetzt im Frühherbst halten Goldammern, Sperlinge und Grünfinken zwischen den Stoppeln Nachlese.

eine energiesparende Starre und machen sich im April oder Mai auf die Suche nach einer geeigneten Stelle für ihren künftigen Staat. Vielleicht wieder der Gartenschuppen in etwa 100 m Entfernung? An einem besseren Platz könnte ein Wespennest gar nicht hängen: Der Gartenbesitzer weiß, welche Unmenge lästiger Fliegen als Wespenlarvenfutter enden und wird die Schwarz-Gelben auch nächstes Jahr gewähren lassen. Zwar muß auch er immer wieder mal eine Wespe aus dem Honigglas fischen oder vom Zwetschgenkuchen verscheuchen – aber was soll's? Jedenfalls ist diesen ganzen Sommer über niemand gestochen worden, und das allein zählt.

Herbst liegt in der Luft

In den kühlen Septembernächten riecht man schon den nahen Herbst in der Luft. Das Getreidefeld, über dem im Frühling und Frühsommer die Lerchenmänner trillerten, ist abgeerntet und mit einer Ladung Gülle gedüngt worden. Sperlinge, Goldammern und stämmige Grünfinken halten zwischen den Stoppelreihen Nachlese – die Spatzen hüpfend, die Goldammern nach Hühnerart marschierend. Bei der Ernte müssen unzählige Körner aus den Ähren gefallen sein, und mit diesem leicht zugänglichen Naturmüsli füllen sich die Körnerfresser nun die Kröpfe.

Zwischen den ausgeblichenen Stoppeln kommen jetzt all die Kräuter zum Vorschein, die den Sommer über im Halbschatten der

Halme gelebt haben. Der Breitwegerich hat seine Rosetten ausgelegt, ein ganzes Rudel von Beinwelljungpflanzen schiebt seine Blattschöpfe aus dem Boden, die langen Stengel des Kriechenden Hahnenfußes schlagen Brücken über den Ackerboden und gründen überall ihre Filialen, am hangabwärts gelegenen Ende des Feldes treibt der Ackerschachtelhalm seine Etagenquirle, und die Stengel des Gänsefingerkrautes mit ihren apart gesägten Blättchen schlängeln sich zwischen den Getreidestoppeln durch.

Ackerwinden sind »Trittbrettfahrer«: Sie benutzen die festen Stengel anderer Pflanzen, um nach oben zum Licht zu gelangen. Bis in den Oktober hinein leuchten ihre rosaweißen Trichterblüten.

Ein Kenner könnte aus dem Spektrum der »Unkräuter« ohne weiteres ablesen, wo die Schwachpunkte dieses Ackers liegen: Beinwell steht am liebsten auf nassem, stickstoffreichem Boden. Kriechender Hahnenfuß und Ackerschachtelhalm fühlen sich selbst noch in staunassen Böden wohl, in denen anderen Pflanzen schon die Wurzeln verfaulen würden. Breitwegerich und Gänsefingerkraut weisen sogar auf stark verdichtete, stickstoffreiche Böden hin. Den »Zeigerpflanzen« nach ist dieser Acker also gut mit Nährstoffen versorgt – vielleicht sogar zu gut – und leidet unter Atemnot. Ob die schweren Traktoren schuld daran sind, die besonders bei feuchtem Wetter die Luft aus dem Boden pressen?

Am Rande des Stoppelfeldes steht eine Gruppe verblühter Ackerkratzdisteln Spalier. Ein Teil der stachelbewehrten Blätter ist bereits zu bizarren Gebilden vertrocknet, und die Reste der Distelwolle ragen wie schmutzigweiße Staubwedel aus den Blütenköpfen. Das, was den Samen eigentlich als flaumiger Fallschirm dienen sollte, hat der Regen zu greisenhaften Schöpfen verklebt. Doch unter der Distelwolle steckt ohnehin nichts mehr, was sich noch in die Luft erheben könnte. Die Larven der Bohrfliegen (s.S. 112) haben den Sommer über reiche Ernte gehalten. Im Blütenboden stecken keine Samen mehr, sondern nur noch braunkrümelige Fraßreste. Wenn Bohrfliegen und andere hungrige Insekten den Disteln nicht an die Substanz gehen würden und alle Samen ausreifen könnten, würde eine einzige Ackerkratzdistel bis zu 19000 Samen pro Sommer produzieren.

Wie Winden sich winden ...

Die Saison für die Ackerkratzdisteln ist zu Ende, doch die Stengel geben sich immer noch saftiggrün: Die Disteln sind das ideale Klettergerüst für die Ackerwinde, und die wächst und blüht auch noch im September. Manche Distelstengel sind vom Stengelansatz bis hinauf zu den letzten Blütenköpfen mit den pfeilförmigen Blättern und den rosa-weiß gestreiften Blütentrichtern der Winde überzogen.

Ackerwinden gehören zu den Pflanzen, die genau zu wissen scheinen, was sie wollen. Schon die Jungpflanzen tasten einen Umkreis von einigen Zentimetern »gezielt« nach einer geeigneten Kletterhilfe ab. Anderthalb Stunden braucht ein Ackerwindentrieb, bis er einen vollständigen Kreis beschrieben hat. Stößt die Triebspitze dabei auf Widerstand, hakt sie ein und beginnt zu klettern.

Und wie funktioniert das im Detail? Normalerweise schicken Pflanzen von ihrer Triebspitze aus Wachstumshormone in das darun-

FEDERLESEN

Im Frühherbst mausern sich die meisten Vögel: Sie werfen nach und nach ihr verschlissenes Kleid ab und ersetzen es durch ein neues (s.S. 146). Wer mit offenen Augen spazierengeht, wird überall Federn finden. Besonders an Seeufern lohnt es sich zu suchen. Dort sammeln sich zwischen Treibholz und abgestorbenen Wasserpflanzen die ausgefallenen Federn der Wasservögel.
Aber Feder ist nicht gleich Feder.- **Dunen** erkennen Sie am kurzen Schaft und der pinselartigen Struktur. Dunen haben die Aufgabe, den Vogel vor Wärmeverlust zu schützen.
Die Federn des sogenannten **Kleingefieders** hüllen den Körper ein und bestehen am Ansatz aus einem dunenartigen Flaum, im oberen Teil aus einem relativ

weichen Kiel und der symmetrisch zum Kiel verlaufenden Fahne.
Die Schwungfedern der Flügel und die Steuerfedern des Schwanzes bilden zusammen das **Großgefieder**. Der Kiel dieser Federn ist ziemlich fest, die Fahne meist asymmetrisch; die mittleren Schwanzfedern allerdings sind symmetrisch aufgebaut.

Vielleicht haben Sie das Glück, einmal die Schwungfeder einer Eule zu finden. Wenn Sie die Feder gegen das Licht halten, können Sie deutlich sehen, daß die Oberseite von einem samtartigen Flaum überzogen ist, und die Ränder der Fahne kammartig gesägt sind – ganz anders als etwa die glatten Kanten einer Schwanenfeder. Flaum und gesägter Federrand sind hochwirksame Schalldämpfer. Mit ihrer Hilfe können Eulen fast lautlos fliegen, was ihnen bei der Mäusejagd sehr zugute kommt. Wenn Sie sich im Frühherbst

An ihren Federn sollt ihr sie erkennen: Die lockenartige Feder eines Stockerpels (links), eine Eulenfeder mit gesägten Rändern (Mitte) und die blauschillernden Schmuckfedern des Eichelhähers (rechts).

nach Einbruch der Dämmerung in Waldnähe ruhig auf ein abgeerntetes Stoppelfeld stellen, kann es Ihnen passieren, daß große Schatten lautlos Ihren Kopf umflattern: Waldohreulen auf der Jagd, die sich das unbekannte Wesen in ihren Jagdgründen genauer ansehen wollen.
Im Wald können Sie manchmal Federn finden, die einen besonders festen Kiel haben und spitz zulaufen: die Schwanzfedern eines Spechtes. Spechte krallen sich beim Meißeln und bei der Nahrungssuche an der Baumrinde fest und stützen sich dabei mit ihren besonders robusten Schwanzfedern ab.
Ebenfalls im Wald finden Sie mit etwas Glück exotisch anmutende Federn, über deren Fahne sich quer blauschillernde Streifen

ziehen: die Schmuckfedern aus dem Flügel des Eichelhähers. An Seeufern werden oft kleine, schwarzblaue Federn angespült, die wie Locken gekrümmt sind – Federn aus dem Schwanzgefieder eines Stockerpels. Wer mit aufmerksamen Augen spazierengeht, hat bald eine Who-is-who-Kartei aus Federn zusammen.

Der Herbst ist die große Zeit der Spinnen. Jetzt findet man besonders viele verschiedene Netze zwischen Stengeln und Zweigen (links). Die wärmeliebende Wespenspinne webt ihr Radnetz mit dem eigenartigen zickzackförmigen »Stabiliment« stets senkrecht und knapp über dem Boden. Vor allem Heuschrecken fangen sich in den Fäden.

terliegende Pflanzengewebe, so daß sich der Sproß einigermaßen gleichmäßig nach oben reckt. Bei Ackerwinden ist das anders. Sie leiten jeweils auf eine Seite des Triebes eine besonders hohe Dosis Wachstumshormone, und da diese besser hormonversorgte Zone spiralförmig im Sproß wandert, wächst auch der Trieb nicht gerade nach oben, sondern beschreibt einen Kreis – genau so, als sei er auf der Suche nach einer Stütze.

Stößt der wachsende Trieb auf einen festen Gegenstand, fühlen besonders dünnhäutige Punkte in der Pflanzenhaut die Berührung und geben die Meldung weiter, woraufhin die Hormondusche auf diejenige Seite des Triebes umgelenkt wird, die der berührten Stelle gegenüberliegt. Prompt krümmt sich die Triebspitze Richtung Berührungspunkt und wächst schließlich in engen Spiralen um die neue Kletterhilfe herum.

Verblüffenderweise »merkt« die Ackerwinde genau, ob sie an einen festen Gegenstand gestoßen ist oder nicht: Es genügt schon, mit einem Grashalm sacht über den Trieb zu streichen, und keine halbe Stunde später krümmt sich der Trieb auf die gestreichelte Stelle zu. Der viel stärkere Aufprall eines Regentropfens aber läßt die Pflanze kalt – und das ist gut so. Wäre es anders, müßte jeder Regenschauer sie aus dem Konzept bringen.

Altweibersommer

Im Grunde sind Ackerwinden Trittbrettfahrer: Sie gelangen nach oben ans Sonnenlicht, ohne viel Material und Aufwand in stabile Halme oder holzige Stengel investieren zu müssen. Sie wachsen quasi per Anhalter. Nach demselben Prinzip verfahren Millionen von Jungspinnen und Zwergspinnen, die sich jeden Frühherbst auf den Weg machen, um neues Terrain zu besiedeln: Sie marschieren nicht zu Fuß – per pedes kämen sie sicherlich nicht weit –, sondern reisen per Anhalter; sie reiten auf dem Wind.

Die Reisevorbereitungen gestalten sich denkbar einfach: Die winzige Spinne erklettert einen exponierten Punkt, stellt sich sozusagen auf die Zehenspitzen, reckt das Hinterteil in die Höhe und läßt Spinnseide austreten. Der Wind erfaßt den länger werdenden Spinnfaden, und irgendwann ist der Auftrieb stark genug, um auch die Spinne selbst zu tragen. Der Spinn-

WARUM WERDEN IM HERBST DIE BLÄTTER BUNT?

Im Herbst steht der Laubwald in Flammen. Birken, Hainbuchen und Pappeln leuchten goldgelb, Buchen schmücken sich in allen Schattierungen zwischen rostrot und gelb, Ebereschen und Pfaffenhütchen tragen Flammendrot. Aber wozu ist diese Farborgie gut? Anders als das bunte Blütenmeer im Frühjahr und Sommer sollen Herbstblätter ja niemanden anlocken.
Ernüchternd aber wahr: Die Herbstfarben erfüllen überhaupt keinen Zweck. Sie sind einfach eine Begleiterscheinung lebenswichtiger Prozesse. Würden Laubbäume den Winter über ihre Blätter behalten, müßten viele von ihnen verdursten (s. S. 193). Doch würden sie andererseits ihre Blätter einfach abwerfen, gingen ihnen eine Menge wertvoller Substanzen verloren. Deshalb retten Bäume im Herbst, was zu retten ist: Ein möglichst großer Anteil der Stoffe, die in den Blättern sitzen und für den Baum von Nutzen sind, wird abgebaut, aus den Blättern abgezogen und teils im Stamm, teils in den Wurzeln abgelagert. Den Blättern werden zum Beispiel Stärke, Stickstoffverbindungen und der grüne Blattfarbstoff Chlorophyll entzogen. Ist aber das Blattgrün erst einmal verschwunden, kommen andere farbige Substanzen zum Vorschein, die den ganzen Sommer über vom grünen Chlorophyll überdeckt waren: die orangeroten Carotinoide und die gelben Xanthophylle. Im Herbst entstehen also keine neuen Farben; nur die grüne Sichtblende verschwindet.
Das Braun absterbender Eichenblätter indessen gehört nicht zu den Farben, die durch Chlorophyllabbau zum Vorschein kommen und schon zuvor im Blatt existierten. Eichenblätter enthalten eine Menge Gerbstoffe, und die wandeln sich im Verlauf des herbstlichen Abbauprozesses zu braunen Farbstoffen um.

Wenn im Herbst der grüne Blattfarbstoff aus den Blättern weicht, kommen Farben zum Vorschein (oben und links), die den Sommer über hinter der grünen »Sichtblende« verborgen waren.

faden wirkt wie eine sehr lange, schmale Tragfläche, wie ein Floß, das auf den Luftströmungen treibt. In der Verhaltensforschung heißt die Flugtechnik der Spinnenzwerge passenderweise »Ballooning« – Ballonfahren. Wenn die Ballonfahrer wieder gelandet sind – meist gegen Abend, wenn die Luft abkühlt und der Auftrieb nachläßt –, glimmen die Fäden im Licht der tiefstehenden Sonne überall zwischen den Halmspitzen.

Weil die Spinnen sich am liebsten bei einem ganz bestimmten Wetter auf den Weg machen und weil sie das zu Abermillionen tun (die Spinnenbesatzung für ein einziges Tagwerk Brachland in Sussex/England schätzte der Biologe W.Bristowe auf rund 2 Millionen Spinnen), heißen die warmen Spätsommer- und Frühherbsttage nach den fliegenden Fäden »Altweiber-sommer«.

So staunenswert der kräftesparende Flug der Spinnen auch ist, unseren Vorfahren wäre die biologische Erklärung zu banal gewesen. Sie zogen es vor, die Urheber für die hauchzarten Gespinste bei übernatürlichen Mächten zu suchen. Ein alter Volksglaube behauptet, die Schicksalsgöttinnen selbst hätten die Fäden auf den Weg geschickt. Das Christentum deutete sie natürlich lieber als Zeichen Gottes, und in Süddeutschland nannte man die Gespinste zu Ehren der Jungfrau Maria »Mariengarn« oder »Marienfäden«.

Solo für Heuschrecke

Spinnen sind vielleicht zu keiner Zeit des Jahres so aktiv wie jetzt, doch für die meisten anderen Kleintiere trifft wohl eher das Gegenteil zu: Sie schrauben ihre Lebensprozesse allmählich auf Sparflamme zurück, sie leben nur noch mit halbem Einsatz. Auf einem holzbraun verdorrten Wiesenkerbelstengel am Rande der Wiese steigt mit lahmen Bewegungen eine stattliche grasgrüne Laubheuschrecke herum. Die Abendkühle hat ihre sonst so raschen Reaktionen auf Zeitlupe gebremst. Zwar pendeln ihre endlos langen Antennen unentwegt nach allen Seiten, doch falls Gefahr drohen sollte, könnte sie sich kaum rechtzeitig in Sicherheit bringen. Selbst ein ungeschickter Mensch könnte sie jetzt in aller Ruhe mit der Hand fangen.

Doch der Mensch ist gutartig, die Heuschrecke ist in Sicherheit. Gemächlich stelzt sie auf eine benachbarte Ackerkratzdistel, hält sich mit den krallenbewehrten Füßen an den Blatträndern fest und beginnt, eines der verbliebenen grünen Blätter zu bearbeiten. Die Vorzugsdiät der meisten Laubheuschrecken sind zwar Insekten, die sie mit ihren dornigen Vorderbeinen wie in einem Schraubstock festhalten, doch Grünzeug ist eine genehme Abwechslung.

Selbst an kühlen Herbsttagen verschlägt es Laubheuschrecken noch nicht die Sprache. Geigen ist bei ihnen übrigens reine Männersache (auf dem Foto Weibchen vom Grünen Heupferd).

Wie ein kompliziert aufgebauter Schredder arbeiten die Kiefer, das Distelblatt ist bald verschwunden. Die Heuschrecke hält im Fressen inne und läßt für einen Augenblick die großen, ädrigen Flügel gegeneinander vibrieren. Ein durchdringendes, rhythmisches Schrillen ertönt, doch niemand antwortet. Nur eine Feldgrille zirpt etwas heiser irgendwo zwischen den Grashalmen, doch Feldgrillen sind für eine Laubheuschrecke keine Gesangsgegner. Der Rhythmus, die Struktur der Strophen »stimmen« nicht. Die Heuschrecke beendet ihre Solodarbietung und wendet sich dem nächsten Distelblatt zu.

Wo die Halme etwas dichter stehen und der Boden lockerer wird, wölbt sich die Erde blasig auf. Schiebt man mit einem Grashalm vorsichtig die oberste Schicht der kleinen Erdkuppel beiseite, quillt ein Gewimmel aus Insektenkörpern, ein Durcheinander aus Beinen und Fühlern heraus – vermutlich ein Volk Gelber Wiesen-

Kein Herbst ohne Kastanien. Als Kinder haben wir Phantasietiere daraus gebastelt und sie zentnerweise als Wildfutter gesammelt. Und ein paar der glatten Handschmeichler trugen wir immer in den Hosentaschen herum.

ameisen, nahe Verwandte der Bienen und Wespen. Aufgeregt und mit steil emporgereckten Hinterteilen hetzen sie umher und versuchen, den Feind ausfindig zu machen. Sieht man genau hin, kann man an den hochgereckten Sterzen winzige Sekrettröpfchen erkennen, deren Duft mit der Geschwindigkeit eines Flächenbrandes Alarmstimmung unter den Arbeiterinnen verbreitet. Doch der Feind ist nicht greifbar; die Ameisen ziehen sich in die Tiefen ihres Erdbaus zurück.

Wiesenameisen hausen – der Name verrät es – mit Vorliebe im Wurzelwerk von Wiesen und Rasenflächen. Die Erde, die sie aus ihren unterirdischen Kammern und Gängen herausschaffen, schichten sie als kleinen Hügel so zwischen den Gräsern auf, daß die Halme das Bauwerk stützen. Große Völker können aus über 20 000 Tieren bestehen und Nester von der Größe eines Maulwurfshaufens bauen.

Das Ameisenvolk hier auf der Wiese hat indessen nur ein faustgroßes Hügelchen aufgeschichtet. Von der Nestkuppel aus führen einige seltsame Erdwälle vom Durchmesser einer Wienerwurst ein Stück weit in den Grasdschungel. Stochert man vorsichtig mit dem Grashalm in den Wülsten herum, wuseln auch hier aufgeregte Ameisen heraus: Die Erdwälle sind überdachte Straßen zu ergiebigen Nahrungsquellen.

Jede dieser Straßen hat einmal als Pfad einer einzelnen Ameisenarbeiterin begonnen. Als sie eine

BEERENLESE

Der Weißdorn ist einer der ganz großen Hits in der einheimischen Insekten- und Vogelwelt. Insgesamt 163 Insektenarten haben sich auf den dornigen Strauch spezialisiert, darunter 10 Bockkäferarten, 48 Rüsselkäferarten und 56 Kleinschmetterlinge; 32 Vogelarten machen sich im Herbst über die roten Beeren her; 17 Säugetierarten profitieren vom Weißdorn.
Und schließlich: Die mehligen Beeren gelieren gut und lassen sich in der Wildküche vielseitig verwenden. Da sie allerdings wenig Eigengeschmack haben, sollte man sie mit anderen Beerensorten mischen. Die vitaminreichen Holunderbeeren mit ihrem eigentümlichen Geschmack und die säuerlichen, kleinen Beeren der Berberitze passen gut zu Weißdornbeeren. Nicht vergessen: Nur wirklich reife Beeren entfalten ihr volles Aroma!

Die kleinen Beeren der Berberitzen sind sauer wie Zitronen - und ebenso reich an Vitamin C.

WEISSDORN-HOLUNDER-BERBERITZEN-MARMELADE

Zutaten:
750g Holunderbeeren, 1125g Weißdornbeeren, 125g Berberitzen, 1kg Einmachzucker, Schraubgläser.

Weißdornbeeren und Berberitzen waschen, von den Stielen lösen und mit 1/2 l Wasser aufkochen. Nach 2 Minuten Kochzeit die gewaschenen, mit einer Gabel von der Dolde gestreiften Holunderbeeren dazugeben und alles noch einmal etwa 3 Minuten lang kochen lassen. Das Mus passieren, so daß die Kerne zurückbleiben, und mit dem Zucker mischen. Noch einmal aufkochen und noch heiß in Gläser füllen.

Seit der Antike gilt der Schwarze Holunder von der Wurzel über die Rinde bis zur Beere als heilkräftig.

HOLUNDER-APFEL-GELEE

Zutaten:
vollreife Holunderbeeren, säuerliche Äpfel, Einmachzucker, Schraubgläser.

Die Holunderbeeren waschen, mit einer Gabel von der Dolde streifen, mit etwas Wasser aufkochen und durch ein Tuch seihen. Die in Stücke geschnittenen Äpfel ebenfalls aufkochen und durchseihen. Den Holundersaft mit derselben Menge Apfelsaft mischen, je Liter 500 g Zucker dazugeben, noch einmal aufkochen und noch heiß in Gläser füllen.

lohnende Futterquelle erkundet hatte, legte sie, wie es bei Wiesenameisen üblich ist, eine Duftspur vom Futterplatz zurück zum Nest: Sie tupfte in Abständen ihr Hinterleibsende auf den Boden und entließ dabei kleine Mengen eines Duftsekrets. Im Nest angekommen, warb sie bei ihren Nestgenossinnen nachdrücklich um Aufmerksamkeit. Für die war es dann ein Leichtes, der duftenden Spur zu folgen, und wenig später war aus dem Weg einer einzelnen Ameise eine vielbenutzte Straße geworden.

Die meisten dieser Straßen führen in den Untergrund und haben immer dasselbe Ziel: Die Kolonien von Wurzelläusen. Die zuckrigen Ausscheidungen dieser Pflanzensauger, der sogenannte Honigtau, sind nämlich ein begehrtes Grundnahrungsmittel der Wiesenameisen.

Wurzelläuse sind für die kleinen gelben Ameisen zweifellos eine nützliche Sache – aber umgekehrt profitieren auch die Wurzelläuse von den Ameisen. Sie werden wie Nutzvieh gehegt und gepflegt und selbst gegen weit überlegene Feinde mit wahrem Kamikazemut verteidigt (s. S. 93). Zwar haben Wiesenameisen keinen Stachel, aber sie können empfindlich beißen und ihr Gift in die entstandenen Wunden spritzen. Im Herbst, wenn die Wurzelsauger sterben, schleppen die Arbeiterinnen deren Eier sogar zum Überwintern ins Nest, und im Frühjahr, wenn wieder Läuse geschlüpft sind, werden sie von ihren Hauswirten zu neuen Weidegründen getragen. Arbeiterinnen, Königin und Futterlieferanten sind ein perfekt eingespieltes Team.

Gelbe Wiesenameisen bauen kleine kuppelförmige Erdnester (oben Arbeiterinnen mit Puppen). Irgendwann im Sommer sind die jungen Königinnen davongeflogen (unten), um sich zu paaren und neue Kolonien zu gründen.

Hochzeitsflug

Die geflügelten Königinnen dagegen, die sich im Sommer mit Scharen ebenfalls geflügelter Männchen auf den Hochzeitsflug begeben haben, müssen noch einmal ganz von vorne beginnen. Nach der Begattung sind sie irgendwo zu Boden gegangen, haben ihre Flügel abgeworfen und sich auf die Suche nach einem geeigneten Platz für einen neuen Ameisenstaat gemacht.

Sie wußten nicht, wo sie auf ergiebige Wurzellauskolonien stoßen würden, und sie hatten keine Arbeiterinnen zur Verfügung, die das Nest hätten bauen können. Aber jetzt im Frühherbst haben die Gründermütter das Schlimmste schon hinter sich: Sie haben immerhin den Spießrutenlauf vorbei an hungrigen Vögeln, Kröten, Raubwanzen, Laufkäfern, Hundertfüßern, Spinnen und feindlichen Ameisenarbeiterinnen überlebt und haben dort, wo die neue Kolonie entstehen soll, einen geschützten Hohlraum zum Überwintern gefunden. So weit kommt unter vielleicht 500 ausgeflogenen Königinnen allenfalls eine.

Wenn es eine Königin erst einmal allen Widernissen zum Trotz geschafft hat, einen Staat zu gründen, hat sie ein erstaunlich langes Leben vor sich: Im Schnitt existieren Kolonien und mit ihnen die Königinnen 5 Jahre lang. Im Schonraum eines Terrariums wurde eine Wiesenameisenkönigin sogar 22 Jahre alt – nicht nur für ein Insekt ein biblisches Alter.

Das Geheimnis der Berserker

Berserker, auf deutsch »die in Bärenhaut gehüllten«, nannte man die altnordischen Krieger. Mit Schaum vor dem Mund und rasend vor Wut zogen sie in den Kampf, bissen in ihre Schilde als seien sie wilde Tiere und verbreiteten blankes Entsetzen unter ihren Gegnern. Grenzenlos schienen ihre Kräfte zu sein, und weder Schmerz noch Angst schienen sie zu kennen.

Nach allem, was wir heute wissen, sagen die Überlieferungen die Wahrheit: Die furchtbaren Krieger verfügten tatsächlich über Bärenkräfte und empfanden keinen Schmerz, denn sie hatten sich, bevor sie zur Tat schritten, einschlägig präpariert: Sie hatten Fliegenpilze verspeist – ein Imbiß, der bisweilen tödliche Folgen gehabt haben muß, noch bevor sich der Kämpfer zur Schlacht rüsten konnte. Die weiß getupften Begleiter der deutschen Gartenzwerge enthalten Gifte, die nach etwa einer Stunde den Betroffenen in wilde Zuckungen versetzen, ihm dämonische Halluzinationen bescheren und ihn schließlich in eine Stimmung hemmungsloser Zerstörungswut treiben. Nicht umsonst heißt der Fliegenpilz bei uns auch Narrenschwamm.

Einige sibirische Stämme indessen hatten es weniger auf die Kampfkraft via Pilz, als vielmehr auf die halluzinogene Wirkung abgesehen: Der schwedische Offizier Philipp Johann von Strahlenberg verbrachte 12 Jahre in sibirischer Kriegsgefangenschaft und berichtete nach seiner Heimkehr im Jahre 1730, daß Fliegenpilze ihrer halluzinogenen Wirkung wegen bei den Korjaken und bei den Schamanen anderer sibirischer Stämme hochbegehrt seien. Fliegenpilze spielten bei ihnen etwa dieselbe Rolle, die in den westlichen Ländern der Alkohol einnimmt. Während einer Fliegenpilzsitzung aßen sie entweder direkt die getrockneten Pilze oder sie brauten aus den Pilzen und Wasser, Rentiermilch oder verschiedenen Pflanzensäften einen Trank. Noch heute versetzt man sich in Sibirien mancherorts mit gekochten Fliegenpilzen in Trance, um in Kontakt mit überirdischen Mächten treten zu können.

Doch Fliegenpilze sind wertvoll, und nicht jeder kann sich das begehrte Rauschmittel leisten. Angeblich behelfen sich die ärmeren Stammesangehörigen mit einem gewöhnungsbedürftigen Recycling: Die berauschenden Substanzen des Pilzes werden nämlich zum Großteil mit dem Urin wieder ausgeschieden. In diesem Falle ist Urin tatsächlich ein ganz besonderer Saft...

Reiche Ernte

Die Amsel jedenfalls, die drüben in der Hecke mit einem ganzen Schwarm Wacholderdrosseln Holunderbeeren erntet, hat keine höhere Lebenserwartung als die Ameisenchefin: Durchschnittlich 5 Jahre, maximal 20 Jahre. Bei Singvögeln entscheidet vor allem

Jedem das Seine: Der Grünfink hat es nur auf die Samen der Hagebutten abgesehen; die aufgepickten Fruchthüllen werden sich andere holen.

das Nahrungsangebot in mageren Zeiten darüber, wie gut und wie lange sie über die Runden kommen. In diesem Herbst und Winter allerdings wird die Verpflegung wohl kein Problem werden: Die heurige Beerenernte verspricht mehr als üppig zu werden. Die beiden Schneeballarten in der Hecke tragen reichlich rote und schwarze Beerendolden, der Weißdorn, die Wildrosensträucher und die Schlehe sind von oben bis unten mit reifenden Früchten übersät und auch die noch harten, grünen Früchte des Ligusters werden bald schwarz und erntereif sein.

Unter Wildschweinen scheint es sich herumzusprechen, wo reichlich Eicheln oder Bucheckern zu finden sind.

Fingerabdrücke von Pilzen

Ab Spätsommer bis weit in den Herbst hinein thronen sie wieder auf Baumstämmen und Baumstümpfen und schieben ihre Hüte durchs Fallaub: Pilze und Schwammerl in allen Formen und Farben. Die meisten Pilze zerfallen leider ebenso schnell, wie sie entstanden sind. Wer dennoch einen Eindruck vom Herbstwald konservieren will, kann zumindest die »Fingerabdrücke« von Pilzen mit nach Hause nehmen.

Pilze vermehren sich mittels winziger, staubfeiner Sporen, die bei jeder Art in einem etwas anderen Muster angeordnet sind. Sammeln Sie auf einem Spaziergang einige Pilze – ob giftig oder nicht, spielt in diesem Fall keine Rolle – und sehen Sie sich die Unterseiten der Hüte an. Bei den Blätterpilzen sitzen die Sporen auf sogenannten Lamellen, die wie unzählige Radspeichen angeordnet sind; bei den Röhrlingen bilden sich die Sporen an den Wänden zarter Röhren, die sich nach unten öffnen und wie ein sehr feines Sieb aussehen.

Um diese Sporenträger konservieren zu können, brauchen Sie je nach Farbe der Sporen einige Bögen helles oder dunkles Tonpapier, Fixativspray, wie man es in Hobbyläden bekommt, und einen gut belüftbaren Raum. Trennen Sie nun die Stiele von den Pilzen, und legen Sie die Hüte auf das Papier. Helle Lamellen kommen auf dunkles Papier und umgekehrt. Über das Ganze wird eine Käseglocke oder Glasschüssel gestülpt und nach spätestens einem Tag ist es soweit: Die Sporen sind herausgefallen, haften leicht auf ihrer Unterlage und haben auf dem Tonpapier ein Spiegelbild der Hutunterseite gezeichnet.

Jetzt wird es kniffelig: Schließen Sie Türen und Fenster und nehmen Sie vorsichtig mit Fingerspitzengefühl die Käseglocke und danach den Pilzhut vom Papier. Ist das gelungen und das Sporenbild nicht verwischt, sprühen Sie bitte einen feinen Nebel Fixativspray aus einiger Entfernung auf die Sporen – und warten Sie ab, bis sich der Nebel auf den Sporenstaub gesenkt hat. Die erste hauchzarte Fixativschicht muß erst antrocknen, bevor die zweite Sprühnebelschicht darüberkommt. Sprühen Sie so oft, bis das Sporenbild wischfest ist (an einem unauffälligen Eckchen ausprobieren!), und versiegeln Sie den »Fingerabdruck des Pilzes« zum Schluß mit einer etwas dickeren Fixativschicht. Nun müssen Sie nur noch gründlich lüften, um die Spraynebel wieder loszuwerden.

Diese Sporenabdrücke stammen von einem Pilz mit dem Zungenbrechernamen Geflecktblättriger Flämmling. Je dicker die Sporenschicht auf dem Papier ist, desto dunkler wird das »Bild«

HUMMELN FÜTTERN

Im September kann es an manchen Tagen schon empfindlich kalt sein. Solche kühlen Tage sind genau richtig, um mit einem Gläschen Honigwasser und einem Pinsel Hummeln füttern zu gehen. Wenn Sie auf den letzten Distelblüten oder auf den Rispen der Goldruten nachsehen, werden Sie bald fündig werden: Eine Hummel krabbelt träge, wie im Halbschlaf, auf der Blüte herum. Wie in Zeitlupe bewegt sie die stämmigen Beine, und selbst wenn Sie sich das Tier ganz aus der Nähe ansehen, schwirrt es nicht davon.
Die Hummel flieht nicht, weil sie einfach nicht kann: Nur wenn die Brust mit den darinsitzenden Flugmuskeln mindestens 34 °C warm ist, kann sie fliegen. Bricht die Sonne durch die Wolken, heizt sich der dunkle Hummelkörper schnell auf, und der dichte Pelz sorgt dafür, daß die aufgenommene Wärme relativ lange erhalten bleibt. Doch an einem kühlen, bedeckten Tag wie heute hat sie keine Chance, ihre erforderliche Betriebstemperatur zu erreichen.
Nun tauchen Sie bitte den Pinsel in das mitgebrachte Honigwasser und tupfen ein Tröpfchen davon der Hummel vor die Füße; sie wird bald den Rüssel ausfahren und gierig trinken.
Und kurz darauf passiert etwas Unerwartetes: Die Hummel benimmt sich, als habe man ihr einen Kraftcocktail eingeflößt, der ihre Lebensgeister wieder weckt. Nach einigen Minuten schon krabbelt sie lebhaft auf der Blüte umher, und wenig später fliegt sie ohne das geringste Anzeichen von Benommenheit davon.
Was hat sich in der Hummel abgespielt?
Honig ist reich an Traubenzucker, und Traubenzucker kann vom Organismus ohne langwierige Verdauungsprozesse direkt verwertet werden – jeder Sportler weiß das aus eigener Erfahrung.
Außerdem wird beim Verwerten des Zuckers Wärme freigesetzt; der Hummelkörper heizt sich auf, und die Hummel kann selbst bei relativ niedriger Außentemperatur wieder fliegen.
Aber warum holt sich die Hummel nicht einfach Nektar aus den Blüten und bringt sich so auf Touren? Sie schafft es nicht, weil im Herbst die ertragreichen Blüten zu spärlich verteilt sind. Auf den langen Wegen von Blüte zu Blüte verliert der Brummer mehr Energie, als er an der Blüte wieder auftanken kann. Die Körpertemperatur sinkt unweigerlich, und das Tier bleibt schon nach wenigen Blütenbesuchen apathisch sitzen.
Erst wenn die Herbstsonne durch die Wolken bricht und den schwarzen Hummelkörper wärmt, kann das Insekt wieder abheben.

Hummeln (im Bild eine Erdhummel) können erst fliegen, wenn ihre Flugmuskeln 34 °C warm sind. Doch ihre dunklen Körper heizen sich in der Sonne schnell auf, und der dichte Pelz hilft Wärme speichern.

Wenn Stare zur Beerenernte einfallen,
bleibt für andere nicht viel übrig. Der Starentrupp im Bild erntet die Früchte eines Pfaffenhütchens.

Doch der große Holunderbusch und seine beiden kleineren Nachbarn sind schon jetzt zum Abräumen freigegeben. Die Dolden können ihre Last kaum noch tragen; wie schwere, blauschwarze Quasten hängen sie an den Zweigen. Gerade sind 7 Wacholderdrosseln laut schnarrend eingefallen, gefolgt von einem kopfstarken Pulk Stare. Kaum ist die Vogelhorde gelandet, ist sie auch schon vom dichten Blattwerk verschluckt. Ungestüm wogen die Zweige unter dem Ansturm der Vögel, und aus dem Inneren der Büsche rumort, zetert und schnarrt es, als seien die drei Holunderbüsche zu Bauchrednern geworden.

Lebende schwarze Wolken

Ein sattgefressener Eichelhäher reißt sich vom Holunder los und rudert mit schweren Flügelschlägen zum Auwald hinunter. Die Stare zupfen noch eine Weile an den schwarzen Beeren herum; dann steigt die Vogelwolke auf, zieht unschlüssig eine Schleife und läßt sich schließlich in die Wiese plumpsen. Nach dem vegetarischen Magenfüller kommt der Fleischgang. Geschäftig marschieren die Stare zwischen abgelagerten Kuhfladen, borstigen Grasbüscheln und einigen zerstreuten Herbstzeitlosen umher – schwarzgrün schillernd mit prachtvollem weißen Tropfenmuster die Altvögel, unauffällig graubraun die

In ihrem Kehlsack können Eichelhäher mehrere Eicheln auf einmal transportieren. Ihre Ernte deponieren sie als Vorrat für magere Zeiten in Ritzen, Rindenspalten oder Erdlöchern.

Jungtiere. Erst Mitte Oktober, wenn auch der Nachwuchs die Herbstmauser hinter sich hat, tragen alle das weißgetropfte Prachtgefieder.

Wo sich ein Star Beute erhofft, wird »gezirkelt«: Der Schnabel wird geschlossen in den Boden gebohrt und dann geöffnet. Die auseinandergespreizten Schnabelhälften stemmen einen kleinen Hohlraum frei, in dem der Vogel nach Freßbarem tasten kann. Das »Zirkeln« ist ein so wichtiges Element des Starenverhaltens, daß auch zahme Vögel, die ihren vollen Futternapf in Reichweite haben, jede Gelegenheit dazu nutzen. In jede Dielenritze, in jeden Winkel, sogar in die geschlossene Faust des vertrauten Menschen bohren sie ihren Schnabel und spreizen die Schnabelhälften auseinander.

Wie Perlen auf einer Kette

Falls der Winter mild wird, bleiben einige Stare vielleicht in ihrem Brutgebiet, doch die meisten werden im Oktober nach Südeuropa oder Nordafrika abwandern. Die Schwalben dagegen haben sich schon Anfang September verabschiedet. Anders als Stare warten Schwalben nicht, bis das Wetter schlecht oder die Nahrung knapp wird, sondern wandern ab, wenn die innere Uhr es ihnen diktiert. Schon Tage vor ihrem Aufbruch war ihre Reisestimmung nicht mehr zu übersehen. Zu Hunderten saßen sie säuberlich aufgereiht auf

PILZE – PFLANZEN GANZ BESONDERER ART

Der Herbst ist die hohe Zeit der Pilze. Nach Tschernobyl waren die Hutträger zwar als Leckerbissen eine Zeitlang wenig gefragt, doch heute ist »Schwammerlsammeln« wieder so populär wie eh und je. Außerdem sind Pilze nicht nur eiweißreiche Delikatessen, sondern auch hochinteressante Lebewesen: Sie gehören zwar zu den Pflanzen, haben aber ein paar merkwürdige, ganz unpflanzliche Eigenschaften: sie können also nicht, wie jede »normale« Pflanze, aus Sonne, Kohlendioxid und Wasser Kohlenhydrate herstellen, sondern sind auf Vorproduziertes angewiesen. Dafür können Pilze eines hervorragend: Sie schließen tote (meist pflanzliche) Substanz sehr gründlich und schnell auf und setzen die darin enthaltenen Nährstoffe frei – für sich und manchmal auch für andere. Viele Baumarten machen bildet. Die Zusammenarbeit ist für den Baum so vorteilhaft, daß er an den pilzumsponnenen Wurzeln keine Feinwurzeln mehr bildet, sondern deren Arbeit den viel effizienteren Pilzhyphen überläßt. Immerhin erreichen die Hyphen eines Steinpilzgeflechtes zusammengerechnet eine Länge von etwa 100 km.
In Jahrmillionen des Zusammenlebens haben sich feste Teams her-

Ob Baumpilz (links Schmetterlings-Trompeten), Pfifferling (Mitte) oder Birkenröhrling (rechts): Kein Pilz kann wie die Pflanzen von Licht, Luft und Wasser leben. Pilze sind auf Vorproduziertes angewiesen.

Pilzzellen enthalten die Substanz Chitin, die man sonst nur von Insekten kennt. Die Pilze, wie wir sie kennen, sind in Wirklichkeit nur die Fruchtkörper, während sich der eigentliche Pilzorganismus als verzweigtes Geflecht feinster Fäden durch den Waldboden zieht und normalerweise gar nicht zu sehen ist – eine Pflanze, die (fast) nur aus »Wurzeln« besteht. Und schließlich: Pilze haben kein Blattgrün und können deshalb keine Photosynthese betreiben; sich nämlich diese Spezialbegabung zunutze und gehen mit Pilzen eine Art Versorgungsgemeinschaft ein, die sogenannte Mykorrhiza: Der Pilz umspinnt mit seinem dichten Geflecht aus hauchzarten Pilzfäden, den sogenannten Hyphen, die Saugwurzeln des Baumes, versorgt ihn mit Wasser, Mineralsalzen und Stickstoff und schützt ihn gegen Infektionen; der Baum gibt dem Pilz im Gegenzug von den Kohlenhydraten ab, die er in seinen Blättern ausgebildet: Goldgelber Lärchenröhrling und Hohlfußröhrling zum Beispiel schließen sich Lärchen an, der Birkenröhrling wächst unter Birken, Knollenblätterpilze halten sich an Eichen und Buchen, und der Pfifferling bevorzugt Kiefern. Das, was wir landläufig mit »Pilz« meinen, sind die Ständerpilze. Weltweit gibt es etwa 30 000 Arten, von denen die Größten mehrere Kilogramm schwere Fruchtkörper hervorbringen. Eigentlich ist dieser Pilzkörper

nichts anderes als eine Halterung für die Sporen, ein Ständer bestehend aus feinsten Pilzfäden, der die Sporen weit über den Waldboden hinaushebt. Würde nämlich der Pilz die Sporen einfach nur an den Hyphen produzieren, die sich durch Laub und Waldboden ziehen, könnten sie nicht vom Wind erfaßt und verbreitet werden. Sind sie am Pilzkörper gereift, fallen sie nach unten

Die Sporen der Stinkmorchel werden von Aasfliegen verbreitet.

und werden von der leichtesten Brise weggetragen. Wenn Sie auf einen Bovist treten, können Sie diese Sporen als helle Wolke entweichen sehen.
Nur die Stinkmorchel hat eine andere Methode entwickelt: Sie strömt intensiven Aasgeruch aus, der Fliegen anlockt. Die Sporen sitzen in dem aasig riechenden Schleim, bleiben an den Fliegenbeinen hängen und werden auf diese Weise von ihnen verbreitet.

der Telefonleitung neben der Straße wie Perlen auf einer Schnur und palaverten. Eine herbstliche Schwalbenversammlung sieht aus, als habe jemand mit dem Meterstab die Sitzplätze zugeteilt: Von Vogel zu Vogel wird exakt doppelte Schnabelhackweite Abstand gehalten, denn Schwalben brauchen Ellbogenfreiheit. Und eines Tages waren sie dann auf einmal fort. »An Mariä Geburt fliegen die Schwalben furt« reimt etwas verbogen der süddeutsche Volksmund.

Die Schwalben haben gut daran getan, sich auf den Weg ins Winterquartier zu machen; die vergangenen Nächte waren schon empfindlich kühl. Über die Wipfel des Auwalds zieht sich bereits ein gelber Hauch, die äußeren Blätter der Hainbuche haben sich goldgelb verfärbt, und hier und dort hat der Wind schon Lücken in den gelben Überzug gerissen. Die Rotbuchen tragen goldene Kapuzen, und über die dunkelgrünen Blätter des Bergahorns flackern schon gelbe Flammen. Jeder stärkere Windstoß zupft ein paar Blätter von den Bäumen, jede Brise bringt die Wipfel zum Flüstern.

Bevor die Schwalben im Herbst in den Süden ziehen, sitzen sie ein paar Tage lang »unschlüssig« auf Telegraphenleitungen herum – säuberlich eine Schnabelhackweite voneinander entfernt.

Ein Neubürger breitet sich aus

Doch unten am Bach, wo sich Sand und Schlamm abgelagert haben, herrscht noch spätsommerliche Stimmung. Zwischen den löchrig zernagten Blättern der Pestwurz blüht ein üppiger Bestand des Indischen Springkrauts. Seit Frühsommer öffnen sich ständig neue rosa und purpurfarbene Blütenhörnchen, während an derselben Pflanze schon die Samen reifen. Die

Ein Spitzahorn im Herbst ist eine prachtvoller Anblick. Der ganze Baum scheint in Flammen zu stehen.

Lebensenergie der übermannshohen Pflanzen scheint schier unerschöpflich – zur großen Beunruhigung einiger Naturschützer. Sie fürchten mit gutem Grund, der Fremdling aus Asien könnte einheimische Pflanzen verdrängen, und wünschen ihn dorthin, wo der Pfeffer wächst: zurück nach Indien. Andere begrüßen das Indische Springkraut als Bereicherung der herbstlichen Blütenflora und als späte Nektarquelle der Hummeln.

Doch was auch immer man dem Indischen Springkraut an den stämmigen Stengel wünscht, es wird sich weiter ausbreiten. Seit die Samen mit dem raffinierten Schleudermechanismus um das Jahr 1930 über irgendeinen Gartenzaun sprangen, hat es überall dort Fuß gefaßt, wo es feuchte und tonige Böden vorfindet. Auwälder kommen seinem Ideal sehr nahe.

Ein vitaler Einwanderer, der Naturschützern Kopfzerbrechen bereitet: das Indische Springkraut (links). Seine reifen Samenkapseln stehen unter starkem Quellungsdruck. Schon bei einer leichten Berührung schleudern sie ihre Samen explosionsartig von sich (rechts).

DAS SCHWEIGEN DER WÄLDER

Im Frühjahr und Frühsommer haben sich hier im Auwald die Männchen von Mönchsgrasmücke, Zaunkönig und Zilp-Zalp gegenseitig überschrien. Jetzt schweigt der Wald. Für einen kurzen Augenblick wird die Stille vom Warnen einer Kohlmeise unterbrochen, und eine Grille zirpt heiser ein paar halbherzige Takte. Doch Grille und Kohlmeise verstummen so schnell wieder, als seien sie vor ihren eigenen Stimmen erschrocken. Bald ist nur noch das Tuscheln der Blätter und das leise Glucksen des nahen Baches zu hören.

An den Ästen und Zweigen einer Traubenkirsche hat die Waldrebe eine haushohe grüne Wand aufgehängt, die einen Sommer lang einen Hauch von Amazonas in den Auwald gebracht hat. Jetzt wirkt der Waldrebenvorhang mit den schmutziggrauen Tuffs der Samenstände nur noch greisenhaft. Mit hektischem Flügelklapsen hüpft und klettert ein einsames Goldhähnchen durch das dichte Blattwerk der Waldrebe. Als Insektenjäger kann es an kühlen Abenden wie heute reiche Beute erwarten: Die Insekten sind wie gelähmt und können kaum fliehen, und in der Waldrebe haben mit Sicherheit jede Menge Krabbeltiere Unterschlupf gefunden.

An kühlen Herbstabenden, wenn sich die Insekten klamm an Blätter und Rinde krallen, ist die Nahrungssuche für das Wintergoldhähnchen ein Kinderspiel.

Auch die Wasserläufer auf dem Überschwemmungstümpel sind in der herbstlichen Abendkühle träge geworden. Lethargisch ruhen sie mit ihren vier borstenbesetzten Füßen auf der Wasseroberfläche. Deutlich kann man im Gegenlicht die kleinen Dellen erkennen, die ihre Füße in den Wasserfilm drücken. Unter ihnen auf dem Grund des kleinen Tümpels hat sich eine dicke Schicht toter Blätter angesammelt. Gasblasen lösen sich langsam aus dem faulenden Laub, steigen auf und zerplatzen mit leisem »Ping« an der Oberfläche.

Der Tümpel hat sich für dieses Jahr zur Ruhe gesetzt.

Wasserläufer können dank der Borsten an ihren beiden hinteren Fußpaaren über Wasserflächen laufen, als hätten sie Surf-Boards untergeschnallt. Dieser hier hat mit seinen Vorderbeinen gerade eine Spinne gepackt und saugt sie aus.

DER SPÄTHERBST

Wenn es die tiefstehende Sonne
nur noch ausnahmsweise
schafft, die nächtlichen Nebel-
tücher trockenzulegen, wenn
die letzten Blätter gefallen sind,
ist aus dem goldenen der graue
Herbst geworden.

Nicht so sehr die Kälte ist es, die den späten Herbst anzeigt. Es gibt ja durchaus schon beißend kalte Nächte Anfang Oktober, und im späten November kann es wieder mild sein. Nein, es ist etwas anderes. Es ist eine große Verlustanzeige, die man eines Tages – sozusagen unter »Verschiedenes« – bemerkt: Die Farben sind fort. So, als habe die Natur nach ihrem letzten Furioso, dem Farbrausch der Blätter, dem gläsernen Blau eines Oktoberhimmels, nur noch ein unscharfes Schwarzweißbild ihrer selbst anzubieten. Alles wirkt, als ob ... Halt! Stopp! Haben nicht auch diese entfärbten Bilder ihren Reiz? Gilt nicht die Beschränkung auf Form und Kontraste als große Kunst der Photographie?

Hat nicht der Herbst, der Spätherbst vor allem, die Dichter zu höchster Sprachmeisterschaft inspiriert? Rainer Maria Rilke hat vermutlich das Herbstgedicht schlechthin geschrieben. Selten hat jemand dieses eigentümliche Gemisch aus Unruhe und Melancholie treffender eingefangen als Rilke in der dritten Strophe seines »Herbsttag«:

Wer jetzt kein Haus hat,
baut sich keines mehr.
Wer jetzt allein ist,
wird es lange bleiben,
wird wachen, lesen,
lange Briefe schreiben
und wird in den Alleen
hin und her,
unruhig wandern,
wenn die Blätter treiben.

Solche Stimmungen lassen sich an jedem besseren (oder sollte man eher sagen: schlechteren) Novembertag nachspüren – auch wenn es einem nicht gegeben ist, so mit Worten zu malen wie Rilke oder mit grauer Tusche wie die chinesischen Meister. Die Spaziergänger, die an bleiernen Herbsttagen, gut verpackt in wattierte Jacken und Schnürstiefel, über die Felder und durch den Wald stapfen, gehören zu den Aufmerksamen im Lande, zu den Menschen, die auch das Nachklingen eines Schlußakkords noch genießen können. Und das Farbmeer der auflodernden Laubwälder war in der Tat ein grandioser Schlußakkord.

Die aus dem Osten kommen

Doch das scheint schon eine kleine Ewigkeit her zu sein.

Wo sich gestern noch der Heckenriegel in die Wiese schob, zottelt heute ein kurzatmiger Wind an einem Laken aus Watte. Und wo die Linde einen Sommer lang den Beginn des Feldweges markierte, thront jetzt ein gewaltiger, klotzköpfiger Gnom und weist mit gichtigen Fingern ins Niemandsland. Erst im Näherkommen verwandeln sich die Finger in Äste und der klobige Kopf in eine Baumkrone. Die schwarzen Früchte, die im Geäst der Linde hängen, bekommen auf einmal Flügel. Mit rauhem Gekrächze flattern die Saatkrähen auf, rudern zur Wiese hinüber und lassen sich in einer eleganten Linksschleife zu Boden gleiten.

Empfindsame Gemüter meinen oft, daß nichts besser zum November-Trübsinn paßt als die schwarzen Flugstaffeln – die »Raben«, wie der Volksmund alle

Saatkrähen, die typischen Spätherbst-Boten, treibt die sibirische Kälte nach Westen.

Naturgewebe

Wir müssen es wohl von unseren Ahnen geerbt haben: Fast in jedem Menschen steckt ein Sammler. Wer sich gern in der Natur umsieht, hat bald die Taschen voller Mitbringsel: Schneckenhäuser mit hübschem Ringelmuster, bizarr geformte Hölzer und Wurzeln, Herbstblätter in allen Farben der untergehenden Sonne, die Formenvielfalt aller möglichen Samenkapseln, abgeblühte Dolden, Schilfhalme, Eicheln, beerenbeladene Zweige, Federn in allen Größen, Knochen...

Jedes einzelne Stück war einmal fest in das Netz ökologischer Zusammenhänge eingebunden. Was liegt also näher, als den Spruch vom »Netzwerk der Natur« beim Wort zu nehmen und ein Gewebe aus Natursouvenirs zu basteln? Solche Wandbehänge erzählen von den Vorlieben des Sammlers ebenso wie vom Wesen der Landschaft, können eine einzelne Jahreszeit widerspiegeln oder einen Überblick über das ganze Jahr geben, und alle sind sie Unikate: wirklich einzigartig.

Zunächst stecken Sie zwei etwa gleich lange Stöcke in den Boden und verbinden sie miteinander, indem Sie Baumwollschnur im gleichmäßigen Abstand hin- und herspannen. Je weiter die Stöcke voneinander entfernt sind, desto größer wird später der Wandbehang. Sie haben nun ein waagrecht verlaufendes Fadengitter vor sich, das Sie ganz nach Geschmack mit Ihren Fundstücken durchweben können. Stabiler wird das Gewebe, wenn Sie mit ein paar senkrechten Reihen Baumwollschnur beginnen, sie fest gegen den Haltestock drücken und erst dann anfangen, die Halme, Stöckchen und Beerenzweige einzufügen. Auch zwischen den verschiedenen Naturelementen und als Abschluß sollten der Stabilität wegen immer wieder ein paar Reihen Baumwollschnur verwebt werden. Besonders schön sieht es aus, wenn Sie in unregelmäßigen Abständen ein paar Flocken ungesponnener Schafwolle einlegen. Kompakte Mitbringsel wie Schneckenhäuser, Bucheckern und ähnliches durchbohrt man am besten und knotet sie nachträglich an passender Stelle ein. Ist der Wandbehang fertig, packen Sie die Stöcke vorsichtig am bodennahen Ende (damit das Geflecht nicht herunterrutscht), ziehen sie aus dem Boden, drehen das Geflecht um 90 Grad und knoten eine Aufhängeschnur an den oberen Stock.

Blattskelette

Der Herbst mit seinen kürzeren Tagen und tieferen Temperaturen ist für Bäume und Sträucher das Signal, ihr Laub abzuwerfen (s. S. 155). Bald türmen sich unter den Stämmen dicke, raschelnde Polster, doch schon nach wenigen Wochen sind die luftigen Blattberge in sich zusammengesackt, und gräbt man ein wenig in der Altlaubschicht, stößt man hie und da auf Blätter der Vorjahre, die von Kleinstlebewesen bereits bis aufs Gerippe abgenagt worden sind. Nur ein filigranes Skelett ist übriggeblieben. Solche Blattskelette gehören zum Schönsten, was in der Natur zu finden ist. Auf farblich

kontrastierendes Tonpapier aufgeklebt, werden sie zu wahren Schmuckstücken. Wenn Sie sich eine kleine Sammlung von Blattskeletten zulegen wollen, müssen Sie nicht unbedingt auf den Knien durchs Laub rutschen; es geht auch einfacher und vor allem schneller. Sammeln Sie einfach Blätter mit kräftigen Rippen und Adern, legen Sie ihre Ernte in einen

Topf voll Wasser und lassen Sie das Ganze etwa eine halbe Stunde lang köcheln. Wenn der Sud abgekühlt ist, bleibt er ein paar Tage lang stehen – am besten im Freien, denn der Topfinhalt wird bald anfangen, unüberriechbar zu müffeln. Die Blätter sind durch das Kochen für die Mikroorganismen praktisch vorverdaut worden und durchlaufen jetzt einen Zersetzungsprozeß im Zeitraffertempo.

Nach etwa einer Woche sind die Blätter »reif« und können vorsichtig herausgenommen werden. Unter fließendem Wasser lassen sich mit einem feinen Pinsel behutsam letzte Gewebefetzen entfernen, so daß nur noch das spitzenartige Netzwerk der Adern übrigbleibt. Doch Sie können Blattgerippe auch ohne Geruchsbelästigung herstellen: Nehmen Sie sich eine feine Bürste, legen Sie das Blatt auf eine Zeitung und schlagen Sie nun mit der Bürste so lange darauf, bis das Gewebe zwischen den Adern herausgedrückt ist. Diese Methode schont zwar ihre Nase, ist aber langwierig, und die feineren Blattadern werden dabei leicht beschädigt.

FARBPALETTE

Bevor sich im Herbst das Pflanzenleben in unterirdische Speicherorgane und frostfeste Samen zurückzieht, verabschiedet es sich mit einem bombastischen Schlußakkord. Von Maisgelb bis Rostrot, von Mahagonibraun bis Sattgrün sind fast alle Farbnuancen zu finden. Also, finden wir sie!

Jeder Mitspieler schneidet sich aus Pappe eine Palette aus und klebt im Halbkreis beliebig viele Stückchen Doppelklebeband darauf. Je mehr Farbtöne er finden möchte, desto mehr Klebebandschnipsel braucht er. Wie die Palette bestückt wird, sollte jeder nach eigenem Geschmack entscheiden.

Man könnte zum Beispiel mit Sonnengelb beginnen und möglichst viele Schattierungen über Braun nach Rot suchen. Oder man könnte verschiedenste Naturdinge in derselben Farbe zusammentragen. Ein Rot-Spektrum ließe sich zum Beispiel aus Beeren (Weißdorn, Kornelkirsche, Eberesche), Rinde (Hartriegel), Blättern (Eberesche, Ahorn) und Kräutern (Storchschnabel) arrangieren. Oder man könnte Ahornblätter so nebeneinander aufkleben, daß die Farbreihe mit einem grünen Blatt beginnt und das gelbe Fleckenmuster von Blatt zu Blatt dominanter wird, so als breite sich ein Flächenbrand allmählich aus. Den Abschluß bildet dann ein rein gelbes Blatt.

schwarzen Vögel in dieser Größe nennt. Vogelkundler nehmen es natürlich genauer. Für sie sind Saatkrähen etwas besonderes. Im Jahre 1986 wurden sie zum »Vogel des Jahres« gewählt und heute stehen die schwarzen Gesellen sogar auf der Roten Liste.

Vogel des Jahres? Rote Liste?

Die Verleihung dieses Ehrentitels verursachte damals eine Menge Aufruhr, doch die Entscheidung

Mit ihren sensiblen Tasthaaren soll die Feldspitzmaus sogar Luftdruckwellen wahrnehmen können.

»Reh-Bonsai« nennen Förster zusammengebissene Bäume (im Bild eine Jungeiche), die unter zu vielen Rehmäulern verkrüppeln. Verbißschäden summieren sich jährlich zu Millionen-Mark-Beträgen.

war wohlüberlegt, denn seit langem schrumpfen die Saatkrähenbestände. Auf der Fläche der alten Bundesländer brüteten um 1900 noch rund 100000 Paare, 1950 waren es nur noch 25000 und 1980 noch 17000 Brutpaare. Die Krähen der großen Schwärme, die bei uns ab November einfallen und mit ihrem Gequorre den Städtern schon mal ihren Nachtschlaf rauben, sind nicht in bundesdeutschen Nestern aus dem Ei gekrochen, sondern aus Osteuropa, aus Polen, Ungarn und Rußland zugewandert.

Die Saatkrähen drüben auf der Wiese könnten aus der russischen Tiefebene gekommen sein. An ihren struppigen Federhosen, dem schrundigen weißen Schnabelgrund und dem schlanken, spitzen Schnabel sind die erwachsenen Vögel leicht von Rabenkrähen zu unterscheiden. Bei Jungvögeln muß man schon genauer hinsehen: Sie haben bis weit in ihren zweiten Lebenssommer hinein ein rein schwarzes Gesicht.

Kopfnickend und mit einem Hüftschwung wie Donald Duck wackeln sie über die Grasnarbe. Hie und da bohren sie die schlanken Schnäbel in den aufgeweichten Boden und befördern mit gekonntem Pinzettengriff Häppchen zu Tage – vermutlich Kohlschnakenlarven, Drahtwürmer, Engerlinge, Regenwürmer, all das, was den Staren entgangen ist. Sogar Mäuse erbeuten sie hin und wieder. Im Kraichtal in der Nähe von Heidelberg hat eine rund 4000köpfige Horde überwinternder Saatkrähen in einem einzigen Winter über 35000 Mäuse erbeutet – so jedenfalls berechnete eine Biologin in ihrer Doktorarbeit.

Das Jagdgesetz macht den Jägern in harten Wintern die Wildfütterung zur Pflicht. Rehe auf dem Wildacker sind dann kein seltener Anblick. Ob das teure Unterfangen angesichts zu vieler Rehe auch Sinn macht?

SCHÄDLICH? NÜTZLICH?

Für solche Nahrungsvorlieben müßten Saatkrähen von den Landwirten eigentlich heiß geliebt werden, aber leider sind sie wie alle Rabenvögel flexibel und heißen nicht ganz zu Unrecht **Saat**-Krähen. Daß sie die Reste von den abgeernteten Maisfeldern klauben, verübelt ihnen niemand. Doch wenn der Boden auskühlt und sich die Insektenlarven in tiefere Erdschichten zurückziehen, behelfen sie sich auch mal mit Hochwertigem. Genauso systematisch, wie die Drillmaschine den Winterweizen Reihe um Reihe im Boden versenkt, zupfen die Krähen wenig später die Keimlinge wieder heraus...

ALSO DOCH SCHÄDLINGE?

Was ist das überhaupt: schädlich? Nach landläufiger Meinung gilt als Schädling, wer menschliches Eigentum vernascht oder vernichtet. Zu den schädlichsten Tieren überhaupt müßten demnach Rehe gehören. Im Jahre 1988 untersuchte man anläßlich einer Verbißinventur in Bayerns Wäldern 1,25 Millionen Forstpflanzen zwischen 20 und 110 cm Größe: Ein Drittel davon war vom Wild geköpft worden. Hätte man auch noch die Seitenzweige in die Beurteilung einbezogen, wäre man auf 61 % verbissene Laubbäume und 47 % verbissene Nadelbäume gekommen.

Natürlich sind weizenfressende Saatkrähen oder knospenknabbernde Rehe ebenso wenig »böse« Tiere wie die raupensuchende Kohlmeise ein »gutes« Tier ist. Rehe können einfach nicht anders.

Gartenschläfer sind eigentlich Insektenspezialisten – und die Handvoll Beeren im Sommer und die paar Pflaumen oder Äpfel im Herbst sollte man ihnen gönnen.

Als man ein paar Rehen in einem Versuch nichts anderes vorsetzte als reichlich gemähtes Grünzeug von einer Parkwiese, wurden sie von Tag zu Tag magerer. Es ging ihnen genauso, wie es unsereinem gehen würde, wenn wir mit reiner Salatdiät bei Kräften bleiben müßten. Rehe brauchen hochwertige Nahrung, und das sind eben unter anderem Knospen und junge Triebe. So war es schon immer, und so sind Bäume es auch gewohnt. Es ist sogar erwiesen, daß **einmal** angeknabberte Schößlinge schneller wachsen als unbehelligte Vergleichsbäumchen: Alle Reserven konzentrieren sich dann auf die restlichen Triebe.

Bäume mit Body-guards

Nein, das Problem ist nicht, daß ein Rehmagen nach Knospen verlangt, das Problem ist die schiere Zahl der Bambis. 1975 konnte man in Bayern 10mal mehr Rehe schießen als im Jahre 1965, und heute, über 20 Jahre später, ist das Problem so aktuell wie eh und je. Waidmänner schwören Stein und Bein, sie bekämen kaum noch Wild zu Gesicht. Kein Wunder: Wenige Großtiere können sich so gut unsichtbar machen wie Rehe, die nicht entdeckt werden wollen. Waldbesitzern dagegen muß die angebliche Seltenheit der Rehe wie ein schlechter Witz vorkommen: Sie können ihren Jungwuchs nur noch hinter Draht so weit hochpäppeln, daß die hungrigen Mäuler zumindest die Spitzen nicht mehr erreichen – ein teurer Spaß.

In Verlängerung der Hecke, an ihrem waldnahen Ende, steht seit einigen Wochen einer dieser teuren Zäune und schirmt die kürzlich angepflanzten Ebereschen, Rotbuchen und Jungeichen gegen Wild ab. Ohne Zaunschutz sähe der Jungwuchs vermutlich so aus wie die Weide und der Schneeball, die sich außerhalb des Zaunes angesiedelt haben: Die beiden Büsche ähneln zerrupften Besen, die Triebe enden in ausgefransten, abgestorbenen Pinseln, und an knorpeligen Verdickungen am älteren Holz ist deutlich zu erkennen, daß die beiden Büsche schon seit Jahren versuchen, sich gegen zu viele Rehmäuler zu behaupten. Ein Schnitt durch einen der älteren, bodennahen Zweige bestätigt den Verdacht: Der Schneeball ist schon 8 Jahre alt, ein Alter, in dem er längst 3–4 m hoch sein müßte. Dieser kurz und klein gebissene Bonsai dagegen hat es knapp auf Hüfthöhe gebracht.

Das Wissen der Ahnen

*»Lerchen sind wir,
freie Lerchen,
wiegen uns
im Sonnenschein,
steigen auf
aus grünen Saaten,
tauchen in den
Himmel ein.«*

»Ein Bissen von wunderbarer Saftfülle...«

So reimte Ludwig Uhland. Gut möglich, daß der große Romantiker Lerchen nicht nur als jubilierende Sänger, sondern auch als Leckerbissen zu schätzen wußte: Feldlerchen galten im 18. und 19.Jahrhundert als eine der erlesensten Köstlichkeiten. Besonders im Herbst, wenn sich die Feldlerchen für ihre Wanderung in die Winterquartiere Fettreserven angefressen hatten, waren sie als Speise begehrt. Die Vögel ließen sich von dem sogenannten Lerchenspiegel aus der Luft herunterlocken und verfingen sich schließlich in hauchdünnen Netzen. Allein im Oktober sollen in Leipzig in guten Lerchenjahren über eine halbe Million Lerchen auf den Markt gekommen sein, und ein Teil der kostbaren Handelsware gelangte – in wasserdichte Kisten verpackt und in frische Butter eingedrückt – bis nach Paris.

Das beliebteste Lerchengericht auf festlichen Tafeln würden wir heute vielleicht »Lerche natur« nennen: Die gerupften Vögel wurden samt Eingeweiden, Füßen und Kopf gebraten – nachdem man zuvor den Magen entfernt hatte. Nach einem Lerchenschmaus lagen nur noch verloren die Schnäbel und Beine am Tellerrand. Raffiniertere Köche verarbeiteten Lerchen zu Pasteten. »Eine ausgebeinte, feiste, schmucke Lerche ist allerdings nur ein Bissen, aber ein Bissen von wunderbarer Saftfülle und geradezu köstlichem Wohlgeschmack, der den ganzen Schmeckapparat in namenloses Entzücken versetzt,« schwärmte 1894 der Schriftsteller Rosner, und der Ornithologe Naumann war fest überzeugt, daß Lerchen »zur Speise für uns geschaffen seien« – oder warum sonst sollte der Herr sie mit so großer Fruchtbarkeit gesegnet haben?

Im Herbst folgt für Wachholderdrosseln ein Obsttag auf den anderen. Ob Weißdorn-, Pfaffenhütchen- oder Ebereschenbeeren: Rot sollten sie sein und nahrhaft.

Kornelkirschen sind nicht nur bei Vögeln und Haselmäusen beliebt, sie lassen sich zu leckeren Säften verarbeiten, und kandiert sind sie ein Leckerbissen.

Einladung zum Mundraub

Wenn viele Rehe der Bäume Tod sind, dann gilt für Vögel das Gegenteil: Je mehr Beeren in Vogelmägen landen, desto besser für die Verbreitung der Sträucher. Wo auch immer vagabundierende Beerenfresser die Überreste ihrer Mahlzeit hinterlassen, sprießen im nächsten Jahr junge Sträucher. Die Samen reisen quasi per Anhalter. Doch die Vögel sorgen nicht nur unfreiwillig für die Verbreitung der Samen, sie verbessern auch noch deren Erfolgsaussichten. Viele Samenkörner – zum Beispiel die des Weißdorns, der Johannisbeere oder des Geißblattes – keimen nämlich erst dann so richtig, wenn die ätzenden Magensäfte ihnen eine Vorbehandlung verpaßt haben.

Verständlich, daß Sträucher »alles daran setzen«, ihre Früchte möglichst komplett an Vögel loszuwerden. Sie werben marktschreierisch mit dem, was sie zu bieten haben. Es ist kein Zufall, daß so viele Wildsträucher knallrote Beeren tragen. Vögel finden Rot nämlich unwiderstehlich. Wenn man's so sieht, erfüllt die Amsel, die im Frühsommer die Johannisbeersträucher plündert, eigentlich eine naturgewollte Aufgabe.

Herbstzeit ist Erntezeit

In der Hecke sind Drosseln, Stare und Finken ihrer Aufgabe als Samenverteiler schon gründlichst nachgekommen: An den Holunderzweigen ragen nur noch leere, rote Stiele in die Luft, die Beerenflut des Weißdorns ist merklich ausgedünnt, und die restlichen Hagebutten an der Wildrose kann man an zwei Händen abzählen. Sogar die fürchterlich sauren

Ein guter Zauber

In **Schlehe** oder **Schwarzdorn** sitzen Zauberkräfte – so jedenfalls sagte der Volksglaube. Gute Mächte hausten angeblich in dem sperrigen Dornstrauch. Wenn man sich eine Schlehe vors Haus pflanzte, stellte man diese guten Mächte in seine Dienste und hatte einen sicheren Schutz gegen Blitz, Feuer und Pestilenz. Vor bösen Mächten aber schützte am besten ein Spazierstock aus Schlehenholz. Doch auch im Zeitalter des Blitzableiters und der Krankenversicherung gibt es gute Gründe, sich mit Schlehen zu umgeben: Wenige Sträucher sind zur Blütezeit ein so erfreulicher Anblick und ein so gutes Vogelbrutgehölz wie die Schlehe.

Schlehen-Apfel-Marmelade

Zutaten:
400 g Schlehen, 600 g Äpfel, etwa 1 Pfund Zucker, Gläser mit Schraubverschluß.

Schlehen erntet man am besten erst dann, wenn sie schon einige Fröste überstanden haben. Ohne diese »Vorbehandlung« verschaffen einem Fruchtsäure und Gerbstoffgehalt der Früchte ein Geschmackserlebnis, das einem »wirklich die Socken auszieht«, so der britische Wildgemüsekenner Richard Mabey. Frost macht die Früchte wesentlich milder und süßer.

Die Schlehen waschen, in 3/8 l Wasser etwa 5 Minuten kochen lassen und durch ein Sieb passieren. Die Rückstände noch einmal mit etwas Wasser aufkochen und passieren. Die Äpfel ebenfalls waschen, von Stiel und Kernhaus befreien und in Stücke schneiden. Die Apfelstücke mit 1/8 l Wasser aufkochen und pürieren. Apfel- und Schlehenmus werden gut miteinander verrührt, gewogen und mit der Hälfte des Gewichts Zucker gemischt. Das Ganze noch einmal aufkochen und heiß in Gläser füllen.

Schlehensaft

Zutaten:
Schlehen, Zucker, ganze Nelken, ganze Zimtrinde.

Die Schlehen waschen, in eine große, hitzefeste Tonschüssel geben, mit soviel kochendem Wasser übergießen, daß die Früchte handhoch überdeckt sind und einen ganzen Tag lang stehen lassen. Die inzwischen rötliche Flüssigkeit abgießen, wieder aufkochen, über die Früchte gießen und noch einmal einen Tag ruhen lassen. Wenn man die ganze Prozedur ein drittes Mal wiederholt hat, sind die Früchte so weit ausgelaugt, daß die Flüssigkeit eine leuchtend rote Farbe bekommen hat. Auf jeden Liter Saft gibt man jetzt 200–250 g Zucker und läßt die Mischung zusammen mit einigen Nelken und Zimtstangen aufkochen. Die Gewürze werden wieder herausgenommen, der Schaum abgeschöpft und der Saft abgefüllt. Die Saftflaschen müssen 20 Minuten lang auf 80 °C gehalten und noch heiß verschlossen werden. Schlehensaft mit einem Schuß Arrak und einigen Zitronenscheiben ist eine leckere Alternative zu Glühwein!

Wer nistet wo?

Wenn wir Form und Größe mal beiseitelassen: Was ist eigentlich der wichtigste Unterschied zwischen den Nestern eines Storches, einer Schwalbe oder eines Adlers auf der einen Seite und den Nestern eines Hausrotschwanzes, einer Singdrossel und eines Rotkehlchens auf der anderen Seite?

Eine schwierige Frage? Nein, eigentlich nicht: Es gibt Vögel – das sind oft die etwas größeren –, die ihre alten Nester Jahr für Jahr wieder benutzen, sie allerdings vor dem Einzug zu Beginn der Brutzeit mehr oder minder sorgfältig instandsetzen. Störche und Adler schichten, ohne viel Federlesens zu machen, neue »Bauabschnitte« auf die alten; besetzte Habichtshorste erkennt man auf den ersten Blick daran, daß sie mit frischen grünen Zweiglein garniert sind; und unter den kleineren Vögeln sind Mehlschwalben für ihre kunstvolle Instandsetzung alter Nester bekannt.

Buchfinken tarnen ihre kugeligen, festen Nester mit Flechten oder Moos so gut, daß sie wie ein Teil des Baumes aussehen.

Fast alle kleineren Singvögel dagegen nutzen ihre Behausungen nur einmal. Ein leeres Amselnest wird vielleicht noch mal von einer Hasel- oder Waldmaus zweitgenutzt, aber bestimmt nicht von einer Amsel. Wenn Sie also im Spätherbst in Hecken und niedrigen Gebüschen Nester entdek-

Zaunkönig und Zaunkönigin bauen ihr Kugelnest arbeitsteilig: Er besorgt den Rohbau, sie bewerkstelligt die Innenarchitektur.

Das locker zusammengefügte Grasnest der Mönchsgrasmücke hat ein knapp bemessenes Verfallsdatum: Oft zerfallen die Nester schon wenige Wochen nach dem Ausfliegen der Jungen.

Weil Mäusebussarde ihre Horste viele Jahre lang immer wieder reparieren und aufstocken, können im Laufe der Zeit halbmeterhohe Gebäude entstehen.

ken, die noch im September im dichten Laub versteckt waren, können Sie sie ohne Gewissensbisse einpacken. Niemand wird sie vermissen.
Einige Nestkonstruktionen sind so zwischen die Zweige gespannt, daß sie ohne diese Stützen schnell ihre Form verlieren. Andere, zum Beispiel Drosselnester, sind durch ihre perfekte Innenauskleidung stabilisiert. Mit Hilfe eines guten Bestimmungsbuches werden Sie schnell einen Blick dafür entwickeln, welcher Vogel zu welchem Nest gehört. Und welches Baumaterial wurde eingesetzt? Kann man am fertigen Nest erkennen, wie der Vogel beim Bauen vorgegangen ist? Finden sich auch nichtnatürliche Baustoffe (Plastikschnüre, Papier)? Versuchen wir doch mal, das Nest so exakt zu zeichnen, daß man die Bauweise erkennen kann – so als müßten wir eine Konstruktionszeichnung für Grasmücke und Co zeichnen!
Achtung: Weil noch lebende Vogelparasiten im Nest sein können (vor allem Flöhe, s.S.186), empfiehlt es sich, die Nester mit alten Lederhandschuhen einzusammeln und sie vor der Untersuchung eine Weile in einer verschlossenen Plastiktüte mit Mottenkugeln aufzubewahren.

Die Früchte der Hundsrose, die allseits bekannten Hagebutten, gehören zu den vitaminreichsten Wildfrüchten.

Früchte der Schlehe sind zum größten Teil verschwunden. Die Frostnächte der letzten Woche haben sie genießbar gemacht.

Die Ausverkaufsstimmung der letzten Wochen, als Horden von Staren und Drosseln durch die Holunderbüsche tobten, ist abgeklungen. Wie ausgestorben steht die Hecke da. Gut versteckt hinter den letzten Blättern des Holunders lispeln ein paar Meisen, und eine Wacholderdrossel hat sich im Weißdorn niedergelassen, wo sie sich in aller Ruhe die restlichen Beeren einverleibt. Sobald sie alles in Schnabelreichweite geerntet hat, wechselt sie den Sitzplatz, lümmelt sich gemütlich auf einem neuen Zweig zurecht und pflückt weiter. Gerade hat es sich die Drossel auf ihrem vierten Sitzplatz gemütlich gemacht und die ersten Früchte hinuntergeschluckt, als es ihr plötzlich den Appetit verschlägt. Eine Weißdornbeere im halboffenen Schnabel, späht sie mit langem Hals und nervös angelegtem Gefieder die Hecke entlang. Irgendwo im Zweigwirrwarr ein paar Büsche weiter lauert Gefahr. Einen Augenblick zögert die Wacholderdrossel noch, dann läßt sie die Beere fallen und flattert schnarrend davon. Eine Kohlmeise übernimmt die Meldung und gibt ebenfalls Alarm.

KROKUSMÄNNCHEN

Besinnliche Betrachtung ist nicht Kinder-Art. Kinder lieben Natur und natürliche Dinge, wenn man etwas »damit anfangen kann«. Sie lieben den Herbst, weil man so schön durch die Blätter rascheln kann; sie lieben bunte Schneckenhäuser, weil man sie sammeln kann; sie lieben den Bach, weil man ihn aufstauen und umleiten kann; sie lieben Katzen, weil man mit ihnen spielen kann, und Eichhörnchen, weil sie sich manchmal sogar eine Nuß aus der Hand holen.
Mit Pflanzen tun sich Kinder in ihrem unbändigen Tatendrang oft schwer. Pflanzen wachsen so schrecklich langsam, bewegen sich nicht, geben keinen Ton von sich. – Dafür kann man mit Pflanzen seine Umgebung gestalten. Mit etwas Hilfestellung können schon Vorschulkinder ein Gefühl für ihre grüne Umwelt entwickeln.
Für das »Krokusmännchen« darf sich das Kind in bequemer Haltung auf die Wiese legen, während ein Helfer die Körperumrisse mit Sägemehl markiert. Auf der Sägemehl-Linie werden dann im Abstand von etwa einer Handbreit Krokuszwiebeln gepflanzt. Am besten eignen sich sogenannte »botanische Krokusse« oder Wildkrokusse. Sie blühen früher – oft schon ab Ende Februar – und sehen mit ihren kleineren Blüten nicht so aufgedonnert aus wie viele Hochzuchtsorten. Aber achten Sie bitte auf den Hinweis »Kulturmaterial« auf der Packung. Er besagt, daß die Krokusse nicht, wie es leider noch oft vorkommt, der Natur entnommen wurden.
Besonders kleinere Kinder brauchen beim Pflanzen Hilfe, sonst verlieren sie schnell die Lust an der Sache. Aber nehmen Sie ihnen bitte nicht die ganze Arbeit ab, sonst wird das Ganze in den Augen der Kleinen sofort zu einem Projekt der Erwachsenen!
Im nächsten Frühjahr wird Ihr Kind dann voller Stolz **sein** Krokusmännchen aufblühen sehen, wird sich noch einmal danebenlegen – und verblüfft feststellen, daß das Männchen überhaupt nicht mehr »paßt«.

BEUTELGEHEIMNISSE

In einen Baumwollbeutel steckt der Spielleiter alle möglichen Dinge aus Wald und Wiese: Schneckenhäuschen, Kiefernzapfen, Fichtenzapfen, Knochen, Federn, eine Klette, Eicheln – alles ist erlaubt, mit einer Ausnahme: Die Beutelgeheimnisse dürfen nicht stechen oder sich sonstwie unangenehm anfühlen, sonst verlieren die Mitspieler bald die Lust am Spiel.
Ist der Beutel mit »Geheimnissen« gefüllt, darf ein Mitspieler nach dem anderen behutsam den Inhalt ertasten, ohne aber den anderen zu verraten, was er gefühlt hat. War jeder an der Reihe, ziehen alle los und versuchen, die Dinge aus dem

Beutel selbst zusammenzusuchen. Erst wenn jeder meint, sein Sammelsurium komplett zu haben, wird das Beutelgeheimnis gelüftet und mit den Fundstücken verglichen. Gefordert sind sensible Fingerspitzen und gute Merkfähigkeit.
Für Könner läßt sich der Schwierigkeitsgrad des Spieles beliebig erhöhen. Im Beutel könnten so raffinierte Dinge stecken wie Buchenblätter mit Insektengallen, die stacheligen Samenköpfchen des Benediktenkrautes, Mohnkapseln, Rindenstückchen mehrerer verschiedener Baumarten, Fruchtstände von Schneeball, Weißdorn, Heckenrose – ein Spiel nicht nur für Kinder.

Ein Eichhörnchen in Bilderbuchhaltung: die Pinselohren gespitzt, die Schwanzfahne zum Fragezeichen über den Rücken gelegt und in den Pfoten eine Nuß.

DER WIPFELSTÜRMER

Die Vögel in der Hecke wissen Bescheid, der flammendrote Eichkater ist enttarnt – doch das scheint ihn nicht sonderlich zu stören. Mit seiltänzerischer Trittsicherheit setzt er von der Schlehe auf den Holunder, von dort hinüber zu einem tiefsitzenden Zweig des Haselbusches, arbeitet sich in unregelmäßigen Serpentinen bis auf Hüfthöhe hinauf und landet schließlich etwas tiefer im Weißdorn. Bei jedem Satz folgt der buschige Schwanz exakt der Sprungbahn des Körpers. Er ist Steuerruder, Balancierstange und Schwebefortsatz in einem. Beobachtet man das Eichhörnchen mit zusammengekniffenen Augen, so könnte man meinen, eine rote Welle fließe durchs Gebüsch.

Im Haselbusch ist offenbar nichts mehr zu holen, andere waren schneller; doch im Weißdorn finden sich noch genügend Magenfüller. Der Eichkater balanciert auf einigen dickeren Zweigen entlang, prüft offenbar, wie ergiebig die umliegenden Zweige sind, und klemmt sich schließlich bequem in einer Astgabel fest. Nicht weit von dem Platz entfernt, auf dem zuvor die Wacholderdrossel Beeren gepflückt hat, angelt er jetzt nach den roten Früchten.

Mit der Fingerfertigkeit eines Taschendiebes und der Geschwindigkeit eines Akkordarbeiters geht das Hörnchen zu Werke. Es greift mit den Vorderpfoten einen Zweig, zupft mit dem Maul die Beere ab, hält sie in beiden Händen fest und raspelt emsig. Sekunden später rieseln schon die Reste ins Fallaub, und die nächste Beere kommt an die Reihe. Das deutlich hörbare Knacksen verrät, daß es der Eichkater nicht auf das Fruchtfleisch, sondern auf die Kerne abgesehen hat. Über die verschmähten mehligen Fruchthüllen werden sich später Mäuse und Igel hermachen. Jedem das Seine.

Grüne Tips

Herbstlicher Hausputz

In einem Nistkasten wachsen jedes Jahr 2, manchmal sogar 3 Bruten auf. Von den ehemaligen Bewohnern zeugt im Herbst nur noch das verlassene Nest – und jede Menge Untermieter. Wenn Sie ein altes Vogelnest auseinanderpflücken, werden Ihnen die Federlinge, Vogelflöhe und oft auch Lausfliegen in Scharen entgegenkrabbeln und -hüpfen. Alle Nisthilfen sollten deshalb im Herbst gründlich gereinigt werden.

Ist das nicht menschlicher Reinlichkeitswahn? Durchaus nicht, denn die Blutsauger schwächen Jungvögel oft so stark, daß die Vogeleltern deutlich mehr füttern müssen, um den Aderlaß auszugleichen. Bei Schlechtwettereinbrüchen ist das oft nicht möglich und die schwächeren Jungvögel verhungern. Natürlich »wissen« auch Vögel, daß ein starker Flohbesatz ihren Jungen das Leben zur Hölle machen würde – und lassen allzu verflohte Kästen einfach links liegen.

Die leeren und sauberen Nistkästen lassen Sie bitte den Winter über einfach hängen. Florfliegen und Schmetterlinge wie das Tagpfauenauge oder der Kleine Fuchs suchen für die kalte Jahreszeit einen geschützten Unterschlupf, und ein leerer Nistkasten eignet sich ausgezeichnet als Winterquartier.

Die Unsitte des Umgrabens

In einer Messerspitze gesunden Gartenbodens leben mehr als 3 Milliarden Organismen. In einem System feinst abgestimmter Wechselwirkungen zersetzen und verarbeiten diese Lebewesen in Teamarbeit heruntergefallene Blätter, abgestorbene Wurzeln und Totholz und verwandeln sie Schritt für Schritt in nährstoffreichen Humus, die Grundlage für neues Pflanzenleben.

Und dann kommt im Herbst der Spaten und kehrt buchstäblich das Unterste zu oberst. »Nach einem ungeschriebenen Gesetz hat seit Urväter Zeiten das Gartenland in grober Scholle zu überwintern,« klagt Marie-Luise Kreuter in ihrem Buch »Der Biogarten«. Lebewesen, die auf gut durchlüfteten Boden angewiesen sind, werden in luftarmen Tiefen beerdigt, und Organismen, die an die ausgeglichenen Temperaturen tieferer Bodenschichten angepaßt sind, werden nach oben geworfen und dem beißenden Frost ausgesetzt. »Das herbstliche Umgraben gleicht für die Bewohner der Erde einem zerstörerischen Erdbeben«, so Marie-Luise Kreuter. Das erste Gebot jedes Biogärtners lautet daher: Grabe niemals um! Hört sich das nicht verlockend an?

Wenn wirklich einmal schwere Böden gelockert werden müssen – und wirklich nur dann –, benutzen Biogärtner den sogenannten Sauzahn, ein sichelartiges Werkzeug an einem leicht gebogenen Stiel, das sich ohne großen Kraftaufwand durch den Boden ziehen läßt.

Ein weiteres Gebot des Biogärtners lautet: Fege kein Laub zusammen! Gerade im Herbst verschwindet in der Natur auch das letzte Stückchen nackten Bodens unter einer Schicht fallender Blätter, und wem die Natur ein Vorbild ist, der sollte es ebenso machen: Abgeerntete Beete bekommen eine Decke aus halbreifem Kompost, und der Boden der Staudenbeete darf geschützt unter einer Schicht Fallaub ruhen.

Die Schicht aus Kompost und Laub hat dreierlei Vorteile: Sie schützt die Bodenlebewesen vor Temperaturextremen, sie wirkt wie ein natürlicher Langzeitdünger, und sie verhindert, daß der Boden und mit ihm die Pflanzen während der Wintermonate zuviel Wasser verlieren. Viele Stauden, von denen man glaubt, sie seien im Winter erfroren, sind nämlich in Wirklichkeit vertrocknet.

Doch keine Regel ohne Einschränkungen: Wenn auf Staudenbeeten eine zu dicke Laubschicht liegengeblieben ist, können die Knospenanlagen darunter verfaulen. Besonders Pfingstrosen sind empfindlich gegen eine zu üppige Laubabdeckung.

WINTERQUARTIERE FÜR UNTERMIETER

Auf der Suche nach einem geeigneten Winterquartier enden Erdkröten manchmal in tödlichen Fallen: Jedes Jahr plumpsen unzählige von ihnen in die Schächte der Kellerfenster und überstehen dort unter hereingewehtem Falllaub vielleicht sogar den Winter. Im kommenden Frühjahr aber verhungern sie unweigerlich, weil die senkrechten Wände ihnen den Weg in die Freiheit versperren. Die einfachste Lösung: Legen Sie als Behelfsleiter ein Brettchen schräg in den Kellerfensterschacht oder bringen Sie ein feinmaschiges Drahtgeflecht unterhalb des Gitterrostes an, so daß Kröten auf Wohnungssuche gar nicht erst abstürzen können.

Ein einfaches Winterquartier für Erdkröten läßt sich im Handumdrehen selbst bauen: Heben Sie einfach eine flache Mulde aus, füllen Sie die Vertiefung mit Herbstlaub und legen Sie eine dicke Steinplatte darüber – fertig! Kröten wühlen sich übrigens bei Winteranbruch auch gerne in Komposthaufen. Bitte planen Sie deshalb das Kompostumsetzen erst für das Frühjahr ein.

Igel können sich auch im Spätherbst noch die nötigen Speckreserven für den Winter anfuttern.

Auch ein Winterquartier für Igel läßt sich mit wenig Aufwand anlegen. Es genügt schon, ein Stück Dachpappe oder einen Rest Teichfolie kuppelförmig so zwischen die Zweige eines Reisighaufens (s. S.86) zu legen, daß darunter ein regensicherer Hohlraum entsteht. Der Boden des Hohlraums sollte aus einer Zweig-Laub-Mischung oder ähnlich durchlässigem Material bestehen, damit eindringendes Wasser sich nicht stauen kann. Die Folie wird mit einer dicken Schicht Laub und Reisig beschwert und fertig ist das Igeldomizil. Die Inneneinrichtung des Winterquartiers überläßt man am besten dem künftigen Bewohner.

Oft sieht man noch im Spätherbst Jungigel am hellichten Tag umherirren. Nach neueren Erkenntnissen ist es wenig sinnvoll, solche Tiere in Pflege zu nehmen und »einzukellern«. Wenn Sie den verspäteten Jungtieren dennoch helfen wollen, stellen Sie – immer zur selben Zeit und am selben Ort – Katzenfutter, zerquetschte Bananen, reife Birnen und Sonnenblumenkerne (bitte keine Milch!) unter einem beschwerten Karton oder einer Kiste bereit, so daß Katzen die Igelmensa nicht plündern können. Wenn Sie nur einen faustgroßen Zugang freilassen und die Futterschüssel weit genug vom Zugang entfernt steht, müssen auch findige Katzen passen.

Jetzt im Herbst sind auch die Früchte der Winterlinde reif und fliegen an ihren segelartige Hochblättern ein Stück weit durch die Luft.

Regenwürmer (oben) sind mit Recht Geheimniskrämer: Viele Tiere stellen ihnen nach, jeder hat es auf sie abgesehen. Meist bekommt man von ihnen nur die Kothäufchen (rechts) zu sehen.

Während der Eichkater eine Frucht nach der anderen heranangelt, benagt, die Überbleibsel fallen läßt, thront er so elegant auf seinem schwankenden Sitz, als hätte er einen Phototermin. So werden Eichhörnchen mit Vorliebe abgebildet: in den Händen eine Nuß und den Schwanz als buschiges Fragezeichen über den Rücken gelegt. Im Altertum hatte man eine recht eigenwillige Erklärung für diese Sitzhaltung. Der griechische Dichter Oppian behauptete, das Eichhörnchen schaffe sich in der Sommerhitze Schatten, indem es seinen Schwanz als Schirm über sich halte. Der wissenschaftliche Gattungsname (*Sciurus*) heißt denn auch – ein wenig abgewandelt – nichts anderes als »Schattenschwanz«.

Eine andere Eigenart der Eichhörnchen trug ihnen sogar den Ruf des Tugendbolds ein: Wie jeder weiß, legen sie im Herbst gern Vorratslager an, die ihnen über winterliche Nahrungsengpässe hinweghelfen.

Nach einem Zitat aus dem 18. Jahrhundert »tragen [sie] Eicheln und Hasel-Nüsse fleißig in hohle Bäume, zu ihrer weiteren Nahrung und beschämen hierinnen die faulen Menschen, so das ihrige nicht zu rathe halten.« Auch die legendäre Trittsicherheit in den Baumwipfeln, die manchem Eichhörnchen das Leben rettet, wenn ihm der Baummarder auf den Fersen ist, wurde gründlich mißverstanden: »Sie machen viel Kurtzweyl dem Zuseher und thun große Sprünge.«

Die im Dunkeln sieht man nicht

Im Spätherbst ist »Schmuddelwetter« die Norm – eine Zumutung für den Menschen, eine paradiesische Zeit für Regenwürmer. Wenn der Boden die richtige Feuchtigkeit und Temperatur hat, laufen die Wühler zur Hochform auf. Wer an regnerischen Herbsttagen seine Augen aufmerksam über den Wiesenboden schweifen läßt, entdeckt, daß von welken Grashalmen und Blättchen oft nur noch die Spitze aus der Erde ragt, so als hätte ein unterirdischer Staubsauger sie in den Boden gezogen. Regenwürmer sorgen nämlich gern für die nächsten Mahlzeiten vor: Sie zerren abgestorbene Pflanzenteile in ihre Röhren und warten, bis Bakterien

sie so mürbe gemacht haben, daß sie auch für einen zahnlosen Regenwurm verwertbar sind.

Wer viel frißt, gibt auch viel von sich. Überall auf der Wiese quellen zwischen den Halmen kleine Erdhäufchen, manchmal sogar zentimeterhohe Türme aus dem Boden: Regenwurmkot. Im Laufe eines Tages brauchen Regenwürmer soviel Nahrung, wie sie selbst wiegen. Und da auf einem durchschnittlichen Hektar Land geschätzte 1250 kg Regenwürmer leben, häufeln sich im Verlauf eines Jahres 20–50 Tonnen Kot an der Oberfläche, während ein nicht meßbarer Anteil der Ausscheidungen als selbstfabrizierter Mörtel die Gänge der Würmer stabilisiert.

Wäre es nicht so mühsam, müßte man die Kothäufchen eigentlich einsammeln und als beste Blumenerde verkaufen. Sie enthalten nämlich doppelt soviel Phosphor, 3mal soviel Kalium, 7mal soviel Stickstoff, doppelt soviel Kalzium und 6mal soviel Magnesium wie die umgebende Erde. Wenn Pflanzenwurzeln auf ihrer ewigen Suche nach Wasser und Nährstoffen auf verlassene Regenwurmgänge stoßen, tun sie das einzige Richtige: Sie wachsen die Gänge entlang; nirgends könnte die Verpflegung besser sein.

Darwins Lieblingstier

Charles Darwin, der große Naturforscher, hatte vor wenigen Tieren soviel Achtung wie vor Regenwürmern. In seiner Schrift »Die Bildung der Ackererde durch die Tätigkeit der Würmer sowie die Beobachtung ihrer Lebensgewohnheiten« sagt er: »Es ist wohl wunderbar, wenn wir uns überlegen, daß die ganze Masse des oberflächlichen Humus durch die Körper der Regenwürmer hindurchgegangen ist und alle paar Jahre wiederum durch sie hindurchgehen wird. Der Pflug ist eine der allerältesten und wertvollsten Erfindungen des Menschen; aber schon lange, ehe er existierte, wurde das Land durch Regenwürmer regelmäßig gepflügt und wird fortdauernd noch immer gepflügt. Man kann wohl bezweifeln, ob es noch viele andere Tiere gibt, welche eine so bedeutungsvolle Rolle in der Geschichte der Erde gespielt haben, wie diese [....] Geschöpfe.«

Andere Tiere schätzen Regenwürmer eher als kulinarische Bereicherung: Die Saatkrähen, die vor einer Stunde hier Nachlese hielten, haben sicher reiche Beute gemacht. Und das schraubenartig gedrehte Kotröllchen, das säuberlich auf einem dicken Grasballen am Rande der Hecke plaziert worden ist, verrät, daß im Schutz der Dunkelheit sogar Füchse auf Wurmsuche gehen: Der Kot enthält eine Menge Erde. Zwar traut man Füchsen eher wilde Hasenjagden zu, aber ihr täglich Brot verdienen sie sehr viel beschaulicher. In stillen Nächten können Füchse mit ihren unglaublich feinen Ohren deutlich die Chitinborsten der Würmer über das Gras raspeln hören, wenn die sich auf der Suche nach welken Blättern oder einem Partner an der Oberfläche herumtreiben.

Jeder nach seinem Geschmack

Nichts wäre verkehrter, als die Regenwurmjagd der Füchse für einen Notbehelf in schlechten Zeiten zu halten. Nur Könner schaffen es allerdings, sich mit Regenwür-

Für den Rotfuchs ist der Herbst keine schlechte Zeit, seine Beutetiere haben sich jetzt für eine lange Wanderung oder für den Winterschlaf fettgefressen.

WANDERER ZWISCHEN DEN WELTEN

Wie wohl der erste Vogel zum Zugvogel wurde?
Es könnte ungefähr so passiert sein, wie es im Lauf der letzten hundert Jahre der Girlitz vorgeführt hat: Ursprünglich lebte der kleine Fink mit dem klirrenden Gesang in Nordafrika und Südeuropa, doch nach und nach drang er immer weiter nach Norden vor, eroberte fast ganz Westeuropa und brütet seit den 40er Jahren sogar in Schweden. Und noch immer dehnt er sein Verbreitungsgebiet weiter nach Osten aus.
In Südschweden und in Osteuropa findet der Girlitz zwar im Sommer genügend zu fressen, aber den Winter würde er dort nicht überstehen. Im Herbst zieht es ihn zurück in die alte Heimat, nach Nordafrika. Während die nordafrikanischen Girlitze als sogenannte Standvögel das ganze Jahr über im Brutgebiet bleiben, sind die nordeuropäischen Girlitze Zugvögel geworden. So ähnlich wie beim Girlitz könnte der Vogelzug entstanden sein. Aber warum nur wandern manche Vogelarten so weit? Warum fliegen Rauchschwalbe, Kuckuck und Weißstorch runde 5000 km in ihr Winterquartier und dieselbe Strecke wieder zurück? In der Tat könnten sie den Winter wohl auch weiter

Ein Schwarm ziehender Berg- und Grünfinken. Wenn skandinavische Bergfinken schon früh im Herbst bei uns einfallen, ist ein harter Winter zu erwarten.

Flußseeschwalben (links) halten den Rekord im Weitflug. Gänsesäger (rechts) ziehen dagegen nur kurze Strecken und sammeln sich im Winter auf eisfreien, fischreichen Gewässern.

nördlich verbringen, und ursprünglich haben sie das sicher auch getan. Aber im Laufe der Jahrmillionen drifteten die Kontinente immer weiter auseinander, jedes Jahr ein paar Zentimeter, und die Winterquartiere der Vögel entfernten sich immer weiter von ihren Brutgebieten. Zugwege, die heute mehrere tausend Kilometer messen, haben einmal bei Null begonnen.
Typische Zugvögel haben es im Blut, wann ungefähr sie abwandern müssen. Dieses verblüffend gute Zeitgefühl nennt man die Innere Uhr der Vögel. Auch andere Lebewesen, sogar Pflanzen haben so ein angeborenes Zeitgefühl, doch erst die Umweltbedingungen, zum Beispiel die kürzer werdenden Tage, sorgen für die Feineinstellung der Inneren Uhr. Wenn der Kalender im Kopf meldet, daß die Zeit der großen Herbstwanderung näherrückt, fressen sich Zugvögel so rund und fett wie möglich; sie lagern Treibstoff für die kommenden Entbehrugen an. Wenn sie gut aufgetankt sind und die Zugstimmung sich genügend gesteigert hat, kann bei Langstreckenfliegern schon ein kleiner, nebensächlicher Anlaß wie ein Startschuß wirken. Ein Schwalbenschwarm in Zugstimmung könnte zum Beispiel von einem vorbeidonnernden Düsenjäger zum Starten veranlaßt werden.
Stare orientieren sich als Tagzieher am Stand der Sonne. Grasmücken

Wildgänse (im Bild Bläßgänse) ziehen in Keilform: Jeder nutzt den Windschatten des vorausfliegenden Vogels, um Kräfte zu sparen. Nur die Gans an der Spitze verausgabt sich und muß hin und wieder abgelöst werden.

dagegen, die in der Nacht wandern, lassen sich von den Gestirnen leiten. Wohin sie ziehen müssen, ist den meisten Zugvögeln angeboren. Sie kriechen sozusagen mit einer Flugkarte im Kopf aus dem Ei. Der Marschbefehl könnte dann lauten: Ziehe 3 Wochen lang Richtung Südwesten, dann halte dich 2 Wochen lang nach Südsüdosten und dann sieh dich nach einem geeigneten Platz um. Unerfahrene Jungvögel, die sich beim Wandern nur nach dieser angeborenen Flugkarte richten können, steuern ihr Zielgebiet noch etwas ungenau an. Altvögel aber, die Angeborenes mit Erfahrungswerten mischen, treffen ihre Ziele meist erstaunlich genau.
Das abweichende Beispiel von Artgenossen kann Vögel allerdings auch daran hindern, das zu tun, was ihnen die Gene diktieren: Wenn junge Gänse von flugunfähigen Eltern aufgezogen werden, sind sie im Herbst zwar äußerst unruhig und »wollen eigentlich« abwandern, aber die Bindung an ihre Eltern ist stärker als der Zugtrieb. Und wenn englische Stockenten, die grundsätzlich nicht wandern, nach Finnland verpflanzt werden, schließen sie sich dort ihren Artgenossen an und werden zu Zugvögeln.

mern den Bauch zu füllen, denn wenn die Würmer auch nur die leiseste Erschütterung wahrnehmen, flüchten sie blitzschnell in die schützende Röhre. Und selbst wenn es dem Fuchs gelingt, ein Wurmende zu packen, ist er noch nicht am Ziel seiner Wünsche: Regenwürmer können sich mit ihren Borsten erstaunlich fest in ihrer Röhre verankern. Zieht der Fuchs dann zu energisch am anderen Ende, »beschließen« die Würmer oft kurzerhand, sich von dem gefährdeten Körperteil zu trennen. Sie werfen ein paar Körperringe dem Feind sozusagen in den Rachen, während sie sich mit dem größeren Teil ihrer selbst in Sicherheit bringen. Der Wurm ist gerettet, der Fuchs hat nur eine Zungenspitze voll erbeutet.

Doch wie der Biologe David Macdonald in der Nähe von Oxford beobachten konnte, wissen clevere Füchse auch diesem Trick der Regenwürmer zu begegnen. Macdonald sah, wie eine alte, erfahrene Füchsin einen Wurm, den sie nur am äußersten Ende erwischt hatte, behutsam gespannt hielt, während sie mit einer Pfote unablässig ihr Opfer massierte. Etwa zehn Sekunden dauerte die Streicheltour, dann war der Regenwurm erlahmt und gab auf.

Der Herr der Gänge

Auch ein anderer Gourmet, der Regenwürmer zu schätzen weiß, fällt erst im Herbst auf, wenn die dösende Natur keine Sensationen mehr zu bieten hat und der Blick wieder auf Kleinigkeiten fällt: Auf der Regenwurmwiese verraten säuberlich gereihte Maulwurfshaufen, wo der Herr der Gänge auf Nahrungssuche war. Im Abstand von etwa 1 m hat er den störenden Erdaushub nach oben entsorgt.

Zwar nimmt er im Vorbeilaufen mit, was sich an Krabbeltieren in seine Röhren verirrt, aber davon wird kein Maulwurf satt. Ohne Abstecher in jungfräuliche Erdschichten wird der Magen nicht voll. Dort allerdings kann der Wühler wirklich aus dem Vollen schöpfen: Wie geduldige Biologen ausgezählt haben, leben in einem Erdblock von 1 m² Fläche und 30 cm Tiefe rund 10 000 Borstenwürmer, 50 Schnecken, 50 Spinnen, 50 Asseln, 150 Doppelfüßer, 50 Hunderfüßer, 100 Vielfüßer anderer Gruppen, 100 Käfer oder Käferlarven, 100 Fliegenlarven und 150 »sonstige« Kerbtiere. Nicht zu vergessen gut 80 Regenwürmer, die Grundlage jeder Maulwurfdiät.

Spürt der Maulwurf mit seinem unglaublich feinen Sensorium für Erschütterungen, daß sich im Einzugsbereich seiner Gänge etwas regt, saust er an die Stelle im Gang, die dem winzigen Erdbeben am nächsten liegt und schaufelt sich mit den Bewegungen eines Brustschwimmers zu seinem Opfer vor. Wenn die Erde nicht allzu fest ist, schafft er mit dieser Technik in 20 Minuten anderthalb Meter Gang – schnell genug, um Engerling oder Schnakenlarve einzuholen.

Nach jedem Meter frisch gebuddelter Röhre muß der Maulwurf (links) den Erdaushub entsorgen – in Form der allseits bekannten Maulwurfshaufen (oben).

Warum werfen Bäume im Herbst die Blätter ab?

Eine ausgewachsene Eiche wirft jedes Jahr bis zu 200000 Blätter ab, und im kommenden Frühjahr muß sie dieselbe Menge wieder neu aufbauen. Wozu die Verschwendung?

Würden die Bäume im Winter ihre lebenden Blätter an den Zweigen behalten, müßten sie ganz einfach verdursten. Schon der abgekühlte Herbstboden macht es den Baumwurzeln schwer, genügend Wasser aufzusaugen. Ist der Boden aber endgültig gefroren, dann ist buchstäblich »der Hahn zu«. Nichts geht mehr. Und da ein 120 Jahre alter Laubbaum über seine Blätter täglich bis zu 600 l Wasser verdunstet, muß er sein Laub loswerden, um zu überleben.

Eine angenehme Begleiterscheinung des herbstlichen Schleiertanzes: Mit dem Laub entledigt sich der Baum auch ungünstiger Stoffwechselprodukte oder der Umweltgifte, die sich in den Blättern angereichert haben.

Und wie stellen sie's an? Weniger die tieferen Temperaturen als die kürzer werdenden Tage signalisieren dem Baum schon im September, daß es jetzt an der Zeit ist, Ballast abzuwerfen. An der Basis der Blattstiele bildet sich eine korkartige Trennschicht, die keine faserigen Elemente mehr enthält und den Saftstrom vom und zum Blatt allmählich versiegen läßt. Schließlich lösen sich Zellen oder Zellwände in dieser Schicht auf; das Blatt hat jetzt nur noch eine hauchzarte Verbindung zum Zweig und wird beim nächsten Windhauch zu Boden schaukeln.

Ein spezielles Abschlußgewebe über der Wundfläche verhindert, daß der Baum über seine vielen tausend Wunden Wasser verliert oder von Krankheitskeimen befallen wird. An den großen Blattnarben der Roßkastanie kann man übrigens besonders gut erkennen, wo die Leitungsbahnen saßen, die das Blatt mit Wasser versorgten und die organische Substanz weiterleiteten, die im Blatt produziert wurde.

In der menschenbeherrschten Welt lassen sich auch Bäume bisweilen täuschen: Wo ihre Äste in nächster Nachbarschaft zu einer Straßenlaterne wachsen, erleben sie einen künstlich verlängerten Tag und »glauben« deshalb, es sei noch früh im Jahr und an Blattabwurf sei gar nicht zu denken. Solche dauerbeleuchteten Äste tragen noch grünes Laub, wenn die benachbarten Bäume ihre Blätter längst abgeworfen haben. Erst die tiefen Temperaturen des Spätherbstes korrigieren den Irrtum und veranlassen den Baum, sich auch von seinen letzten Blättern zu trennen.

Diese Rotbuche bei Altomünster ist gut 450 Jahre alt – ein Methusalem ihrer Art.

Nur Männchen mit Revier haben bei Feldgrillen Aussichten auf Erfolg. Oft sitzen sie noch spätabends vor ihren selbstgegrabenen Röhren und locken zirpend Weibchen herbei (oben).
Mit vielen kleinen Häkchen hängen sich die Früchte der Klette ins Fell vorbeistreifender Tiere (hier ein Dachs) – Pioniere, die per Anhalter reisen (unten).

Eingelegte Regenwürmer

Im Winter, wenn sich die Bodentiere in tiefere Erdschichten zurückziehen, würden ihm allerdings auch olympische Grableistungen nicht weiterhelfen: In 2 m Tiefe, wo sich die Regenwürmer für den Winter ihre Eremitagen bauen, ist selbst für Maulwürfe der Sauerstoff zu knapp. Aber sie wissen sich zu helfen: Sie jagen auf Vorrat, lähmen die erbeuteten Regenwürmer mit einem gezielten Biß ins Vorderende und machen sie damit fluchtunfähig.

Irgendwo in dieser Wiese muß die Vorratskammer des Maulwurfs liegen, wahrscheinlich dort drüben in der Nähe des größten Hügels. Der dickste Haufen markiert nämlich die Nestkammer, und ein

Wenn Distelfinken mit ihrem Pinzettenschnabel Samen quasi aus den Hüllen »schrauben«, gehen sie so geschickt und sicher zu Werke wie Feinmechaniker.

Maulwurf lagert seine Vorräte gern in Griffweite seines Nestes. In einem besonders gut gefüllten Depot fanden Biologen 18 Engerlinge und 1280 Regenwürmer – insgesamt über 2 kg »Eingemachtes«!

Reisen per Anhalter

Am Wegrand, wo die Hecke an den Feldweg stößt, blühen hartnäckig die letzten Karthäusernelken. Selbst die ersten Frostnächte haben sie unversehrt überstanden. Die Echte Nelkenwurz, deren sperrige Stengel sich durch die welken Graspolster unter der Hecke bohren, hat das letzte Blütenblatt schon vor Wochen abgeworfen. Nur ihre Samen mit den krallenförmigen Griffeln sitzen noch, zu Kugeln zusammengeballt, am Stengel. Wie kleine Morgensterne sehen sie aus. Sobald ein Tier im Vorbeigehen die Nelkenwurz streift, kommt das Prinzip Klettverschluß zum Einsatz: Die Samen werden sich mit ihren vielen Häkchen in das Tierfell krallen und als Anhalter ein Stück weit reisen, doch irgendwann wird der unfreiwillige Transporteur die lästigen Dinger wieder herauskratzen. Das Ziel der Samen ist erreicht: Sie können anderswo, weit entfernt von der Elternpflanze, eine neue Kolonie gründen.

Die Vögel mit der Pinzette

An den fast mannshohen, dürren Stengeln der Karde machen sich drei Stieglitze zu schaffen. Fast so geschickt wie Meisen klettern sie auf den eiförmigen, stachligen Blütenköpfen herum, stochern in den wabenförmigen »Samenhalterungen« und befördern mit geschickter Drehbewegung einen Samen nach dem anderen zutage. An der Karde sind sie ohne Konkurrenz. Kein Haussperling, kein Grünling und erst recht kein Gimpel würde es schaffen, die festsitzenden Samen aus ihrer Umhüllung zu pulen. Noch finden die Stieglitze reichlich Nahrung. Auf brachliegenden Äckern, an Wegrainen und am Heckenrand stehen noch reichlich Disteln, Wegwarten und Karden. Und wenn die Stieglitze die letzten Körnchen geerntet haben, werden sie einfach herumzigeunern, bis sie irgendwo auf noch unentdeckte Schätze stoßen.

Die Zeisige unten im Auwald machen es genauso: Seit Tagen

Gewölle

Wenn Sie unter einer starken Buche oder Fichte wurstförmige, halbfingerlange Gebilde entdecken, dann sehen Sie einmal nach oben und suchen Sie mit den Augen die Äste in Stammnähe ab: Vielleicht stehen Sie gerade unter dem Schlafbaum einer Waldohreule oder eines Waldkauzes. Bei Tag sitzen die beiden Eulenarten völlig reglos da und sind dank ihres rindenartig gemusterten Gefieders nur schwer zu entdecken. Manchmal »helfen« Ihnen Singvögel bei der Suche: Sie umschwirren jede Eule mit lautem Gezeter.

Die wurstförmigen Dinger unter dem Baum heißen Gewölle. Nicht nur Eulen, auch Greifvögel, Eisvögel und Kormorane, Reiher, Krähen und Silbermöwen geben unverdauliche Nahrungsreste in Form solcher Speiballen wieder von sich. Doch Eulengewölle sind von den Gewöllen anderer Vögel leicht zu unterscheiden: Sie enthalten außer Fellresten auch jede Menge Knöchelchen. Taggreifvögel dagegen haben so scharfe Magensäuren, daß sie die meisten Knochen auflösen; Reihergewölle enthalten Fischgräten und -köpfe; in den sehr lockeren Krähengewöllen steckt alles mögliche, darunter fast immer Steinchen und Sand; und Silbermöwengewölle – im Inland sind sie ohnehin nicht zu finden – sind voller Muschelschalen und Krebsscheren.

Auch Schleiereulen spucken unverdauliche Reste als Gewölle wieder aus (unten) – und verraten damit ihren Speisezettel: 2 Feldmäuse und 4 Waldspitzmäuse hat die Eule gefressen (oben).

Eulengewölle haben übrigens nichts Ekliges an sich. Sie fühlen sich an wie nasser Filz und riechen auch so ähnlich. Es lohnt sich, ein paar der länglichen Dinger mit nach Hause zu nehmen und aufzupulen. Sie brauchen nur gutes Licht und eine Pinzette; mit bloßen Fingern würden Sie die zarten Rippen- und Kieferknochen der Mäuse zerbrechen. Am leichtesten lernen Sie den Speisezettel »Ihrer« Eule kennen, wenn Sie der Reihe nach die Unterkiefer der Beutetiere auslegen (andere Knochen sind schwerer zuzuordnen). Vermutlich werden Sie die Kiefer von Echten Mäusen, Wühlmäusen und Spitzmäusen finden: Echte Mäuse haben wie alle Nagetiere meißelförmige Schneidezähne, und ihre Backenzähne tragen höckrige Schmelzkronen. Wühlmäuse tragen vorne zwar auch Nagezähne, doch der Schmelz ihrer Backenzähne verläuft in dreieckigen Falten. Spitzmauskiefer schließlich sind eindeutig an den spitzen Zähnen zu erkennen; Spitzmäuse sind Insektenfresser, gehören in die Verwandtschaft von Igel und Maulwurf und haben keine Nagezähne.

Wer war's? Eine Greifvogelrupfung (oben) erkennt man daran, daß die Federn des erbeuteten Vogels (hier eine Waldohreule) ausgezupft worden sind. Marder und Füchse würden die Federn abbeißen.
Es kann nicht mehr lange dauern, dann sind die letzten Blätter gefallen und das letzte Aufflackern der Farben ist einem monotonen Braun gewichen (unten).

durchstöbern sie die Erlen und Birken am Bach, klettern kopfüber an den dünnsten Zweigen herum und pflücken die winzigen geflügelten Samen aus den kleinen Zapfen. Unentwegt tönt ihr etwas weinerlich klingendes »djet-djet-djet« durch den Wald. Wenn sie erschrecken, stiebt eine ganze Vogelwolke aus den Bäumen, aber wenig später sitzen sie schon wieder in den Zweigen. Solange die Zeisige hier genug zu fressen finden, bleiben sie im Auwald. Wenn die Samenvorräte ausgeschöpft sind, werden auch sie herumvagabundieren, bis sie in einem anderen Erlengehölz wieder volle Zapfen finden.

Nicht jedes Jahr fallen die Zeisige unten am Bach ein. Sie gehören zu den sogenannten Teilziehern: Ob und wie weit sie im Herbst abwandern, entscheidet sich von Fall zu Fall. Ein festes Winterquartier, wie es zum Beispiel Rauchschwalben oder Gartengrasmücken haben, wäre für Zeisige nicht sinnvoll. Laubbäume haben schließlich nicht jeden Herbst einen üppigen Samenansatz. Wer auf so unzuverlässige Nahrungsquellen angewiesen ist wie Stieglitz und Zeisig, tut gut daran, sich nicht festzulegen, sondern flexibel zu reagieren.

Ein Buntspecht hat an seiner Schmiede einen Fichtenzapfen geschickt eingeklemmt und meißelt nun die Samen heraus (links). Um eine Waldohreule an ihrem Tagesschlafplatz zu endecken, braucht man Glück und ein geübtes Auge (rechts).

Der letzte Dreck?

Leise quätschen die Zeisige, und manchmal tönt der Ruf einer Kohlmeise oder das Lispeln von Goldhähnchen aus dem Waldesinneren. Gleichmäßig wie das Ticken einer Uhr tropft es von den Ästen auf die Altlaubmatratze. Im Lauf der letzten nebeligen Tage sind die raschelnden Blättermassen in sich zusammengefallen wie nasses Papier, doch im nächsten Sommer wird ein Großteil davon bereits mehrmals durch die Mägen unzähliger kleiner und kleinster Lebewesen gewandert sein. Wenn sie ihre Arbeit beendet haben, ist aus den durchschnittlich 4 Tonnen pflanzlichen »Abfalls«, die ein mitteleuropäischer Laubwald pro Hektar und Jahr abwirft, bester Waldboden geworden.

Doch das braucht seine Zeit. Erst nach 24 Monaten haben größere und mikroskopisch kleine Bodenlebewesen in komplizierter Zusammenarbeit ein Erlenblatt soweit bearbeitet, daß nur noch das Skelett übrig ist, und erst nach 5 Jahren ist ein Buchenblatt nicht mehr als solches zu erkennen. Trägt man vorsichtig die oberste Schicht der diesjährigen Blätter ab, kann man die verschiedenen Stadien gut erkennen: vom oberflächlich angenagten Blatt über das Blattskelett bis zu einer braunen, nach Waldboden duftenden Masse, in der al-

Eine komplexe Lebensgemeinschaft haust in der Laubschicht. Kellerasseln und Schließmundschnecken (links) gehören ebenso dazu wie Tausendfüßer (Mitte) oder dieser Goldlaufkäfer (rechts), der gerade einen Regenwurm gepackt hat.

lenfalls noch stärkere Blattadern zu erkennen sind.

Rhythmisch fallen die Tropfen von den Bäumen, klatschen auf das Altlaub und schicken gleichmäßige Wellenkreise über die Wasserfläche des kleinen Tümpels. Jeder Tropfen zerreißt das Spiegelbild der Bäume im Wasser und zerlegt es in flirrende Streifen.

Den unzähligen Spinnennetzen im Gebüsch am Waldrand hat der Nebel die Tarnkappe genommen; deutlich zeichnen die Tröpfchen die Seidenfäden nach. Halb gelähmt vor Kälte hat sich eine kleine Spinne neben ihrem seidenen Rad an einen Halm gehängt. Wie im Halbschlaf bewegt sie langsam die nebelüberhauchten Beine, dann erstarrt sie wieder. Die ausgesogene Hülle einer Fliege baumelt neben ihr im Gespinst. Wie die Perlen eines wertvollen Schmuckstücks glitzern die Nebeltröpfchen auf dem toten Insekt.

Die Zeisige sind nicht mehr zu hören; sie müssen zum Erlenbruch bachabwärts weitergeflogen sein. Nur das Ticken der Tropfen dringt noch ans Ohr. Vom Bach steigen milchige Schwaden auf und vereinen sich mit dem Abendnebel, der gemächlich von der Wiese herüberzieht. Und als die alleinstehende Eiche in der Wiese nur noch schemenhaft zu erkennen ist, schwebt geisterhaft eine Schar schwarzer Schatten heran und läßt sich im Gezweig nieder.

Die Saatkrähen haben sich zur Ruhe gesetzt.

Nebelschwaden gehören zum Spätherbst wie die Schneeglöckchen zum Vorfrühling.

Der Winter

Die verschneite, frostklirrende Winterwelt hat für uns ihren Schrecken verloren, nur der Zauber ist geblieben. Pflanzen und Tiere aber halten den Atem an und sparen ihre Kräfte.

Manchmal hält sich der Winter an den Kalender. Bis zum 21. Dezember, seinem offiziellen Beginn, war er kurzatmig, und jedem Frost folgten ein paar warme Stoßseufzer; der 2. Dezember verwirrte Mensch und Natur mit Frühherbsttemperaturen, 4 Tage später dann eine dünne Schneedecke, die schnell wieder löcherig wurde; ein Eiszapfen an der durchgerosteten Dachrinne eines Geräteschuppens wuchs nur fingerlang.

Über die Feiertage schließlich zog er etwas an, der Winter. Während der Verdauungsspaziergänge zwischen Lachs und Gans trug man eine weiße, flatterige Flagge vor sich her: Warme Atemluft verwandelte sich im Nu in einen tröpfchenfeinen Nebel. Doch der vielbesungene Traum von der »weißen Weihnacht« blieb trotzdem unerfüllt, es sei denn, man nimmt die locker gepuderten Rauhreiffluren als Ersatz.

Wenn Rauhreif die Halme überkrustet (oben) und die Schneedecke sich geschlossen hat, lassen sich Spuren lesen wie ein Buch: Hasen halten nichts von der geraden Linie, sie bevorzugen den Zickzackkurs (unten).

Erst jetzt im Januar ist der Winter endlich so, wie er in den Erzählungen älterer Nachbarn früher angeblich immer war: Über die Wiesen und Felder zieht sich eine pudrige Schneedecke, die Sträucher tragen weiße Kappen und über die Weiher zieht sich eine glatte Spiegelhaut. Nach Silvester schneite es einen Tag und zwei Nächte lang ununterbrochen, und seither ist es klirrend kalt.

Wildtieren bereitet die Kälte kein Problem, solange sie nur genug zu fressen finden. Oberhalb des Straßengrabens drückt sich eine Tierspur in den Schnee, ein gleichmäßiges Muster aus zwei hintereinandergesetzten kleinen, runden Eindrücken, gefolgt von zwei Rufezeichen nebeneinander: Punkt, Punkt, Doppelstrich – eindeutig die Fährte eines gemütlich dahinhoppelnden Hasen. Die Spur kommt aus einem der Gärten am Dorfrand, verläuft ein Stück weit parallel zur Straße und biegt dann zur Hecke hin ab. Wahrscheinlich haben die übriggebliebenen Kohlstrünke in einem Gemüsebeet den Hasen angelockt, und jetzt hat er sich im Schutz der Hecke in seiner »Sasse« zur Ruhe gelegt. Zuvor allerdings hat er sicher ein paar Widergänge angelegt (s. S. 27): Er ist auf seiner eigenen Spur zurückgelaufen, um Raubfeinde zu verwirren und im Falle eines Angriffs selbst mehr Zeit zur Flucht zu haben.

Mit dichtem Pelz und vollem Magen ist eine Kuhle im Schnee gar kein so schlechtes Ruhelager.

Wärmender Schnee

Irgendwo unter den Schlehen oder Weißdornbüschen kauert das Langohr nun und wartet auf den nächsten Schneefall, der ihm eine weiße Tarnkappe überziehen wird. Feldhasen lassen sich nämlich mit Vorliebe einschneien. Das weiße Polster tarnt nicht nur hervorragend, es schützt auch zuverlässig vor dem Eiswind, der sonst ungehindert angreifen könnte. Außerdem isoliert Schnee hervorragend. Das klingt fast so paradox, als wollte man behaupten, daß Feuer kühlt, aber Schnee schützt tatsächlich vor Kälte. Wer es nicht glaubt, der stelle einmal bei Minusgraden ein Glas voll Wasser in eine handgeformte Schneehöhle und dichte sie oben vorsichtig mit Schnee ab. Ein zweites Wasserglas, ungeschützt in den Schnee gestellt, ist das Vergleichsobjekt. Wenn es in der kommenden Nacht nicht gerade extrem kalt ist, wird das Glas im Iglu am nächsten Morgen eisfrei sein, das ungeschützte aber könnte der Nachtfrost gesprengt haben. Vergleichsmessungen haben gezeigt, daß die Temperatur unter einem halben Meter Schnee selbst dann noch um den Gefrierpunkt bleibt, wenn die Luft draußen –17 °C kalt ist!

Der eingeschneite Hase in seiner Sasse friert also nicht, sondern sitzt in einer höchst angenehmen Thermohöhle. Solange er sich nicht bewegt, ist er für Feinde unsichtbar und spart auch noch Energie. Das Hasen-Winterprogramm umfaßt über lange Zeit nur zwei Punkte: möglichst kurze Wege zu eßbaren Dingen finden und ansonsten strikte Ruhe. Energiesparen ist im Winter oberstes Gebot. Wer mit wenig Anstrengung zu einer mäßigen Mahlzeit kommt, hat sich da womöglich »wirtschaftlicher« verhalten, als einer, der mit viel Herumgehoppel eine gute Mahlzeit erwischt.

Den Winter »aussitzen«

Im Gezweig von Schlehe und Weißdorn demonstrieren ein halbes dutzend regloser Federbälle dasselbe Prinzip: Buchfinken und ein paar Grünfinken. Was dem Hasen die isolierende Schneepackung, ist ihnen ihr aufgeplustertes Gefieder. Die aufgestellten Federchen haben dieselbe Wirkung wie bei unsereinem ein guter Daunenanorak: Sie halten die Luft in vielen kleinen Hohlräumen fest – und Luft isoliert ausgezeichnet.

Die Finken tun gut daran, sich an diesem kalten Tag so wenig wie möglich zu bewegen. Der zerwühlte Boden unter ihren Sitzplätzen verrät, daß die Buchfinken kurz zuvor im Fallaub nach heruntergefallenen Samen gesucht haben.

Imbissbude für Vögel

Seit Jahren tobt die Diskussion ums Futterhäuschen: Füttern oder nicht? Naturschützer führen ins Feld, daß die Winterfütterung ausgerechnet solche Vogelarten begünstigt, die im Umfeld des Menschen ohnehin ein paradiesisches Leben führen. Befürworter des Vogelfütterns geben zu bedenken, daß besonders Kinder in einer menschengemachten Welt nur schwer ein Gefühl für ihre Mitlebewesen entwickeln können. Das Futterhäuschen im Winter wäre eine günstige Gelegenheit, den Kontakt zur Natur aufzubauen. Schließen wir uns dem zweiten Argument an: Eine maßvolle Winterfütterung ist zwar bestimmt kein Beitrag zum Artenschutz, wohl aber eine ausgezeichnete Gelegenheit, die sonst eher scheuen Vögel aus nächster Nähe zu beobachten. Doch es sei auch nicht verschwiegen, daß falsche Fütterung mehr schaden als nützen kann. Ein paar Faustregeln zuvor:

✿ Bitte füttern Sie wirklich nur dann, wenn Dauerfrost oder eine geschlossene Schneedecke den Vögeln die natürlichen Futterquellen versperren. Wildtiere sollen Wildtiere bleiben und sich nicht unnötig an Restaurantbetrieb gewöhnen.

✿ Speisereste wie gekochte Kartoffeln, Sauerteigbrot, Wurst oder Kuchen können Vögel umbringen.

✿ Bitte legen Sie den Futterplatz immer so an, daß er vor Regen und Schnee geschützt ist und Katzen keine Gelegenheit gibt, sich unbemerkt anzuschleichen.

✿ Sogenannte Futtersilos eignen sich besser als die beliebten Futterhäuschen. An einem Silo kann das Futter nicht mit Kot verschmutzt werden, und Krankheiten können sich nicht so leicht ausbreiten.

✿ Falls unter dem Futterplatz doch einmal ein toter Vogel liegt, muß der Futterbehälter sofort mit kochendheißem Wasser abgebürstet werden, damit sich die Krankheitserreger nicht unter den Vögeln ausbreiten können. Am besten Sie reinigen den Futtertisch oder das Häuschen vorbeugend regelmäßig mit klarem Wasser, dann werden solche Zwischenfälle gar nicht erst auftreten.

✿ Finken mit ihren kräftigen Schnäbeln können Sonnenblumenkerne und andere hartschaligen Sämereien ohne weiteres knacken. Bei Vogelarten mit zarteren Schnäbeln kommt eine selbstgebraute Futtermischung gut an: Rindertalg vom Metzger wird geschmolzen, mit derselben Menge Kleie verrührt und mit geschälten Sonnenblumenkernen, Haferflocken, Haselnüssen und Leinsamen ge-

Vogelfüttern im Winter? Es gibt viele Möglichkeiten, doch nicht jede ist sinnvoll.

Ein sogenanntes Spechtholz ahmt die natürlichen Futterquellen der Spechte und Meisen nach.

mischt – mit Zutaten, die Sie wahrscheinlich gar nicht eigens kaufen müssen, sondern unter Ihren Müslizutaten finden. Diese Mischung können Sie entweder zerbröckelt auf den Futtertisch streuen oder in halbierte Kokosnußschalen oder Blumentöpfe gießen. Wenn Sie einen Zweig durch ein Loch in der Kokosnuß oder durchs Bodenloch im Blumentopf stecken, bevor Sie die Fettmischung hineingießen, haben die Vögel später beim Fressen einen Sitzplatz. Futterglocken werden kopfüber aufgehängt.

✿ Sie können den Futtermix aber auch in einem »natürlichen« Behälter anbieten: Bringen Sie an einem dicken Aststück einen Aufhängering an, bohren Sie mit der Bohrmaschine mehrere große Löcher ins Holz und streichen Sie die Futtermischung in die Löcher hinein. Vor allem auf Spechte, Kleiber und Meisen wirkt dieses Arrangement unwiderstehlich.

✿ Amseln, Drosseln und Rotkehlchen schätzen Rosinen, Obst (auch angefault) und getrocknete Wildbeeren.

HÄUSLE BAUEN

Auch wenn Sie kein routinierter Handwerker sind, können Sie aus einem Rundholz einen einfachen Nistkasten bauen: Sie brauchen ein Stück Rundholz – vielleicht Fichte – von etwa 15 cm Dicke und 30 cm Länge. Oben und unten sägen Sie eine ungefähr 2 Finger dicke Scheibe ab, spalten dann den Stamm in zwei Hälften und höhlen beide Stücke der Länge nach mit einem Stemmeisen aus. Wenn die Oberfläche dabei etwas rauh bleibt, um so besser: Die flüggen Vogeljungen können dann leichter die Wand hinauf ans Flugloch klettern.
In eine Stammhälfte kommt ein Flugloch, an die andere Hälfte wird längs eine Leiste geschraubt, die später den Nistkasten tragen soll. Die entkernten Stammhälften leimen Sie anschließend wieder gut zusammen, zurren sie sicherheitshalber zusätzlich noch mit Draht fest und befestigen zuletzt oben und unten die beiden anfangs abgesägten Holzscheiben. Wichtig ist, daß Sie in die Bodenscheibe zuvor ein oder zwei Löcher bohren, damit eingedrungenes Regenwasser abfließen kann. Und bitte streichen Sie ihr Werk nicht mit Holzschutzmitteln an, sondern lassen sie es »natur«!
Wer in ihre Vogelwohnung einzieht, hängt nicht zuletzt von der Größe des Flugloches ab.

- 28 mm Durchmesser: Blaumeisen und andere Kleinmeisen, manchmal Feldsperlinge,
- 30 mm: Haussperlinge,
- 32 mm: Kohlmeise, Trauer- und Halsbandschnäpper, Wendehals,
- 45 mm hoch und 30 mm breit (oval): Kleiber und Gartenrotschwanz,
- 45–50 mm: Star.

Für Höhlenbrüter sind unsere Gärten ein schlechter Wohnungsmarkt, aber mit Nistkästen läßt sich Abfhilfe schaffen.

Nun müssen Sie für den fertigen Nistkasten möglichst bald einen passenden Platz finden, damit die künftigen Bewohner ihn in Ruhe inspizieren können. Nistkästen sollten Wind und Wetter möglichst wenig ausgesetzt sein, nicht gerade direkt neben stark begangenen Wegen oder viel befahrenen Straßen hängen und sollten so angebracht sein, daß Katzen keine Chance zu Übergriffen haben. Und natürlich sollten die Bewohner nicht nur ein annehmbares Quartier, sondern auch genügend Nahrung vorfinden. Der schönste Nistkasten ist verschenkt, wenn Sie ihn an den letzten Baum in einem asphaltierten Hof hängen. Kein Nistkasten ohne vogelfreundliches Umland – aber das versteht sich eigentlich von selbst.

Rotkehlchen kennen den Isolationstrick: Aufgeplustertes Gefieder schafft einen wärmenden Luftmantel gegen Eiseskälte.

Vertrocknete Stauden des vergangenen Herbstes sind Samen-Notrationen für Singvögel. Und in den Stengeln finden sich oft auch noch Insektenlarven.

Und aus den aufgepickten, ausgehöhlten Hagebutten zu schließen, sind auch die Grünfinken auf ihre Kosten gekommen: Sie fressen nur die Samen und lassen die leeren Hagebuttenhüllen übrig.

Von der Futterquelle aus haben sich die Vögel dann auf dem kürzesten – dem energiesparendsten – Weg zur Ruhe begeben: Sie sind einfach ein paar Zweige höher geflattert. Im Frühjahr und Sommer fände jeder der Finkenmänner die Nähe der Artgenossen unerträglich, jetzt aber geben sie sich friedlich. Streit kostet nur Energie, und Energie ist im Winter schwer zu ersetzen. Außerdem: Was gäbe es jetzt schon zu verteidigen? Sie werden hier oben auf den Zweigen als wärmespeichernde Federkugeln hocken bleiben, bis der Hunger sie wieder ein Stockwerk tiefer treibt. Den Winter »aussitzen«, könnte ihre Devise lauten.

Frostschutzmittel für den Winter

Noch extremere Energiesparprogramme laufen ein paar Schritte von der Hecke entfernt im Verborgenen ab. In den hohlen Stengeln des Wiesenkerbels, der abgestorben und zur Hälfte eingeschneit mit seinen gerieften Stengeln den Weg markiert, überwintern Insektenlarven, Insektenpuppen, kleine Spinnen und Käfer. Während Hase und Buchfink ihren sogenannten Grundumsatz auch im Winter decken müssen – das heißt: sie müssen über die Nahrung wenigstens soviel Energie nachladen, daß ihre Körperfunktionen

Wurzeln vom Pastinak

Vom Pastinak, dem gelbblühenden Doldengewächs der Ackerränder gibt es längst veredelte Gartensorten. Die beste Sammelzeit für Wilden Pastinak sind die Monate Oktober bis Dezember, wenn die Wurzeln schon ein paar Fröste überstanden haben. Weichere Wurzeln mit weniger starkem Beigeschmack ernten Sie, wenn Sie spät blühende Exemplare nach den ersten Frösten ausgraben.

Pastinakpüree

Zutaten:
300–500 g Pastinakwurzeln, 200 g Kartoffeln, 3/8 l Sahne, Saft einer halben Zitrone, Salz, weißer Pfeffer, geriebene Muskatnuß, 30 g Butter.

Die Pastinakwurzeln waschen, die holzige Rinde abschälen und die kleingeschnittenen Wurzelstücke etwa 1 Stunde lang in Wasser weichkochen. Die gargekochten Wurzelstücke durch ein Sieb geben (um die Fasern zu entfernen) und mit den gekochten und musig gestampften Kartoffeln mischen. Die Mischung langsam erhitzen und unter Rühren die Sahne und die Gewürze zugeben.

Stachelige Vitaminspender

Eigentlich müßten Heckenrosen die Stars der Wildpflanzenküche sein: In den hübschen roten Früchten ist mehr Vitamin C enthalten als in Orangen. Während des Zweiten Weltkriegs rief das britische Gesundheitsministerium zum Hagebuttensammeln auf, und noch heute verarbeitet man in England Hagebutten zu vitaminreichem Sirup. Warum sie dennoch keine sonderlich beliebten Wildfrüchte sind? Weil man für die meisten Rezepte jede einzelne der kleinen, roten Dinger aufschneiden und sämtliche Samen und vor allem die juckenden Borsten herauskratzen muß. Das folgende Rezept kommt ohne diese mühseligen Arbeitsschritte aus.

Hagebuttensirup

Zutaten:
2 kg Hagebutten, 2 l Wasser, Zucker, Schraubgläser.

Die gewaschenen Hagebutten in einer Küchenmaschine zerkleinern und sofort ins kochende Wasser geben (Luftkontakt vermindert den Vitamingehalt). Mehrmals aufkochen und wenn möglich in einer Art Kochkiste über Nacht stehen lassen. Dann den Saft zweimal durch ein Tuch laufen lassen, und je Liter Saft 800 g Zucker einrühren (bei weniger Zucker muß die Flüssigkeit länger kochen, um zu Sirup einzudicken). In einem großen Topf wird die Flüssigkeit bis zur Sirupdicke eingekocht, abgeschäumt und heiß in Schraubgläser gefüllt. Verwenden Sie nach Möglichkeit kleinere Schraubgläser, da sich der Inhalt geöffneter Gläser nicht lange hält.

aufrechterhalten bleiben –, überwintern die Insekten und ihre Larven und Puppen in einem Zustand absoluter Starre. Man könnte sagen: mehr tot als lebendig. Selbst bei mehreren Graden unter Null erfrieren sie erstaunlicherweise nicht. Ihre Körperflüssigkeit enthält Frostschutzmittel, sogenannte Gefrierschutzproteine. Das sind Eiweißstoffe, die den Gefrierpunkt der Körperflüssigkeit ebenso wirksam senken, wie Streusalz auf den Straßen den Gefrierpunkt von Wasser senkt.

Säßen in der Hecke nicht Buchfinken sondern Blaumeisen, dann wäre ihnen der Anblick der wenige Meter entfernten »Kerbel-Winterwohnungen« vermutlich einen Kurzausflug wert. Blaumeisen nämlich wissen instinktiv, daß es die unscheinbaren Kerbelstengel in sich haben. Sie picken Löcher in die dürren Stengelwände und fördern die kleinen Nahrungspakete zutage. Gewußt wo und wie!

Kältekünstler: Zitronenfalter (oben) können sogar unbeschadet im Freien überwintern.
Zeichen im Schnee: die Hufabdrucke und Urinspuren eines Rehs (links).

Aber damit Blaumeisen im Winter »Tiefkühlkost« futtern können, brauchen sie im Spätsommer Vorarbeiter. Zumindest die Spinnen und größeren Insekten finden nämlich nur dort einen Einschlupf in die Stengel, wo sie abgeknickt wurden und dabei kleine Risse entstanden

Solange die Schneedecke noch nicht allzu dick ist, hat der Bussard (oben) gute Jagdaussichten.
Und so sieht es aus, wenn ein Turmfalke an feinsten Zeichen erkannt hat, wo unter dem Schnee die Wühlmaus lief, und treffsicher zugeschlagen hat (links).

sind. Manchmal brechen die Stengel unter dem ersten frühen Schnee, manchmal helfen auch äsende Rehe ein wenig nach.

An diesem dürren Kerbelstrunk allerdings haben die anspruchsvollen Rehe sicher kein Interesse mehr, dafür treffen die Knospen der Heckensträucher ihren Geschmack: Rings um den Heckenriegel zieht sich ein unregelmäßiges Girlandenmuster aus Rehfährten, und an den tieferhängenden Schlehenzweigen haben hungrige Mäuler deutliche Spuren hinterlassen. An einem besonders dornengespickten Zweig sind sogar ein paar spröde, graue Haare hängengeblieben, die zur Wurzel hin fast weiß werden: Im Winter tragen alle Rehe Grau, erst im Frühjahr wechseln sie wieder auf Fuchsrot.

Mit Argusaugen auf Mäusejagd

Bis zum letzten Maulwurfshaufen ist die Wiese unter einer Glitzerdecke verschwunden. Der Mäusebussard, der vermutlich die Winternacht im Auwald verschlafen hat, gleitet in flacher Flugbahn zur Wiese hinunter und läßt sich mit elegantem Wippschwung auf einem Zaunpfahl nieder. Zwar ist die Schneedecke noch nicht so dick, daß er die darunter umherhuschenden Feldmäuse nicht wahrnehmen könnte, aber die Jagd ist mühsamer geworden. Im Winter fehlen die tragenden Aufwinde, die er zum kräftesparenden Segelflug braucht. Winter, das bedeutet anstrengender Ruderflug. Auch der Bussard bekommt die Kälte zu spüren. Seine Silhouette mit den aufgeplusterten Federn wirkt in der frostigen Luft pummelig und ungewöhnlich groß. Wie ein kleiner Adler hockt er da auf seinem Ansitz. Wenn er Glück hat, wagt sich eine leichtsinnige Feldmaus für einen Augenblick auf die Schneefläche hinaus, um von einem Gangsystem ins andere zu gelangen. Dieser Augenblick würde ihm genügen, um zuzugreifen. Doch leichtsinnige Feldmäuse sind selten. Jede gesunde Maus hat eine instinktive Abneigung gegen helle Flächen und setzt alles daran, in Deckung zu bleiben. Zwischen Erdoberfläche und Schneedecke haben die umtriebigen Nager schon ein ganzes Netz aus Wegen und Pfaden angelegt. Doch solan-

SCHNUPPORY

Mit Düften locken Blumen Insekten an, mit Düften hält die Bienenkönigin ihre Untertanen in Schach und auf Duftstraßen finden Ameisen zu lohnenden Futterquellen. Die meisten Tiere leben in einer Geruchswelt. Versuchen wir im Spiel doch auch einmal, uns nicht mit Hilfe der Augen, sondern der Nase zu orientieren. Wohl jeder kennt »Memory«, das Merk-Spiel mit den bunten Bildkarten. »Schnuppory«, eine unterhaltsame Variante, hat ganz ähnliche Spielregeln – mit dem Unteschied, daß man sich dabei keine Bilder sondern Gerüche merken muß.

Aus einem möglichst einfarbigen Stoffrest werden 20–30 genau gleich große Stoffstückchen ausgeschnitten. Je mehr Stoffstückchen, desto schwieriger wird das Spiel (wer keine Stoffreste zur Hand hat, kann auch Watte-Pads nehmen). Diese Läppchen werden nun mit Düften beträufelt; immer zwei bekommen denselben »Duftausweis«. Am angenehmsten sind natürlich Duftöle, wie sie in Bioläden für die Aromatherapie angeboten werden, aber auch Küchenzutaten (Maggi, Sesamöl, Aceto Balsamico usw.) oder Utensilien aus dem Badezimmer (zum Beispiel Zahnpasta, Rasierwasser, Deo) eignen sich dazu.

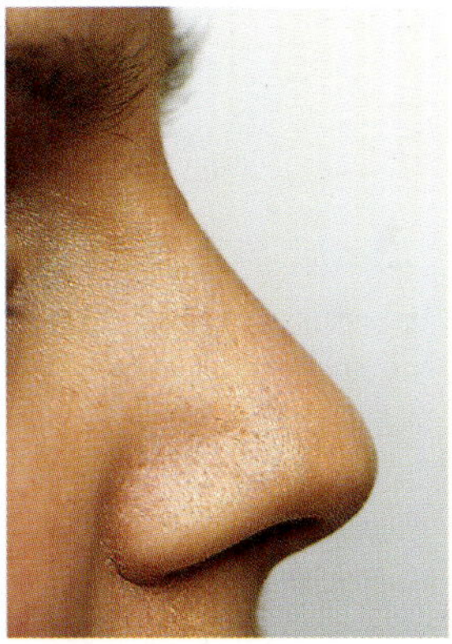

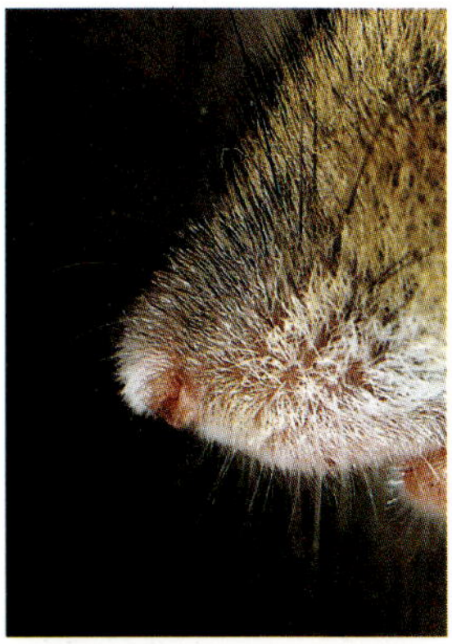

Die präparierten Duftläppchen werden nun gut gemischt und zum Viereck ausgelegt. Ein Mitspieler nimmt zwei beliebige Stoffläppchen und beschnüffelt sie. Duften sie gleich, darf er sie behalten und das nächste Paar beriechen. Duften die Stoffstücke aber unterschiedlich, legt er sie an ihren Platz zurück, prägt sich ihre Position gut ein, und der nächste Mitspieler kommt an die Reihe. Gewonnen hat, wer die meisten Lappenpaare zur Seite legen kann.

Nach dem Spiel müssen die Stoffstücke unbedingt nach Düften getrennt in (möglichst beschriften) Plastiktüten aufbewahrt werden, sonst gibt es beim nächsten Spiel ein heilloses Geruchsdurcheinander. Am besten frischt man vor der nächsten Spielrunde die Düfte ein wenig auf.

Ast-Puzzle

Im Frühjahr, wenn die Bäume und Sträucher in voller Blüte stehen, sind Schlehe, Liguster und Schneeball kinderleicht auseinanderzuhalten. Auch im Sommer ist anhand der Blätter ein Ahorn ohne weiteres von einer Eiche zu unterscheiden. Im Winter aber, wenn die meisten Gehölze ihre Blätter verloren haben, wird's kniffelig...
Das Ast-Puzzle ist etwas für Leute mit Detailblick: Der Spielleiter holt sich ebenso viele verschiedenartige Zweige, wie Mitspieler teilnehmen wollen und zerbricht jeden Zweig in 5 oder 6 verschiedene Teile. Alle Bruchstücke werden danach auf einen Haufen gelegt und gut durchgemischt. Jeder Mitspieler muß nun sämtliche Zweig-Bruchstücke einer Strauch- oder Baumart heraussuchen und zusammensetzen. Sind die Knospen rund oder spitz? Liegen sie eng am Zweig an oder stehen sie ab? Sitzen sie paarweise am Zweig oder abwechselnd? Ist die Rinde rissig oder glatt, grau oder rotbraun? Aus einem Häufchen zerbrochener Zweige wird nach und nach eine Reihe von Baumsteckbriefen.

Esche

Wolliger Schneeball

Buche

Salweide

Steinreich

Von einem Spaziergang an den (hoffentlich noch eisfreien) Bach kommen Kinder regelmäßig steinreich zurück: Wenn das Wasser die Äderung und Farbschattierungen der Kiesel ins rechte Licht rückt, werden gewöhnliche Steine zu wahren Edelsteinen. Die hartnäckige Kraft des Wasser schleift jeden kantigen Brocken im Laufe der Zeit zum Handschmeichler. Ein Bach steckt voller Pretiosen – aber wie genau kennen die Steinsammler ihre Schätze eigentlich? Das käme auf einen Versuch an:
Jeder Mitspieler prägt sich die Eigenheiten seines Steins genau ein: kleine Unebenheiten, Scharten, Risse, Einbuchtungen, das Verhältnis von Länge zu Breite, die Form. Dann legen alle Mitspieler ihre Steine auf einen Haufen, und ein Helfer mischt das Häufchen gut durch. Einer nach dem anderen muß nun mit verbundenen Augen versuchen, seinen eigenen Stein wieder herauszufühlen.
Übrigens: Wenn die Steine zu Hause nicht zu gewöhnlichen Feld-, Wald- und Wiesensteinen verblassen sollen, kann man sie mit ein wenig Salatöl aufpolieren. Sie glänzen dann wieder genauso schön wie damals im Bach.

Perfekte Anpassung an die Jahreszeit: Das Große Hermelin (Wiesel) ist im Winter fast rundum schneefarben, ab Frühjahr wird wieder mit erdbraunem Rückenfell gejagt.

ge die weiße Decke noch so dünn liegt, bietet sie den Feldmäusen nur trügerische Sicherheit. Mäusebussarde haben scharfe Augen; keine Regung unter dem Schnee entgeht ihnen. Gespannt starrt der Bussard auf die gleißendweiße Fläche zu seinen Füßen. Aus dem Auwald wird feinpulveriger Schnee abgeweht und pudert den bewegungslosen Lauerjäger ein. Er regt sich nicht, nur die Nickhaut wischt von Zeit zu Zeit vom inneren Augenwinkel über das Hochleistungsauge. Doch dann gleitet der schwere Vogel lautlos von seinem Sitz. Unmittelbar bevor der fast klobig wirkende Leib die Schneedecke berührt, breitet er die Schwingen aus, spreizt die Schwanzfedern zum Fächer und schlägt die Fänge gedankenschnell ins Weiße. Die Schwingen lässig im spitzen Winkel abgespreizt, steht er auf einer Maus.

Für diese Tätigkeit müßten ihn die Landwirte eigentlich lieben. Aber Landwirte sind auch häufig die ortsansässigen Jäger. Und viele Jäger möchten sehr gern wieder auf Bussarde schießen. Schon wegen ihrer großen Zahl scheinen die großen Greife den menschlichen Beutetrieb anzustacheln. Als fachkundige Ornithologen an Bussardhorsten planmäßig nach Beutetieren suchten, fanden sie wie erwartet heraus, daß Mäusebussarde erstens Wühlmäuse, zweitens Wühlmäuse, drittens Wühlmäuse fressen. Als Beikost fand man die Reste einiger angefahrener Hasen, verendeter Katzen, von der Mähmaschine getöteter Rehkitze, unerfahrene Jungvögel und selbst so exzentrische Happen wie Blind-

schleichen, Frösche und sogar Regenwürmer und Mistkäfer. Kein Bussard ist schnell und vor allem kräftig genug, um zum Beispiel einen ausgewachsenen Hasen zu schlagen. Doch was helfen Analysen, wenn das alte Feindbild im Kopf so unverrückbar festsitzt: Alles mit Hakenschnabel ist ein Räuber. Und dann noch auf jedem freien Feld einer!

Sechsstrahlige Glitzersterne

Der Bussard hat keine Minute zu früh Jagdglück gehabt; schon nimmt ein jäh einsetzender Schneefall jede Sicht. Es ist, als ob die Flocken ihren eigenen Wirbel entfachten: Fielen die ersten noch gradlinig wie an Schnüren gezogen herab, so beginnen die folgenden, sich in chaotischem Auf und Ab zu umtanzen. Kaum vorstellbar, wie der erfolgreiche Mäusejäger in dem Geflirre den Rückweg in den schützenden Auwald finden kann.

Über das Loch im Schnee, wo der Bussard vor Minuten die Feldmaus packte, legen sich flaumleicht die Flocken; schon sind die freigelegten Grashalme und die losgerissenen Erdbröckchen von einer hauchdünnen Schicht filigraner Sterne überdeckt.

Zwei absolut gleiche Eiskristalle sind wohl noch nie aus den Wolken gefallen, obwohl all die sechsstrahligen Prismen und Sterne nach dem gleichen Prinzip entstehen. Jede Schneeflocke braucht einen Keim. Solche Keime können winzige Staubteilchen sein oder sogenannte Aerosole – Schwebstoffe von einem Zehntausendstel Millimeter Durchmesser. Solche kleinen Flugkörper werden von Vulkanen kilometerhoch in die Atmosphäre gepustet oder von Sandstürmen hochgewirbelt.

Heiße Frage für kalte Tage: Wann haben Schnee und Eis welche Form?

Bei bestimmten Temperaturverhältnissen lagern sich Wassermoleküle an die Keime an. Damit Schneeflocken gut wachsen können, brauchen sie hohe Luftfeuchtigkeit und Temperaturen zwischen –10 °C und –20 °C. Ist wenig Feuchtigkeit in der Luft, entstehen keine sechszackigen Phantasiesterne sondern flache, sechseckige Plättchen; durchfliegt die Flocke Luftschichten mit unterschiedlicher Feuchtigkeit, kommt sie »zackiger« bei uns an. Unregelmäßigkeiten machen die Sache spannender und manchmal auch schöner.

Warum frieren Enten im Winter nicht fest?

Wenn im Winter die Teiche und Weiher zufrieren, gibt es unter Spaziergängern jedes Jahr wieder dasselbe Rätselraten: Wie machen Enten und Möwen es nur, daß sie sich »barfuß« auf dem Eis keine Frostbeulen oder Schlimmeres holen? Was ist der Trick?
Wasservögel, die sich auf die winterliche Kälte eingestellt haben, arbeiten mit einem äußerst raffinierten Thermostatsystem: Ihre Schwimmhäute kühlen zwar bis auf 0 °C ab, aber kälter werden sie nie. Wenn Enten zum Beispiel auf einer Eisfläche von –15 °C stehen, wird gerade genügend warmes Blut in die Beine geleitet, um die Schwimmhäute 0 °C »warm« zu halten. Doch selbst bei 0 °C drohen einem Entenfuß noch keine Frostschäden, denn die gelösten Salze und Eiweiße in Blut und Körperflüssigkeit senken den Gefrierpunkt um einige Grad – genauso wie Streusalz den Gefrierpunkt von Wasser senkt.
Die Temperaturregelung in den Füßen funktioniert nach dem Gegenstromprinzip: Die Arterien, die frisches Blut vom Herzen bringen, liegen im Bein dicht neben den Venen, die verbrauchtes Blut von den Füßen Richtung Herz leiten. So kommt es, daß das warme Arterienblut das kalte Venenblut vorwärmt, während umgekehrt das kalte Venenblut das Blut in den Arterien abkühlt – ein perfektes Wärmetauschersystem.

Stockenten (unten ein Erpel) und Lachmöwen schützt eine Art körpereigene »Wärmeaustausch-Technik« davor, daß ihre Füße auf dem Eis festfrieren.

Buchstäblich eiskalte Füße kommen uns vielleicht ungemütlich vor, sind aber etwas sehr Praktisches: Weil die kalten Sohlen das Eis nicht antauen, können sie auch nicht anfrieren. Außerdem spart eine Ente mit kalten Füßen eine Menge Energie: Ihr gut isolierter

Körper muß zwar gewohnte 38 °C warm sein, sonst würden die Organe nicht richtig arbeiten; müßte die Ente aber die nackten Füße ebenfalls auf 38 °C geheizt halten, würde sie nur unnötig viel Energie verschwenden.
Könnte eine Ente nicht am meisten Energie sparen, wenn alle »Wärmelecks« geschlossen wären und sie dick befiederte, gut isolierte Füße hätte? Eine solche rundum in Federn gepackte Ente stünde wieder vor einem anderen Problem: dem Problem, Überhitzung zu vermeiden. Muskelarbeit erzeugt, wie jeder weiß, eine Menge Wärme. Eine rundum isolierte Ente, die zum Beispiel Hals über Kopf vor einem Feind fliehen müßte, würde sich im Handumdrehen so stark aufheizen, daß ihr ein Hitzschlag drohen würde. Für alle Tiere, die wenigstens zeitweise in kalten Klimaten leben müssen, ist gute Wärmedämmung ebenso lebensnotwendig wie kleine Lecks im System:
Über nackte Füße, nackte Schnauzen oder die Zunge, über lange Ohren oder dünn bepelzte Beine kann überschüssige Wärme abgeleitet werden. Auch eine gut isolierte Wohnung braucht schließlich Fenster, die man hin und wieder zum Lüften öffnen kann.

Zugriff auf die letzten Reserven: Ein Gimpelmännchen erntet die verbliebenen Ebereschenbeeren.

Kälte macht friedlich

Langsam beruhigt sich der Flockenwirbel und der Schnee fällt spärlicher. Der flirrende Vorhang wird fadenscheinig; zuerst zeichnen sich nur die Umrisse des Auwaldes ab, dann werden einzelne Stämme erkennbar und schließlich sieht man auch wieder Einzelheiten wie die dicken Samenquasten in den Kronen der alten Eschen.

An einem der mächtigen grauen Eschenstämme machen sich ein paar Blaumeisen zu schaffen. Von den dickeren Ästen aus spähen sie suchend über die schrundige Rinde und im nächsten Augenblick kleben sie schon flatternd am Stamm, stochern in Rissen, bohren in Spalten und reißen energisch Flechtenstückchen und lose Rindenteilchen ab. Die Domäne der Blaumeisen sind eigentlich die dünneren Zweige, aber sie gehören auch zu den lernfähigsten Kleinvögeln. Dieser kleine Trupp hat den Dreh heraus, sich nach Spechtmanier an der Rinde festzuhalten und aus millimetergroßen Hohlräumen winzige Insekteneier herauszupulen.

Verblüffend, wie verträglich die Meisen jetzt untereinander sind! Vor einigen Monaten, zur Brutzeit, hielten sie noch strikt auf Abstand,

VÖGEL AM FUTTERHAUS

Über Sinn und Unsinn des Vogelfütterns ist viel diskutiert worden (s. S.204), doch einen Pluspunkt lassen auch Kritiker gelten: Zu keiner anderen Jahreszeit lassen sich Vögel so gut beobachten – und Vogelbeobachtung ist immer noch ein sicherer Trittstein zu mehr Naturverbundenheit.

Kohlmeisen sind die häufigsten Besucher am Futterplatz. Sie tragen jeden Sonnenblumensamen einzeln davon, halten ihn im Sitzen mit den Füßen fest, hämmern ein Loch hinein und reißen dann die Schale ab. An einem kleinen Futterplatz werden Sie in der Regel immer nur eine Kohlmeise sehen; wenn die eine kommt, muß die andere weichen. Wenn Sie genauer hinsehen, erkennen Sie, daß die Chefs in der Meisengesellschaft fast immer auffallend breite schwarze Bauchstreifen haben: Männchen. Erst wenn die Männchen den Futterplatz freigeben, wagen sich auch die Weibchen mit den schmaleren Bauchstreifen heran.

Meist sucht der Schwächere das Weite, wenn der Ranghöhere naht, doch manchmal stoßen zwei annähernd gleichstarke Männchen aufeinander und versuchen, einander einzuschüchtern: Beide öffnen drohend den Schnabel, lüften leicht die Flügel und spreizen oft noch die Schwanzfedern. Wenn sich der Gegner auch davon noch

Kleiber (rechts) setzen sich mit Nachdruck und meist recht erfolgreich für ihre Interessen am Futterhaus ein – hier gegen eine Kohlmeise.

nicht beeindrucken läßt, nimmt der Ranghöhere eine geduckte Haltung ein, also wollte er seinem Konkurrenten im nächsten Augenblick an die Federn. Die Drohhaltung von Gimpeln, Grünfinken und vielen anderen Vogelarten sieht übrigens ganz ähnlich aus. Kampflust ist unter Vögeln »international« verständlich.

Blaumeisen sind zwar deutlich kleiner und zierlicher als Kohlmeisen, doch erfahrene Männchen können sich am Futterplatz oft erstaunlich gut gegen die stärkere Konkurrenz behaupten. Blaumeisen hämmern die Sonnenblumensamen nicht auf, sie schaben einen Spalt hinein und pflücken dann stückweise den Kern heraus.

Grünlinge (Grünfinken) neigen zum Alleinherrschertum: Wenn sie im Futterhaus sitzen, hat in Schnabelhackweite kein anderer Vogel eine Chance. An Grünlingen läßt sich das Drohverhalten besonders gut beobachten, denn sie drohen pausenlos. Wie andere Finkenvögel auch enthülsen sie Sonnenblumenkerne, indem sie einfach die Schnabelhälften kräftig zusammendrücken und die Schalen seitlich herausfallen lassen.

Auch **Amseln** blockieren gern das Futterhaus, doch sie lassen sich leicht von den Sämereien ablenken, wenn man ihnen ein paar überreife Äpfel und eine Handvoll Beeren auf den Boden wirft. Dort kann man dann gut beobachten, wer der Ranghöchste ist: Erst wenn der King das Feld geräumt hat – meist ein mehrjähriges Männchen mit tiefschwarzem Gefieder und goldgelbem Schnabel –, kommen auch Schwächere zum Zuge. Junge Männchen haben zwar schon schwarzes Körpergefieder, aber bräunliche Flügelfedern und einen noch nicht rein gelben Schnabel.

Wenn alter Baumbestand in der Nähe ist, besuchen oft auch **Kleiber** die Futterstelle. Meist finden sich nur 2 Vögel ein – das Pärchen, in dessen Revier das Futterhaus steht. Kleiber leben in Dauerehe; das Männchen läßt sich an den tief kastanienbraunen Seiten erkennen, das Weibchen hat nur blaßbraune Flanken. Am Futterhaus setzen sich Kleiber mühelos selbst gegen Kohlmeisen und Grünlinge durch. Die Spechtmeisen, wie sie auch genannt werden, legen gern Vorräte an: Sie nehmen ein oder zwei Sonnenblumenkerne auf einmal in den Schnabel, stecken sie tief in Ritzen und Spalten und decken das Versteck dann mit etwas Moos oder einem Flechtenstück zu. Ein besonders aktives Kleiberpaar schleppte an einem einzigen Oktobertag 983mal Samen weg. Wenn Kleiber Samen öffnen wollen, stecken sie sie fest in Spalten und hämmern sie auf. Mit dieser Technik sprengen sie sogar Haselnüsse.

Ein wunderbar fauliger Apfel – für Amsel und Wacholderdrossel Grund genug, Besitzansprüche mit Schnabel und Krallen auszutragen.

Auch **Buntspechte** finden sich nur in baumreichen Gegenden am Futterhaus ein. Geschickt klemmen sie Walnüsse oder Haselnüsse in Rindenspalten fest und hämmern darauf ein. Fällt dabei die Nuß heraus, drückt der Specht blitzschnell das Brustgefieder an den Stamm und fängt darin die Nuß auf. Anschließend legt er sie sorgfältig in die Spalte zurück und beginnt nochmal von vorn. Spechte zeigen selten Drohverhalten: Ihr kräftiger Schnabel und ihre Größe wirken so beeindruckend, daß andere Vögel kampflos den Platz räumen.

Buchfinken lesen gern am Boden auf, was andere Vögel heruntergeworfen haben. Sie sind ausgesprochen scheu gegenüber Mensch und Konkurrent. Im Winter sieht man fast nur Männchen, da die meisten Weibchen im Herbst abwandern.

Gimpel wagen sich erst dann an den Futterplatz, wenn sie Artgenossen unbehelligt dort fressen sehen. Anderen Vogelarten »glauben« sie nicht, daß dieser Platz sicher ist. Allerdings sind sie auch am wenigsten auf die Fütterung angewiesen, da die bevorzugten Knospen ganzjährig zu finden sind. Nur wo Nadelbäume in der Nähe sind, ist auch mit **Tannenmeisen** zu rechnen. Sie sind deutlich kleiner als die Kohlmeisen, haben weißliches Bauchgefieder, einen weißen Nackenfleck und keinen schwarzen Streifen auf dem Bauch. Meist finden sie genug natürliche Nahrung und brauchen kein Zusatzfutter. Gegen andere Meisenarten ziehen Tannenmeisen meist den kürzeren, doch sie lernen am schnellsten, Futter aus der Hand zu nehmen.

Haussperlinge sind ausgesprochen argwöhnisch. Erst wenn sie sich absolut sicher fühlen, kommen auch sie zur Futterstelle. Dann allerdings bleibt für andere Vogelarten nicht mehr viel zu holen. Sperlinge sind ungeheuer lernfähig. Sie schaffen es sogar, nach Meisenart an den Füßen hängend die Meisenknödel und -ringe leerzufressen.

Meisen haben unterschiedliche »Brotbäume«. Diese hier, eine Tannenmeise, führt ihre Vorliebe im Namen.

»brüllten« Rivalen mit klingelndem Reviergesang auf Distanz oder verjagten sie notfalls mit drohend gesträubtem Kopfgefieder. Jetzt besteht offenbar kein Grund für solche Unleidlichkeit. Mehr noch: Es könnte bei Minustemperaturen und Nahrungsknappheit sogar ein tödlicher Fehler sein, Energie mit Streitigkeiten zu vergeuden. Jede eisige Winternacht kostet wertvolle Fettreserven. Nach einer solchen Nacht gibt es nur ein einziges Gebot: möglichst effizient und auf dem schnellsten Wege neue Nahrungsreserven tanken. Haben die Meisen nach eiskalten Ruhestunden auch nur einen halben Tag lang nichts zu fressen, verhungern sie. Doch solange Stammrinde und Äste nicht mit Eis überzogen sind, finden sie genug Freßbares.

Genau das will natürlich auch die Meisenverwandtschaft: Tannen-, Hauben-, Schwanz-, Weiden-, Sumpf- und Kohlmeise. Kommt man sich da nicht unvermeidlich in die Quere?

Nicht allzusehr. Die verschiedenen Meisenarten haben sich nämlich auf unterschiedliche Baumbereiche und Baumarten spezialisiert. Blau- und Kohlmeise leben in Laub- und Mischwäldern und sind nicht auf fleischliche Kost angewiesen. Sie halten sich im Winter auch an Baumsamen, wobei die Kohlmeisen mit ihren robusteren Schnäbeln ein paar Vorteile haben. Sie können sogar die Zapfen von Kiefern und Lärchen öffnen und Bucheckern knacken. Experten haben ausgezählt, daß die kleineren Blaumeisen 26 verschiedene Baumsamen fressen können, Kohl-

Was Eichhörnchen von Fichtenzapfen übriglassen.

meisen dagegen bis zu 75. Dafür können die gewandten Blaumeisen mit ihrem Fliegengewicht von 11 g an den dünneren Zweigen herumturnen, die den stämmigeren 19 g schweren Kohlmeisen versperrt bleiben.

Weidenmeisen dominieren in dichten, gut durchmischten Laubwäldern, wo sie sich an die Stämme halten, Schwanzmeisen sind an den dünnsten Zweigspitzen unschlagbar, auf denen selbst Blaumeisen keinen Halt mehr finden, und Tannenmeisen schließlich haben die Zweige hoch oben in Nadelbäumen exklusiv für sich.

FÄHRTENSUCHER

Wenn Neuschnee die Wiesen und Felder weiß überpudert, ist die Stunde für Fährtensucher gekommen. Auf der weißen Decke zeichnen sich die Spuren der Wildtiere so klar ab wie Schriftzeichen auf einem leeren Blatt Papier – Schriftzeichen, die man auf ganz verschieden Arten lesen kann:

Zu keiner anderen Jahreszeit läßt sich so klar erkennen, welche Tierart welchen Lebensraum bevorzugt. Hermeline betrachten Hecken als ihr Universum. Füchse jagen mit Vorliebe im Schutz von Hecken; auch Feldhasen halten sich gern in der Nähe von Hecken und Waldrändern auf; Rehwild bevorzugt Waldränder; Dachse stromern viel übers freie Feld; Rebhühner wiederum schätzen einzelnstehende Büsche in der Feldflur.

An Spuren läßt sich oft auch ablesen, wie eilig es die Wildtiere hatten. Reihen sich zum Beispiel die Pfotenabdrücke des Fuchses im Abstand von etwa 30 cm aneinander wie die Perlen auf einer Schnur, dann hat sich das Tier gemächlich fortbewegt: Es ist geschnürt. Die Hinterpfoten treten dabei genau in die Abdrücke der Vorderpfoten. Ein flüchtiger Fuchs dagegen hinterläßt paarweise nebeinanderliegende Pfotenabdrücke; die Abdrücke der Hinterpfoten liegen dabei **vor** denen der Vorderpfoten.

Manche Spuren verraten die Vorgeschichte: In der Ranzzeit ab Dezember sind gelegentlich einzelne Fuchsspuren zu sehen, die sich plötzlich in zwei separate Fährten aufteilen: Der Rüde ist eine Weile seiner Partnerin in spe gefolgt und dabei pfotengenau in ihre Abdrücke getreten, doch irgendwo haben sich ihre Wege getrennt. Auch Feldhasenspuren verlangen bisweilen hellseherische Fähigkeiten: Hasen verwirren ihre Verfolger gern, indem sie ein Stück weit auf ihrer eigenen Spur zurücklaufen, dann einen Satz zur Seite machen und versetzt zur ersten Spur weiterlaufen, auf dieser Spur wieder zurücklaufen und so weiter. Was wie das Spurenwirrwarr vieler Hasen aussieht, war oft nur ein einziger. Spitzmausspuren können in einem Loch im Schnee enden, wenn das Tier sich entschlossen hat, unter der Schneedecke weiterzulaufen.

Die Endstation einer Mäuse-Hüpfspur ist manchmal ein dramatisch zerwühlter Fleck im Schnee mit den vielfingrigen Abdrücken von Bussardschwingen...

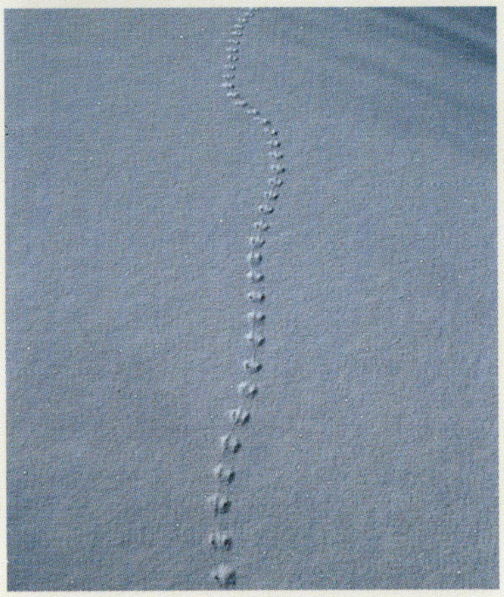

Die Hüpfspur einer Waldmaus (unten) und Fährten eines Steinmaders (oben).

Schnurgerade: Fuchsspuren sind leicht zu erkennen.

WINTERSCHLÄFER: WIE MAN SICH BETTET, SO LIEGT MAN

Erst warme Tage lassen den inneren Motor wieder anspringen: eingerollter Siebenschläfer (oben) und eng zusammengerückte Mausohrfledermäuse (rechts).

Eine erprobte Möglichkeit, mit dem Winter fertig zu werden, besteht darin, ihn zu verschlafen, denn wer schläft, spart Energie. Ein echter Winterschläfer wie der Feldhamster senkt seine Körpertemperatur von normalerweise 35 °C auf 4–6 °C und atmet nur noch 4mal pro Minute (im Wachzustand sind je nach Stimmungslage 80–250 Atemzüge normal). Auf diese Weise schrumpft der Energieverbrauch bis auf 10 Prozent des Normalwertes.

Doch wer schläft, kann auch in Nahrungsengpässe kommen. Wenn Winterschläfer über die Runden kommen wollen, müssen sie entweder auf Vorrat fressen oder zwischendurch aufwachen und nachladen. Feldhamster zum Beispiel kellern ein; sie entwickeln im Herbst eine sprichwörtlich gewordene Begierde nach Vorräten. Im Bau eines rekordverdächtigen Hamsters wurden 65 kg Vorräte gefunden. Andere Winterschläfer fressen auf Vorrat und speichern die Reserven am Körper selbst. Igel futtern sich im Herbst rund wie Ferkel, und Siebenschläfer waren ihrer herbstlichen Ge-fräßigkeit wegen bei den alten Römern sogar ein gefragter, kalorienreicher Leckerbissen. Sie können derart völlern, daß sich ihr Gewicht im Herbst verdoppelt.

Energiesparen schön und gut – doch wie verhindert ein Winterschläfer, daß er bei strengen Kälteeinbrüchen erfriert? Fledermaus oder Igel, Siebenschläfer, Hamster oder Murmeltier haben für solche Fälle einen eingebauten Thermostat. Droht die Körpertemperatur unter einen Mindestwert abzusinken, springt eine Art Standheizung an und steigert Atemfrequenz und Herztätigkeit gerade so weit, daß genug Wärme produziert wird, um die tiefere Außentemperatur auszugleichen.

Noch verblüffender ist die Winterhärte vieler Insekten. Man sollte meinen, scharfe Fröste würden ihre Körperflüssigkeit gefrieren lassen, so daß die Eiskristalle die Körperzellen von innen sprengen. Doch genau das geschieht nicht: Sie haben im herbstlichen Abhärtungsprozeß eine Art Frostschutzmittel erzeugt: Substanzen, die den Gefrierpunkt der Körperflüssigkeiten weit unter die Null-Marke senken.

Andere Insekten und Spinnen, denen dieser trickreiche Zusatzstoff fehlt, retten das Überleben ihrer Art, indem sie winzige befruchtete Eier in möglichst geschützten Winkeln verstecken. Die Tiere selbst sterben im Herbst.

Die Kleinsten haben's am schwersten

Die äußersten schwankenden Zweigspitzen allerdings bleiben den Wintergoldhähnchen vorbehalten. Die 4 g leichten Zwerge klettern geschickter als die wendigste Meise, und wenn es gar nicht anders geht, pflücken sie Larven und Raupen sogar im Rüttelflug zwischen den Nadeln heraus. Den Wintergoldhähnchen im Auwald kommt ein forstlicher Schnitzer zugute: Zwischen die Eschen, Erlen und Weiden zieht sich ein schmaler Streifen Fichten hinein – wo er eigentlich nicht hingehört! Die Fichten fühlen sich auf dem staunassen Boden nicht wohl und kränkeln nadelrieselnd vor sich hin – für die Wintergoldhähnchen ein hocherfreulicher Umstand, denn auf siechen Bäumen feiern holzbohrende und nadelfressende Insekten fröhliche Urständ.

Wintergoldhähnchen, die kleinsten europäischen Singvögel, können nämlich nicht wie viele Meisenarten bei Bedarf auf ölhaltige Samen umsteigen. Sie sind auch im Tiefwinter auf Insekten angewiesen. Aber Weißdornblattflöhe, eine springtüchtige Pflanzenlausart, ziehen im Herbst oft in epidemischen Massen von Weißdornbüschen, Schlehen und Apfelbäumen auf Nadelbäume um. In guten Blattflohjahren müssen die Goldhähnchen eigentlich nur noch den Schnabel aufsperren.

Das ist für sie kein entbehrlicher Luxus, sondern kann im Winter lebensrettend sein. Je kleiner ein warmblütiges Tier ist, desto mehr Nahrung muß es je Gramm Körpergewicht verheizen. Kein Vogel zuckt hektischer von Blüte zu Blüte als die Leichtgewichte unter den Gefiederten, die wenige Gramm schweren Kolibris; kein Säugetier ist dermaßen quirlig auf Futtersuche wie die 2 g leichte Etruskerspitzmaus. Um über die Runden zu kommen, muß so ein Fliegengewicht jeden Tag Nahrungsmengen verdrücken, die 75 % seines Eigengewichts entsprechen.

In einer ähnlichen Zwickmühle stekken auch die Wintergoldhähnchen, doch in punkto Futternachschub haben sie im Auwald keine Probleme. Sie haben es wirklich recht gut getroffen: In dem Fichtenstreifen haben sie auf kleinstem Raum Deckung, Windstille und auch noch eine ergiebige Futterquelle. Pausenlos tönen ihre feinen Lispelstimmen aus den Wipfeln.

Wie alt ein Baum wird (links die Baumjahresringe), entscheidet unter Umständen Er: der Borkenkäfer, dessen Fraßgänge das sogenannte Buchdruckermuster hinterlassen (oben).

Was Jahresringe erzählen

Möglicherweise wird den Goldhähnchen ihr Winterdomizil nicht mehr lange erhalten bleiben. Wo der Feldweg auf den Auwald stößt, lagern wie ein Sperrwerk die ersten Fichtenstämme im Schnee. Auf Anregung der Unteren Naturschutzbehörde hat man beschlossen, die unpassenden Fichten aus dem Auwald zu entfernen. Im Prinzip eine richtige Entscheidung, auch wenn dann die Wintergoldhähnchen... – aber allen kann man es nie recht machen.

Da ruhen die Stämme nun, fein säuberlich aufgeschichtet und gegen Diebstahl mit einem roten Streifen besprüht. Die sauberen Schnittkanten der Motorsäge geben einiges zum Lesen: Kreise. Ringe. Jahresringe. An jedem Stamm etwa 30 Stück. Die Ringe entstehen, weil Bäume in unserem Klima im Frühjahr zunächst einen Ring großer, dünnwandiger Zellen

JOGHURT-MEMORY

Memory, das bekannte Merkspiel, läßt sich auch mit Naturmaterialien spielen. Sie brauchen dazu eine gerade Zahl möglichst vieler gleich aussehender Abdeckungen – beispielsweise Joghurtbecher derselben Marke oder zur Not die Kappen von Eierkartons – und ein Sortiment von Dingen aus der Natur, wie sie bei jedem Spaziergang massenweise in die Hosentaschen wandern: Eicheln, Kastanien, Bucheckern, Ahornsamen, Schlehen-, Weißdorn-, Hartriegelbeeren, Blättchen, Schneckenhäuser, markant gefärbte Steine und ähnliches. Sogar Zweiglein verschiedener Sträucher lassen sich verwenden. Wenn man sie in ein Stück Knetmasse steckt, bleiben sie sogar stehen. Wichtig ist, daß Sie von jedem Ding nur jeweils zwei ins Spiel einbringen.

Die Naturschätze werden nun gut gemischt, wie beim »normalen« Memory im Viereck ausgelegt und mit den Joghurtbechern abgedeckt. Das Spiel kann beginnen: Jeder Mitspieler darf zwei Joghurtbecher abheben. Hat er zwei verschiedene Gegenstände aufgedeckt, merkt er sich die Position der Dinge gut, und der nächste kommt an die Reihe. Liegt ein Paar gleichartiger Dinge unter den Bechern, darf er sie wegnehmen und einen weiteren Versuch machen.

Eine Variante für Fortgeschrittene: Unter die Joghurtbecher können Sie statt gleichartiger auch zusammengehörige Dinge legen. Buchecker und Buchenzweig könnten zum Beispiel ein Paar bilden, oder Hartriegelrinde und Hartriegelfrüchte, oder Eulenfeder und Eulengewölle.

Warum nicht die Flügelsamen des Bergahorns (oben) oder den Samenstand der Hainbuche (unten) im Memory einsetzen?

WER BIN ICH WOHL

Bei diesem Ratespiel – ideal für verregnete Nachmittage oder lange Zugfahrten – darf ausgiebig um den heißen Brei herumgeredet werden. Einer der Mitspieler denkt an etwas, an ein Ding, eine Pflanze, ein Tier, und umschreibt es so phantasievoll wie möglich, während die anderen Mitspieler versuchen, das Inkognito zu lüften.

Das könnte sich zum Beispiel so anhören: »Ich stamme aus guter Familie. Mein Vater wohnt heute sogar bei einem Anwalt in Düsseldorf. Der Anwalt weiß sehr gut, mit welcher hochstehenden Persönlichkeit er es zu tun hat. Er hat sich lange auf die Begegnung mit meinem Vater vorbereitet und seinetwegen viel Geld ausgegeben. Dafür darf mein Vater heute im besten Salon des Hauses wohnen und wird jedem Besucher vorgeführt. Ich selbst habe es leider nicht so weit gebracht, aber das geht in unserer Verwandtschaft allen Frauen so. Im Sommer lebe ich mit meinem Kind im Bergwald, fresse Gras,

Kräuter und auch mal Knospen oder sogar Rinde, wenn mir danach ist. Im Herbst ist es mit der Ruhe vorbei. Dann benehmen sich unsere Männer, als seien sie nicht ganz bei Trost. Sie schreien pausenlos nach uns, und wenn sie einander über den Weg laufen, bekämpfen sie sich wie die Berserker. Aber das Ganze ist mehr Show als Ernstkampf; verletzt wird dabei niemand.« (Hirschkuh)

Eine Hirschkuh mit ihrem halbwüchsigen Kalb.

SCHNEEPASTELL

Dieses Spiel macht jeder Alterslage Spaß. Sie brauchen dazu nur ein paar Blumen-Sprühpumpen, in Wasser gelöste Lebensmittelfarben (leicht abbaubar!) und eine geschlossene Schneedecke. Alle Mitspieler stecken mit Stöckchen die Grenzen ihres künftigen Gemäldes ab, und dann kann's losgehen. Ob Punkt-Punkt-Komma-Strich oder Landschaftsbilder, ob abstrakte Darstellungen à la Paul Klee oder Nolde'sche Impressionen – jeder wird seinen Stil finden.

Ist der Schnee richtig schön klebrig, lassen sich wunderbare Phantasietiere bauen und mit Lebensmittelfarbe anmalen. Kinder haben großen Spaß daran, ihre Schneemänner und Schneefrauen bunt »anzuziehen« oder die Wände ihres Schneehäuschens mit Mustern zu bepinseln. Feinere Linien (Hosenträger, Ringelsocken, Hemdenkaros, Fenster und Türen) werden mit einem dicken Malkastenpinsel gemalt. Um größere Flächen einzufärben, benutzt man am besten eine Blumensprühpumpe .

Wenn's in seiner angestammten, nördlichen Heimat zu kalt wird, wandert der Seidenschwanz auf Kälteflucht nach Süden.

anlegen, der sich im Stammquerschnitt als helles Holz abzeichnet. In den Spätsommer hinein werden die Holzzellen dickwandiger – und sind später als Ring aus dunklerem, festem Holz zu erkennen. Im Herbst schließlich endet der Holzzuwachs des Jahres mit einer scharfen Grenze.

Vor allem an Nadelbäumen entwickeln sich diese Jahresringe sehr gleichmäßig und erzählen Geschichten oder sogar Geschichte. Weite Jahresringe zeigen zum Beispiel, daß der Baum gut versorgt war und schnell gewachsen ist. Schmale Jahresringe können bedeuten, daß er zu gedrängt stand – zum Beispiel wenn eine Schonung zu spät ausgelichtet wurde – und zu wenig Licht und Nährsalze bekam. Schmale Ringe können aber auch die Folge von trockenen Sommern oder Insektenfraß sein. Auch Bäume, die unter Luftschadstoffen leiden, entwickeln nur schmale Jahressringe. Dunkle Flecken im ebenmäßigen Stammmuster sind alte Verletzungen, und die krallenartig nach innen gekrümmten Jahresringe über der ehemaligen Verletzung zeigen, daß es der Baum erst nach Jahren schaffte, die Wunde zu verschließen. Ein Fachmann könnte aus einer Baumscheibe sogar die häufigste Windrichtung oder an Baumveteranen die Spuren von Kanoneneinschlägen ablesen.

Aus dem Ringmuster alter Bohlenwege, die im Murnauer Moos konserviert die Zeiten überdauert haben, könnte ein Kenner vielleicht ableiten, ob es in dem Jahr, in dem Hannibal mit Kampfwagen und Elefanten nach Norden aufbrach, besonders kalt in den Alpen war und ob die legendären Elefanten folglich nicht eher erfroren als abgestürzt sind.

Warten auf den Frühling

Wenn die letzten Fichten verschwunden sind, werden die Weiden wohl auch diesen Winkel mit Beschlag belegen. Wo immer offener, feuchter Boden zur Besiedlung freigegeben ist, gehören sie zu den ersten Pionieren. Dort, wo der Auwald in ein kleines Mosaik flacher Tümpel übergeht, das im Frühjahr das Ziel von Grasfröschen und Erdkröten war, haben Weiden mit ein paar Schwarzerlen und Traubenkirschen ein lichtes Geflecht aus Ästen und Stämmen gewebt. Jetzt sind alle Konturen schneeverwischt und eingeebnet; nur die Weidenzweige zeichnen noch ein feines Linienmuster: Hellgrau auf Weiß.

MISTELN – NICHT NUR ZUR WEIHNACHTSZEIT

Asterixleser wissen mehr. Sie haben eine genaue Vorstellung von der Pflanze, die der Wundertrank-Braumeister Miraculix emsig aus den Kronen knorriger Eichen heraussichelte, auf daß seinem Dorf die unbesiegbare Kampfeskraft erhalten bleibe.
Miraculix muß ein Meister seines Fachs gewesen sein, denn *Viscum album* ist nicht ganz ungefährlich. Der Schmarotzer, der seine Wurzeln unter die Rinde anderer Pflanzen bohrt und von ihrem Saft lebt, enthält das Gift Viscotoxin. Richtig dosiert, so schrieb schon die berühmte kräuterkundige Hildegard von Bingen, soll es gegen »Engbrüstigkeit« (Atemnot) helfen. Pfarrer Kneipp verordnete Misteltee gegen Frauenleiden, und andere Heiler meinten, die Pflanze heile die »fallende Sucht« (Epilepsie): »Wer en eichiinen mistel treit an der rehten hant in einem vingerlin, alsì daz der mistel diu blîze hut anruore: den beruort diu vallendesuht niemer mà.« So heißt es im altdeutschen Eichenmisteltraktat (Rekonstruktion von Annelore Högemann). Rudolf Steiner, der Begründer der Anthroposophischen Medizin, schrieb Mistelpräparaten gar Heilkräfte gegen Krebs zu, und kürzlich konnte eine Arbeitsgruppe des Max-Planck-Instituts für Experimentelle Medizin in Göttingen sogar eine Substanz aus Mistelextrakten anreichern, die bereits in kleinsten Konzentrationen das körpereigene Abwehrsystem auf Touren bringt.
Sie waren schon immer etwas besonderes, die skurril geformten Pflanzen mit den klebrigen weißen Beeren, die so unübersehbar den Boden unter den Füßen verloren haben und selbst bei Schnee und Eis ihre grünen Blätter behalten. Sie haben das gewisse Etwas, das keine chemische Analyse erklären könnte. Keltische Völker verehrten die Mistel als Abwehrmittel gegen Dämonen. Der deutsche Dichter Christoph Martin Wieland wußte von einem Eichenmistel-Orakel, das den Fürsten vergangener Tage Aufstieg oder Fall verhieß. Und im Mittelalter schützten Misteln vor Blitzschlag, Siechtum und Verhexung.
Heute hat man die Magie etwas auf Normalmaß gestutzt: Der traditionelle Mistelzweig über der weihnachtlichen Haustür in England mag seine Ursprünge darin haben, daß man sich vor Dämonen zu schützen wünschte. Heute hat er vor allem den angenehmen Nutzwert, daß jedermann ein Mädchen küssen darf, das unter dem zauberischen Zweig steht.

Waldkauz (links): lautloser Jäger im Winterwald.
Rauhreif über dunkler Rinde: Der Winter zeichnet wunderschöne Schwarzweiß-Graphiken (rechts).

Weiden geben schon im Herbst das Versprechen auf den nächsten Sommer. Unter grünbraun durchscheinenden Deckschuppen kann man die Kätzchen ahnen, an manchen Spitzen drängen sie sogar schon im Hochwinter ins Ungeschützte. Bereits im Herbst haben die Weiden Substanzen produziert und in ihren Zellen gelöst, die wie ein Frostschutzmittel den Gefrierpunkt senken und sie selbst bei Temperaturen weit unter 0°C vor Frostschäden bewahren. Die Weiden überstehen unbeschadet, was die Springkrautfluren unten am Bach getötet hat: Die fast mannshohen Stengel haben sich schon nach den ersten Frostnächten glasig olivgrün verfärbt und sind haltlos in sich zusammengesunken. Um ihre abgestorbenen Wurzeln hat das Spritzwasser des Baches phantasievolle Eismuster gebildet.

EIS – EIN UNGEWÖHNLICHER STOFF

Eis beindruckt nicht nur den Schönheitssinn. Eis hat einige Eigenschaften, die nirgends sonst in der chemischen Welt zu finden sind. Jeder weiß, daß Warmes – zum Beispiel Luft – leichter wird und aufsteigt und daß Abgekühltes

Eis ist so allgegenwärtig im Winter, daß man seine physikalische Ausnahmestellung leicht vergißt.

schwerer wird und absinkt. (Das ist ein Grund dafür, warum sich jeder, wenn's geht, in den engen Schlafwagenabteilen die tieferen Liegen aussucht: Der warme Mief steigt auf und macht oben das Einschlafen besonders schwer.)

Aber wenn diese »Oben-warm-unten-kalt-Regel« auch für Wasser gültig wäre, müßten Teiche, Weiher und Seen von unten nach oben gefrieren. Zu Eis erstarrt müßte Wasser am schwersten sein und am Gewässergund liegen, darüber käme eine Wasserschicht, die bis knapp über dem Gefrierpunkt abgekühlt ist und nach oben hin würde das Wasser allmählich wärmer. Würde Wasser diesen chemischen Regeln gehorchen, müßte natürlich alles Leben in winterlichen Teichen und Seen absterben. Die Fische würden von unten nach oben eingeeist.

Aber wie gesagt: Wasser ist eine Ausnahme. Wasser ist nicht als Eis am schwersten sondern bei einer Temperatur von 4 °C. Zu Eis erstarrt dehnt es sich wieder aus und wird leichter. Am Gewässergrund wird sich deshalb immer das 4 °C kalte Wasser sammeln, und Eis wird immer obenauf schwimmen.

Doch wer denkt schon an nüchterne Chemie, wenn Eisskulpturen in der Sonne glitzern! Noch ist die Strömung im Bach zu stark, um sich von Ufer zu Ufer einen Eispanzer anlegen zu lassen. Nur in den Ruhezonen, wo sich in Kolken und Stauzonen das Wasser beruhigt, schieben sich hauchfein geäderte Scheiben hinaus. Und weil die Strömung immerhin stark genug ist, um einen Teil dessen, was die Kälte verklebt hat, wieder aufzurauhen, entsteht eine Brüssler Klöppelspitze aus Wasser, Eis und gefangener Luft. Wenn dann noch durch ein Wolkenloch, das ein guter Regisseur ausgerechnet an dieser Stelle geöffnet hat, ein gleißendes Strahlenbündel auf diese Eiszunge zielt, dann ist es fast nicht auszuhalten: so schön!

WER BRÜTET WANN?

	März	April	Mai	Juni	Juli	August
Haubentaucher		Balz	Brut	Jungvögel		
Graureiher	Brut	Jungvögel				
Höckerschwan	Balz		Brut	Jungvögel		
Stockente	Balz	Brut	Jungvögel			
Reiherente		Balz	Brut	Jungvögel		
Tafelente	Balz		Brut	Jungvögel		
Mäusebussard		Brut		Jungvögel		
Habicht	Balz	Brut	Jungvögel			
Turmfalke		Brut		Jungvögel		
Rebhuhn			Brut	Jungvögel		
Fasan		Balz	Brut	Jungvögel		
Teichhuhn			Brut	Jungvögel		
Bläßhuhn		Brut	Jungvögel			
Flußregenpfeifer		Brut		Jungvögel		
Kiebitz	Balz Brut	Jungvögel				
Lachmöwe			Brut	Jungvögel		
Flußseeschwalbe			Brut	Jungvögel		
Türkentaube	Brut Jungvögel					
Ringeltaube		Brut	Jungvögel			
Waldkauz	Brut	Jungvögel				
Waldohreule		Brut	Jungvögel			
Mauersegler			Brut	Jungvögel		
Grünspecht			Brut	Jungvögel		
Buntspecht	Balz	Brut	Jungvögel			
Schwarzspecht		Balz Brut	Jungvögel			
Feldlerche	Balz	Brut Jungvögel				
Rauchschwalbe			Brut	Jungvögel		
Mehlschwalbe			Brut	Jungvögel		
Schafstelze			Brut	Jungvögel		
Bachstelze			Brut	Jungvögel		
Baumpieper			Brut	Jungvögel		
Wiesenpieper		Brut	Jungvögel			
Neuntöter			Brut	Jungvögel		
Zaunkönig		Brut	Jungvögel			
Heckenbraunelle		Brut	Jungvögel			
Feldschwirl			Balz Brut	Jungvögel		
Schilfrohrsänger			Brut	Jungvögel		
Sumpfrohrsänger			Brut	Jungvögel		
Wasseramsel	Brut	Jungvögel				
Gartengrasmücke			Balz Brut	Jungvögel		
Mönchsgrasmücke			Brut	Jungvögel		
Dorngrasmücke		Balz	Brut	Jungvögel		
Zilpzalp			Brut	Jungvögel		

	März	April	Mai	Juni	Juli	August
Fitis			Balz – Brut –	Jungvögel		
Waldlaubsänger			Brut – –	Jungvögel		
Goldhähnchen			Brut – Jungvögel	– – – – – – – – – – –		
Grauschnäpper			Brut – Jungvögel			
Trauerschnäpper			Brut – Jungvögel			
Rotkehlchen		Brut – Jungvögel	– –			
Gartenrotschwanz			Brut – Jungvögel	– – – – –		
Hausrotschwanz		Brut – Jungvögel	– –			
Misteldrossel		Brut – Jungvögel	– –			
Amsel	Brut – –	Jungvögel	– –			
Singdrossel		Brut – Jungvögel	– – – – – – – – – – – – – – –			
Wacholderdrossel		Brut – Jungvögel	– – – – – – – – – – – – – – –			
Schwanzmeise		Brut – Jungvögel	– – – – – – – – – – – – – – –			
Sumpfmeise		Brut – Jungvögel	– – – – – –			
Blaumeise	Balz – – – – – – – – – – – –		Brut – Jungvögel	– – – – – –		
Kohlmeise		Brut – Jungvögel	– –			
Tannenmeise			Brut – Jungvögel	– – – – – – – – – – – – – – –		
Kleiber		Brut – Jungvögel	– – – – – –			
Goldammer		Brut – Jungvögel	– –			
Grauammer		Brut – Jungvögel	– –			
Rohrammer			Brut – – Jungvögel	– – – – – – – – – – – – – – –		
Buchfink		Brut – – – Jungvögel	– – – – – – – – – – – – –			
Girlitz			Brut – Jungvögel	– – – – – – – – – – – – – – – –		
Grünling		Brut – Jungvögel	– – – – – – – – – – – – – –			
Stieglitz			Brut – – Jungvögel	– – – – – – – – – – – – – –		
Gimpel	Balz – – – – – – – – – – – – – –		Brut – – Jungvögel	– – – – – – – – – – – – – –		
Fichten-kreuzschnabel	Jungvögel – (Brutzeit meist ab Mitte Februar, aber das ganze Jahr möglich)					
Haussperling		Brut – Jungvögel	– –			
Feldsperling		Brut – Jungvögel	– –			
Star		Brut – Jungvögel	– – – – –			
Pirol			Brut –	Jungvögel		
Eichelhäher		Brut – –	Jungvögel			
Elster		Brut – – Jungvögel	– – – – – – – – – – –			
Saatkrähe	Balz – – – – – – – –	Brut – – Jungvögel				
Dohle		Brut – – – Jungvögel	– – – – – – – – – – – – – –			
Aaskrähe	Brut – – – Jungvögel	– –				

Die Angaben sind so zu verstehen, daß zum Beispiel ab Anfang April mit Goldammerbruten, ab Mitte April mit jungen Goldammern zu rechnen ist. Das heißt aber nicht, daß die Brutphase für Goldammern Mitte April bereits beendet wäre. Wie viele andere Vogelarten auch, brüten sie fast immer zweimal pro Saison. Manche Vogelarten, zum Beispiel das Teichhuhn, neigen sogar zu sogenannten Schachtelbruten: Ein Elternteil betreut die Jungen der ersten Brut, der andere Elternteil bebrütet schon das nächste Gelege. Und noch etwas: Die Angaben zum Balzbeginn usw. können natürlich nur Richtwerte sein. Wann Vögel anfangen zu balzen und zu brüten, hängt wesentlich von der Witterung, der Höhenlage, dem Breitengrad ab. Der erste Kuckucksruf zum Beispiel ist in Süddeutschland etwa Mitte April, in Südfinnland aber erst Anfang Mai zu hören.

WAS BLÜHT WANN?

	März	April	Mai	Juni	Juli	Aug.	Sept.	Okt.	geschützt
Ackerhornkraut		–	–	–	–				
Ackerwachtelweizen				–	–				
Ackerwinde				–	–	–	–	–	
Ackerwitwenblume					–	–			
Adonisröschen, Sommer-			–	–	–				✿
Akelei, Wald-				–	–				✿
Aronstab, Gefleckter		–	–	–					
Bärenklau, Wiesen-				–	–	–	–	–	
Bärlauch			–	–					
Beifuß					–	–	–	–	
Beinwell			–	–	–	–	–		
Berberitze			–	–					
Besenginster			–	–					
Bilsenkraut				–	–	–	–	–	
Blutweiderich					–	–	–		
Brombeere			–	–	–	–			
Buschwindröschen	–	–							
Diptam			–	–					✿
Eberesche (Vogelbeere)			–	–					
Ehrenpreis, Großer			–	–	–	–			
Ehrenpreis, Persischer	–	–	–	–	–	–	–	–	
Eisenhut, Wolfs-				–	–	–			✿
Enzian, Frühlings-	–	–	–	–	–	–			✿
Faulbaum			–	–					
Feldrittersporn			–	–	–	–	–		
Fichte			–	–					
Fingerhut, Großblütiger				–	–	–			✿
Fingerhut, Roter				–	–	–			
Fingerkraut, Gänse-			–	–	–				
Fingerkraut, Kriechendes			–	–	–	–			
Fingerkraut, Frühlings-	–	–	–						
Flohknöterich					–	–	–		
Frauenmantel, Gewöhnlicher			–	–	–	–	–	–	
Frauenspiegel				–	–	–			
Gänseblümchen	–	–	–	–	–	–	–	–	
Gelbes Windröschen	–	–							
Giersch (Geißfuß)				–	–				
Gilbweiderich				–	–	–			
Glockenblume, Büschel-			–	–	–	–	–		
Glockenblume, Nesselblättrige				–	–				
Glockenblume, Rundblättrige			–	–	–	–			
Glockenblume, Wiesen-			–	–	–				
Goldnessel			–	–					
Goldrute, Echte					–	–	–		
Goldrute, Kanadische						–	–	–	
Greiskraut, Jakobs-					–	–	–	–	
Gundermann	–	–	–						

	März	April	Mai	Juni	Juli	Aug.	Sept.	Okt.	geschützt
Günsel, Kriechender			x	x					
Hahnenfuß, Kriechender			x	x	x	x			
Hahnenfuß, Scharfer			x	x	x				
Hartriegel			x	x					
Haselnuß	x								
Hauhechel, Dornige				x	x	x	x		
Hauswurz					x	x			✿
Heidenelke				x	x	x	x		✿
Herbstzeitlose						x	x	x	
Himbeere			x	x	x	x			
Himmelsleiter, Blaue				x	x				✿
Holunder, Schwarzer				x	x				
Holunder, Trauben-		x	x						
Hornklee			x	x	x	x	x		
Huflattich	x	x							
Hundskamille, Acker-			x	x	x	x	x	x	
Hundsrose				x					
Immergrün		x	x						
Johanniskraut				x	x	x	x	x	
Kamille, Echte			x	x	x	x			
Karde, Wilde					x	x			
Karthäusernelke				x	x	x	x		✿
Klappertopf-Arten				x	x	x			
Klatschmohn			x	x	x				
Knoblauchsrauke			x	x					
Knöterich, Ampfer-					x	x	x	x	
Königskerze, Großblütige					x	x	x		
Königskerze, Kleinblütige					x	x	x		
Kornblume					x	x	x	x	
Kornelkirsche	x	x	x						
Kornrade				x	x				
Kratzdistel, Gewöhnliche				x	x	x	x	x	
Kronwicke, Bunte				x	x	x	x		
Küchenschelle, Echte	x	x	x						✿
Kuckuckslichtnelke		x	x	x	x				
Labkraut, Echtes				x	x	x	x	x	
Leberblümchen		x	x						✿
Leimkraut, Taubenkropf-				x	x	x			
Leinkraut, Gewöhnliches				x	x	x	x	x	
Lerchensporn, Hohler	x	x	x						
Lichtnelke, Rote		x	x	x	x	x			
Liguster				x	x				
Linde, Sommer- u. Winter-				x	x				
Löwenzahn		x	x	x	x				
Lungenkraut	x	x							
Lupine				x	x	x	x		
Mädesüß				x	x	x			
Maiglöckchen			x	x					
Margerite			x	x	x	x	x	x	
Märzenbecher	x	x							✿

	März	April	Mai	Juni	Juli	Aug.	Sept.	Okt.	geschützt
Mauerpfeffer, Felsen-				–	–				
Mauerpfeffer, Scharfer				–	–				
Mauerpfeffer, Weißer			–	–	–	–			
Minze, Roß-					–	–			
Nachtkerze, Gewöhnliche				–	–	–			
Nachtnelke, Weiße			–	–	–	–	–	–	
Nachtschatten, Bittersüßer				–	–	–			
Nachtschatten, Schwarzer				–	–	–	–	–	
Natternkopf				–	–	–	–		
Nelkenwurz (Benediktenwurz)				–	–	–	–	–	
Nelkenwurz, Bach-		–	–	–					
Ochsenzunge, Gewöhnliche				–	–	–	–	–	
Odermennig				–	–	–			
Pastinak					–	–	–		
Pestwurz, Rote	–	–							
Pfaffenhütchen			–						
Pfennigkraut				–	–				
Platterbse, Frühlings-		–	–	–					
Prachtnelke				–	–	–	–		✿
Resede, Wilde			–	–	–	–	–		
Rindsauge				–	–	–	–		
Rosenmalve				–	–	–	–		
Salomonssiegel			–	–					
Salweide	–	–							
Sanddorn	–	–	–						
Sauerklee		–	–						
Schafgarbe				–	–	–	–	–	
Scharbockskraut	–	–	–						
Schlehe		–	–						
Schlüsselblume, Wald-	–	–	–						
Schlüsselblume, Wiesen-	–	–							
Schneeball			–	–					
Schneeglöckchen	–								✿
Schöllkraut		–	–	–	–	–	–	–	
Schwertlilie, Sibirische			–	–	–				✿
Schwertlilie, Sumpf-			–	–	–				✿
Seerose, Weiße			–	–	–	–			✿
Seidelbast	–	–	–						✿
Seifenkraut, Echtes					–	–	–		
Silberdistel					–	–	–		✿
Springkraut, Echtes					–	–			
Springkraut, Indisches				–	–	–	–	–	
Stechapfel				–	–	–	–		
Steinklee, Echter				–	–	–	–		
Steinklee, Weißer					–	–	–		
Sterndolde, Große				–	–	–			
Stiefmütterchen, Acker-			–	–	–	–	–	–	
Storchschnabel, Ruprechts-				–	–	–	–	–	
Storchschnabel, Wald-				–	–				
Storchschnabel, Wiesen-				–	–	–	–		

	März	April	Mai	Juni	Juli	Aug.	Sept.	Okt.	geschützt
Sumpfdotterblume	—	—	—	—	—				
Taubenskabiose				—	—	—	—	—	
Taubnessel, Gefleckte	—	—	—	—	—	—	—	—	
Taubnessel, Rote	—	—	—	—	—	—	—	—	
Taubnessel, Weiße		—	—	—	—	—	—	—	
Teichrose, Gelbe				—	—	—			✿
Teufelskralle, Ährige		—	—	—	—				
Teufelskralle, Kugelige			—	—	—	—	—		
Thymian				—	—	—	—	—	
Tollkirsche				—	—				
Traubenkirsche			—						
Trollblume			—	—					✿
Türkenbund				—	—				✿
Veilchen, Hunds-		—	—						
Veilchen, Wohlriechendes	—	—							
Vergißmeinnicht, Wald-			—	—	—				
Vergißmeinnicht, Sumpf-			—	—	—	—	—	—	
Vogelwicke				—	—	—			
Waldgeißbart			—	—	—				
Waldgeißblatt				—	—	—			
Waldmeister			—	—					
Waldrebe				—	—				
Wegwarte					—	—			
Weidenröschen, Schmalblättriges					—	—			
Weidenröschen, Zottiges					—	—	—		
Weißdorn			—	—					
Weißklee			—	—	—	—	—		
Wiesenbocksbart			—	—	—				
Wiesenflockenblume				—	—	—	—	—	
Wiesenkerbel		—	—	—	—	—			
Wiesenklee, Roter				—	—	—	—	—	
Wiesenknopf, Großer				—	—	—			
Wiesenknopf, Kleiner			—	—					
Wiesenlabkraut			—	—	—	—			
Wiesenpippau			—	—	—	—	—		
Wiesenraute, Akeleiblättrige			—	—					
Wiesensalbei			—	—	—				
Wiesenschaumkraut		—	—						
Wilde Möhre					—	—	—	—	
Wilder Dost (Majoran)					—	—	—	—	
Wolfsmilch, Zypressen-		—	—						
Zaunwicke			—	—	—	—			
Zaunwinde, Gewöhnliche				—	—	—	—	—	
Zeitlose, Herbst-						—	—	—	

Für die Blühtermine gilt natürlich das gleiche wie für die Bruttermine der Vögel: Die Angaben können nur durchschnittliche Richtwerte sein, denn je nach Witterung, Höhenlage, Breitengrad usw. kann die Blühphase wesentlich variieren. In einem milden Herbst kann zum Beispiel die Karthäusernelke bis in den Oktober hinein blühen.

Wichtige Bücher

Die folgende Literaturliste ist eine mehr oder weniger willkürliche Auswahl von Büchern, die mir nützlich erscheinen und die ich weiterempfehlen kann. Manche der Bücher sind sicherlich längst vergriffen und im Handel nicht mehr erhältlich. Andererseits wäre es schade, ein informatives Buch nur aus diesem Grund wegzulassen – zumal in gut sortierten Bibliotheken auch die nicht mehr ganz druckfrischen Bände zu bekommen sein sollten.
Besonders hinweisen möchte ich auf das Buch »Spielend die Umwelt entdecken« von Wessel und Gesing, in dem ich viele Anregungen erhalten habe.

Aichele, D. und M.Golte-Bechtle: Was blüht denn da? Franckh'sche Verlagshandlung, Stuttgart 1993

Amann, G.: Bäume und Sträucher des Waldes. Neumann Verlag, Melsungen

Bezzel, E.: Vögel beobachten. BLV-Verlag, München 1996

Blab, J. und H.Vogel: Amphibien und Reptilien erkennen und schützen. BLV-Verlag, München 1996

Brandt und Thiesen: Umwelt spielend entdecken, Beltz, Weinheim 1992

Burton, R.: Unsere gefiederten Nachbarn. BLV-Verlag, München 1994

Chinery, M.: Naturschutz beginnt im Garten. Otto Maier Verlag, Ravensburg 1986

Chinery, M.: Kosmos-Familienbuch der Natur. Franckh'sche Verlagshandlung, Stuttgart 1978

Curry-Lindahl, Kai: Das große Buch vom Vogelzug. Verlag Paul Parey, Berlin 1982

Dahl, J.: Neue Nachrichten aus dem Garten. dtv/Klett-Cotta 1990

Freude, M.: Tiere Bauen. Urania Verlag, Leipzig 1988

Frisch, Karl von: Zwölf kleine Hausgenossen. Rowohlt Sachbuch 1976

Geißler, Uli: Großes Grasgrünes Umwelt-, Spiel- & Spaßbuch. ÖkotopiaVerlag, Münster 1993

Helm, Eve Marie: Feld-, Wald- und Wiesen-Kochbuch. Heyne-Verlag, München 1981

Hölldobler, B. und E.O.Wilson: Ameisen. Birkhäuser Verlag, Basel 1995

Hutter, C.-P. und F.-G.Link: Wunderland am Waldesrand. Thienemann Verlag, Stuttgart 1990

Jacobs, W. und M.Renner: Biologie und Ökologie der Insekten. Gustav Fischer Verlag, Stuttgart 1988

Jedicke, Eckhard: Amphibien, Ökologie, Gefährdung, Schutz. Otto Maier Verlag, Ravensburg 1990

Kreuter, M.-L.: Der Biogarten. BLV-Verlag, München 1997

Lohmann, M.: Käfer, Libellen und andere Insekten. BLV-Verlag, München 1995

Lohmann,M.: Schmetterlinge. BLV-Verlag, München 1993

Macdonald, D.: Unter Füchsen. Knesebeck-Verlag, München 1993

Meinhardt, U.: Alles über Regenwürmer. Franckh'sche Verlagshandlung, Stuttgart 1986

Nachtigall, W.: Lebensräume. BLV-Verlag, München 1986

O'Toole, C.: Alien Empire – das Reich der Insekten. Knesebeck Verlag, München 1996

Peterson, R., G.Mountfort und P.A.Hollom: Die Vögel Europas. Parey Verlag, Hamburg 1985

Reichholf J. und G.Steinbach (Hrsg.): Naturenzyklopädie Europas in 12 Bänden. Mosaik Verlag, München 1992

Sauer, F.: Raupe und Schmetterling. Sauer-Verlag 1988

Schauer, Thomas und Claus Caspari: Der große BLV-Pflanzenführer. BLV-Verlag, München 1996

Schlechta, Ingrid (keine Jahresangabe): Köstliche Wildfrüchte und Wildgemüse, Gräfe und Unzer, München

Schneider, Gudrun: Färben mit Naturfarben. Otto Maier Verlag, Ravensburg 1979

Schreiber, R. (Hrsg.): Tiere auf Wohnungssuche. Deutscher Landwirtschaftsverlag, Berlin 1993

Stern, H. und E.Kullmann: Leben am seidenen Faden. Franckh-Kosmos, Stuttgart 1996

Stern, H.: Bemerkungen über Bienen. Franckh-Kosmos, Stuttgart 1996

Straaß, V.: Spielregeln der Natur – Taktik, Tricks und Raffinesse. BLV-Verlag, München 1990

Wessel, J. und H. Gesing (Hrsg.): Spielend die Umwelt entdecken. Luchterhand Verlag, Neuwied 1995

Witt, Reinhard: Naturoase Wildgarten, BLV-Verlag, München 1996

Witt, Reinhard: Wildpflanzen für jeden Garten, BLV-Verlag, München 1994

Wichtige Adressen

Bund für Umwelt und Naturschutz (BUND), Im Rheingarten 7, 53225 Bonn, Tel.0228 - 400 97-0

Bund Naturschutz in Bayern, Kirchenstr.88/IV, 81675 München, Tel. 089-45 99 18-0

Deutscher Naturschutzring (DNR), Kalkuhlstr.24, 53227 Bonn, Tel. 0228 - 35 90 05

Landesbund für Vogelschutz in Bayern (LBV), Kirchenstr.8, 91161 Hilpoltstein, Tel. 09174/47750 (über ihn können Sie auch die Becherlupe beziehen, ein praktisches, preisgünstiges Hilfsmittel beim Beobachten von Insekten)

Ministerium für Umwelt, Naturschutz und Reaktorsicherheit, Kennedyallee 5, 53175 Bonn, Tel.0228-349 10

Naturschutzbund Deutschland (DBV), Am Michaelshof 8-10, 53177 Bonn, Tel.0228/35 80 31-35

WWF, Hedderichstr.110, 60596 Frankfurt, Tel.069/60 50 03-0

Bildnachweis

T. Angermayer: 67l, 81r, 86l, 178, 219r
Archiv für Kunst und Geschichte: 135u
H.-G. Arndt: 161r
K. de Cuveland: 94
M. Danegger: 216, 217, 218l
B. Edmaier: 226u
H. Eisenbeiss: 6, 21ur, 26, 36, 54r, 59ur, 62ur, 77, 80l, 101o, 110, 115o, 121o, 124o, 126, 158ul, 211o (alle), 213, 230
Elfner/Angermayer: 23o
Gardena: 141u
E. Gerhardt: 160, 162, 166 (alle), 167l
K. Holler: 132, 133l, 133r
R. König: 17o, 43l, 50, 66r, 80r, 86r, 137, 154l, 199m, 210o, 221o
A. Lang: 182um
A. Limbrunner: 10, 22r, 23u, 29, 30, 49o, 68, 71ol, 78 (großes Bild), 81l, 82u, 85u, 96, 103o, 105, 108o, 108ur, 113, 120, 123 (großes Bild), 144, 173 (beide), 176l, 176r, 190ur, 192u, 199ol, 202u, 203, 206u, 208u, 212o (großes Bild), 214o, 214u, 218r, 219ol, 220u
E. Marek: 103u
S. Meyers: 223o
M. Pforr: 8/9, 13u, 18, 19or, 25r, 27, 31o, 37, 39u, 47 (Einklinker), 52or, 56um, 59ol, 60o, 60u, 61um, 65o, 66l, 71ul, 71or, 74/75, 78r, 82m, 85o, 88u, 90r, 91, 93o, 95ul, 95r, 98r, 100u, 104l, 108ul, 109, 111o, 112, 119ul, 121u, 124ur, 130u, 134o, 134u, 142u, 146u, 149ur, 151, 153l, 153r, 158or, 159o, 159u, 164, 167r, 169o, 170/171, 172, 174, 175r, 175l, 177, 180r, 182ur, 184r, 185, 188l, 188or (Einklinker), 190o, 193, 194u, 196o, 197o, 199or, 199u, 208o, 210ul, 210ur, 211ur, 221u, 222o, 222u
H. Pfletschinger/Angermayer: 20o, 22l, 58, 61om, 61or, 61ur, 63, 69ol, 69or, 69ur, 88o, 89, 92, 95ol, 104u, 114ul, 115u, 116o, 118, 124ul, 125, 130o, 131l, 131r, 136u, 154r, 169u, 194o
E. Pott: 14/15, 21or, 39o, 44/45, 47 (großes Bild), 52ul, 62ol, 101u, 116u, 148m, 150, 155u, 181, 196u, 198r, 206o
H. Reinhard: 1, 11, 19ol, 21ol, 24, 48o, 53, 106/107, 117, 119ur, 140, 142o, 145, 147u, 148l, 148r, 155o, 168ul, 188or (großes Bild), 189, 197u, 200/201, 204, 207, 223u, 225u, 226o, 234
H. Reinhard/Angermayer: 136o
R. Schmidt: 31u, 32u, 33, 42, 43ur, 48u, 52mr, 55, 84, 90l, 111u, 168o, 183, 190ul, 191, 209o, 215
K. Skogstad: 65u
V. Straaß: 102
P. Sturm: 64o, 64u
G. Synatzschke: 83, 153m, 182ul
H.J. Weidemann: 49u
G. Wendl/Angermayer: 28, 180l
W. Willner: 2/3, 12, 17u, 19ur, 35, 56ur, 57, 61l, 62or, 62ul, 67r, 72u, 93u, 99, 100o, 104r, 122or, 129, 141o, 143, 152, 156, 157, 163, 187, 192o, 197u, 212 (Einklinker), 220o, 227
W. Wisniewski: 34
K. Wothe: 16o, 20u, 51u, 79, 114ur, 146o, 161l, 168ur, 202o, 209u
P. Zeininger: 13o, 16u, 25o, 32o, 43or, 46, 51o, 54l, 56o, 69ul, 71ur, 72o, 73, 76, 82o, 97, 98l, 114o, 122ol, 123 (Einklinker), 128l, 128r, 135o, 138/139, 147o, 165, 182o, 184l, 195, 198l, 219u, 224, 228
G. Ziesler/Angermayer: 225o

Als Schmuckelement für die Kennzeichnung besonderer Textteile wurden folgende Motive verwendet:
Bärlauch (H. Reinhard), Doldenblütler (E. Pott), Eiche (W. Eisenreich), Hahnenfuß (E. Pott), Herbstfärbung (W. Willner), Weißdornfrüchte (H. Reinhard), Flechten (H. Eisenbeiss)

Grafiken: Marlene Gemke

Historische Darstellungen
S. 38 aus: Curry-Lindahl, Kai (1975), Fåglar över och hav, Verlag Albert Bonniers
S. 179 aus: Aitinger, Johann von (1653), Kurzer und einfältiger Bericht vom Vogelstellen

Gedicht S. 9 von Claus-Peter Lieckfeld (aus: Rilkes Herbst findet nicht statt)

Register

Seitenzahlen in fetter Schrift verweisen auf Abbildungen

Aaskrähe 229
Ablaichen 68
Acker-Lichtnelke 109
Ackerglockenblume 41
Ackerhornkraut 230
Ackerkratzdistel 111ff., **112**, 117, 152
Ackerochsenzunge 41
Ackerrandstreifenprogramm 111
Ackerringelblume 41
Ackerschachtelhalm 152
Ackerwachtelweizen 41, 230
Ackerwildkräuter 40f., 108f., 111
Ackerwinde 152, **152**, 154, 230
Ackerwitwenblume 230
Adler 182
Admiral **142**
Adonisröschen 41, 109, **109**, 111, 230
Akelei 230
Alant 121
Alge 21
Alpenleinkraut 121
Altweibersommer 154, 156
Ameise 91, 93, 157, 159, **159**
Ampfer 50
Ampferblattkäfer 50, **50**
Amsel **10**, 16f., **17**, 56, **56**, 182, 216f., 229
Ananasgalle **124**
Ansitzjagd 125
Anthocyane 110
Apfel 181
Aronstab 62, **62**, 230
Atropin 135
Augenmuster 114
Austrieb **24**
Auwald 36, 42f., **62**, 101, 221
Azurjungfer 104

Bachstelze **39**, 98, 228
Balz 30, **30**, 129
Balzflug **22**
Balzfüttern 35
Bärenklau 111, 230
Bärenspinner **78**
Bärlauch **62**, 230
Baumpieper 98, 228
Baumpilz **166**
Baumwolle 94
Beerenfresser 180
Beifuß 230
Beinwell 90, **90**, 152, 230
Berberitze **158**, 230
Bergahorn **222**
Bergaster 121
Berghauswurz **121**
Berglauch 121
Bergmolch 70, **71**
Bergsteinkraut 121
Berkfink **190**
Berserker 160
Besenginster 230
Bestäubung 60
Bettellaut 35
Biene **18f.**, 19, 36, **57**, 58, **58**, **63**, 116
Bilsenkraut 230
Binsenjungfer **103f.**
Biogarten 186
Birkenröhrling **166**
Bittersüßer Nachtschatten 232
Bläßhuhn 34, **34**, 228
Blattabwurf 193
Blattfloh 221
Blattlaus 87, 91f., **92f.**, 124
Blattlausschlupfwespe 93
Blattlausstammutter 92
Blattnarbe 193
Blattoberfläche 77
Blattskelett 174, 198
Blaukissen 142
Blaumeise 35, 91, **91**, 208, 215f., 218, 229
Blindschleiche **86**
Blumenkasten 40
Blumenwiese 50
Blüte 60
Blütenbesuch 61
Blütenfarbstoff 110
Blütenstaub 60, **88**
Blütenstetigkeit 61
Blütezeit 230ff.
Blutströpfchen 115, **115**
Blutweiderich 230
Bodenlebewesen 198
Bohne 40
Bohrfliege 112, 124, 152
Borkenkäfer **221**
Bovist 167
Brauner Bär **78**
Breitwegerich **140**, 141, 152
Brennessel 26, 95f., **95**, 99, **100**, 130
Brennhaare 95
Brombeere 230
Brutrevier 29
Brutzeit 228f.
Buche **24**, **193**, **211**
Buchecker 218
Buchenblattgallmücke **124**
Buchfink 33, **33**, 35, 182, 203, 217, 229
Buddleia **142**, 143
Buntspecht 32, **72**, **198**, 217, 228
Buschwindröschen 42, **62**, 230
Bussard **209**, 212f.

Carotinoide 155
Chlorophyll 24

Dachs 219
Diptam 121, 230
Distel 112, 117
Distelfalter **111**, 113f.
Distelfink **195**
Dohle 229
Dompfaff 28, **28**
Dorngrasmücke 228
Drossel 183
Duft 60, 61, 210
Dunen 153
Düngung 47, **47**, 152

Eberesche 230
Echolot 78
Edelweiß 141, 144
Ehrenpreis **61**, 230
Eiablage 122
Eichelhäher 164, **165**, 229
Eichengallwespe **124**
Eichenmistel 225
Eichhörnchen 185, **185**, 188
Eifloß 136
Eikokon 116
Eis 226, **226**, 227
Eisenhut 101, 230
Eiskristall 213
Elster 229
Ente 30, 191, 196, 214f., **214**, 228
Enzian 230
Erdanziehungskraft 41
Erdhummel **19**, **163**
Erdkröte 67f., **67f.**, 187
Erdkrötenlaich **69**
Ernte 151, 180
Erpel 30
Erzwespe 124
Esche **211**
Eulenfeder **153**

Fadenmolch 70
Fährte 219
Färbepflanze 132, **133**
Färberkamille 121
Färberwau 132
Farbstoff 132
Fasan 228
Faulbaum 230
Feder 146, **146**, 153, **153**
Federling 186
Feldgrille 156, **194**
Feldhamster 220
Feldhase **25**, 25, **27**, 27f., 203, **203**, 219
Feldhecke 37
Feldheuschrecke **118**
Feldlerche **20**, **84**, 179, 228
Feldmaus 24, **25**, 25, 125, 209, 212
Feldrittersporn 41, **108**, 109, 230
Feldschwirl 228
Feldsperling 229
Feldspitzmaus **176**
Felsenehrenpreis 121
Felsennelke 121
Felsensteinkraut 142
Fetthenne 143
Feuersalamander 70, **71**
Fichte 59, **60**, 221, 230
Fichtenkreuzschnabel **31**
Fichtenzapfen 218
Findelkind 55
Fingerhut 230
Fingerkraut 101, 230
Fitis 229
Flechte 21, **21**
Fledermaus 78, 81
Fliegenpilz 160, **160**
Floh 119, 186
Flohknöterich 230
Florfliegenlarve 87
Flußregenpfeifer 228
Flußseeschwalbe **190**, 228
Fraßspur **218**
Frauenmantel, 230
Frauenspiegel 41, **111**, 230
Frosch **42**, 71f., **72f.**, 105, 119, **119**
Froschregen 105, **105**
Frostschutzmittel 208, 220, 226
Frühjahrshochwasser 36
Frühlingsfingerkraut 230
Frühlingsknotenblume **43**
Fuchs **103**, 189, 192, 219
Fuchsspur **219**
Futterhäuschen 204, 216

Gallaus **124**
Galle 124
Gallmücke 124
Gallwespe 124
Gänseblümchen 230
Gänsefingerkraut 152, 230
Gänsesäger **190**
Gartenboden 186
Gartengrasmücke 228
Gartenphlox 142
Gartenrotschwanz **13**, 229
Gartenschläfer **178**
Gartenschnirkelschnecke **81**, 81
Geburtshelferkröte 70
Gefieder 35, 146, 153
Gefrierpunkt 227
Gefrierschutz 208
Gelbbauchunke 70, **71**

Gelbe Wiesenameise 157
Gelbes Windröschen 230
Gelbflechte **21**
Gelege 122
Gemswurz 121
Gesang 29, 31
Gespinst 66, 96, 99
Gespinstmotte 66, 134, **134**
Getreidefeld 84, 109, 111
Geweih **23**
Gewölle 196, **196**
Giersch 101, 230
Gilbweiderich 230
Gimpel **215**, 217, 229
Girlitz 190, 229
Glanzmelde 141
Glockenblume 41, 121, 230
Goldammer **51**, 57, 151, 229
Goldaster 121
Goldhähnchen 169, 221, 229
Goldlaufkäfer **199**
Goldnessel 230
Goldrute 133, 230
Grasfrosch **42**, 71f., 105
Grasmücke 182, 191, 228
Grasnelke 121
Grauammer 229
Graureiher 97, **97**, 228
Grauschnäpper 229
Greiskraut 230
Grille 156, 169, **194**
Großes Mausohr **78**
Großgefieder 153
Grünes Heupferd **156**
Grünfink 151, 161, 190, 203, 206, 216
Grünling s. Grünfink
Grünspecht 228
Gülle 47
Gundermann 230

Habicht **83**, 182, 228
Habichtskraut 121
Hagebutte **183**, 207, **207**
Hainbuche **13**, **222**
Halmdose 18
Hamster 220
Hartriegel 231
Hase 25, **25**, **27**, 27f., 203, **203**, 219
Hasel **16**
Haselhäuschen 148
Haselmaus **144**
Haselnuß 231
Hasennest **27**
Haubentaucher 228
Hauhechel 121, 231
Hausrotschwanz **16**, 229
Haussperling 229
Hauswurz 121, **121**, 231
Hecke 54
Heckenbraunelle 228
Heckenbrüter 37
Heckenrose 207
Heidenelke 121, 231
hemimetabol 118
Herbstaster 143
Herbstfarbe 155
Herbstmosaikjungfer 104
Herbstzeitlose 164, 231
Hermelin **212**
Heuschrecke 85, 118f., 156
Hexe 135
Himbeere 231
Himmelschlüssel **56**
Himmelsleiter 231
Hirsch **223**
Hochertragswiese 48, 50
Hochzeitsflug 159
Höckerschwan 228
Höhlenbrüter 205
holometabol 118
Holunder **100**, **143**, 158, **158**, 164, 183, 231, 232
Holzschlupfwespe **134**
Honig 63
Honigbiene **36**, **63**
Honigmagen 58, 63
Hornklee 231
Höschen **58**
Huflattich 26, **26**, 77, 145, 231
Huflattichgemüse 26
Hummel 18f., **19**, 89, 90, 136, 163, **163**
Hundskamille 109, 231
Hundsrose **183**, 231
Hundsveilchen 233
Hundszunge 121
Hungerblümchen 121

Igel **86**, **187**
Imker 58
Immergrün 231
Indisches Springkraut 167, **168**, 232
Innere Uhr 191
Insektenstaubsauger 110

Jahresring 221, 224
Johanniskraut 231
Judaspfennig 142
Jungamsel **56**
Jungfuchs **103**
Jungvögel 55

Kahlfraß 25, 99, 130
Kamille **11**, 108, 231
Kaminkehrer 122, **122**
Kammolch 70
Kanadische Goldrute **147**, 230
Kapern 26
Karde 195, 231
Karthäusernelke 121f., 142, 231
Kartoffel 41
Kastanie 133, **157**
Katze 17, **56**, 57, **65**, 118
Katzenminze 143
Kaulquappe 42, 69, **69**, 72
Kellerassel **199**
Kerbel 208f.
Kette 149
Kiebitz 22, **22**, 51, 52, **52**, 228
Kindersprache 35
Klappertopf **48**, 231
Klatschmohn **11**, 231
Kleiber **216**, 217, 229
Kleiner Fuchs 20, 61, **131**, **142**
Kleingefieder 153
Klette 117, **117**, **194**
Knoblauchkröte 70
Knoblauchsrauke 231
Knolle 43
Knollenblätterpilz 166
Knospe **211**
Knöterich 231
Kohlmeise 29, **29**, 169, 216, **216**, 218, 229
Kohlschnaken 122
Kohlweißling **61**
Kompost 186
Königskerze 79, **80**, 121 144f., **145**, 145, 231
Königslibelle **128**
Körbchen 58
Korbweide 64
Kornblume 41, 108, 231
Kornelkirsche **35**, **180**, 231
Kornrade 41, **108**, 109, 231
Krähe 97, 173, **173**, 176f., 229
Krallen 217
Krapp 132
Kratzdistel 231
Kreuzkröte 70
Kreuzspinne 125, **125**, 126, 128
Kriechender Günsel 231
Kriechender Hahnenfuß 152, 231
Krokus **184**
Kronwicke 231
Kröte **67f.**, 67f., 70, **71**, 187
Küchenschelle 97f., **98**, 101, 190, 121, 231
Kuckucksei 98
Kuckuckslichtnelke 231
Kuckucksspeichel **52**
Kupferglucke **61**

Labkraut 231
Lachmöwe **214**, 228
Laichballen 71
Laichschnur 69f.,
Laichtümpel 68, 73, 105
Laichzeit 70f.
Landkartenflechte **21**
Lärchenröhrling 166
Larve 208
Laub 186f.
Laubfrosch 71ff., **72f.**
Laus 159
Lausfliege 186
Lavendel 143
Lebenserwartung 54, 56, 161
Leberblümchen 42, **56**, 231
Lehm 46f.
Leimkraut **48**, 231
Leinkraut 121, **130**, 230
Lerche 84, **84**, 179
Lerchensporn **32**, 231
Libelle **103f.**, 103f., 105, **128**
Lichtempfindlichkeit 41
Lichtnelke 81
Liguster 231
Linde 116, **116**, 231
Linsengalle **124**
Löwenzahn 47f., **47**, 59, 141, 231
Lungenkraut 231
Lupine 231

Mädesüß 231
Mahd 48, 123
Maiglöckchen 133, 231
Maikäfer 53, **53**
Maikäferbeschwörung 53
Malaria 137
Margerite **48**, 231
Marienkäfer 87, 93, **93**
Märzenbecher 42, 231
Mauerbiene **19**
Mauereidechse **121**
Mauerpfeffer 77, **77**, 79, 121, 232
Mauersegler 228
Maulwurf 192, **192**, 194
Maus 25, **65**, 196
Mäusebussard 182, 209, **209**, 212, 228
Mauser 33, 146
Mausohr **220**
Mausschwemme 25
Mehlschwalbe 55, 182, 228
Meise 215, 218
Milan 25
Minze 232
Mistel **225**
Misteldrossel 229
Mistelzweig 225
Mittlerer Weinschwärmer **81**
Mohn 108f., 231
Mönchsgrasmücke 182, 228
Moorfrosch 71
Moospolster 82
Möwe 214, **214**, 228
Mücke 39, 137
Murmeltier 220
Mykorrhiza 166

Nachtfalter 78
Nachtkerze 232
Nachtnelke 81
Nachtschmetterling 81
Nase 210
Natternkopf 121, 232
Naturgarten 86
Nebel 199
Nektar 58, 60f., 63, 90, 111, 122, 136, 142
Nelke 121
Nelkenwurz 195, 232
Nesselfaser 94
Nest 182, **182**
Nestflüchter 23
Neuntöter 228
Nistholz 19
Nistkasten 186, 205
Nistplatz 37
Nistquirl 37
Nisttasche **37**

Ochsenzunge 232
Odermennig 232
Ohrwurm 87
Ohrwurmhäuschen 87
Orakel 225

Paarung 129
Paarungsrad 104
Parasit 112
Pastinak 111, 207, 232
Perlgras 121
Pestwurz 67, **67**, 232
Petunie 143
Pfaffenhütchen **164**, 232
Pfennigkraut 232
Pfifferling 166, **166**
Photosynthese 24, 77
Pilz 21, 162, 166
Pirol 229
Platterbse **110**, 232
Pollen 58, 60, 85, 89, 91
Prachtgefieder 35
Prachtlibelle 103
Prachtnelke 232
Preiselbeere 133
Puppe 99, **99**, 130, **131**, 134, 208
Putzpfote 114

quellen 40

Rabe 173
Rabenkrähe 97, 176
Radnetz 126f.
Rainfarn **108**, 133
Ramie 94, **94**
Rammler **25**
Rasen 140
Rauchschwalbe 46f., **46**, **114**, 190, 228
Rauhreif **202**, **226**
Raupe 49, 66, 96f., **96**, 99, 130f.,
Rauschmittel 160
Rebhuhn 228
Regenwurm 80, **80**, **188**, 188f., 192
Reh **23**, **85**, 177f., **177**
Rehfährte 209
Rehkitz **85**
Reiherente 228
Reisighaufen 86, 187
Resede 232
Revier 16, 29, 34, 103
Rinde 211
Rindsauge 232
Ringelnatter **137**
Ringeltaube 228
Rittersporn 41, **108**
Rivale 34
Rohrammer 229
Rosenmalve 232
Roßkastanie 133
Rotbauchunke 70
Rotbuche **193**
Rote Lichtnelke 47, 231
Rote Liste 176
Rote Taubnessel 233
Roter Fingerhut 230
Roter Milan 25
Rotfuchs **103**, **189**, 192, 219
Rotkehlchen 54, **54**, 206, 229
Rotklee 89f.
Rückenschwimmer 36, 39, **39**
Rupfung **197**
Rüsselkäfer 124
Rüttelflug 125
rütteln 123

Saatkrähe 173, **173**, 176f., 229
Saatwucherblume 41
Sächsische Wespe **20**, 147
Saftmal 60
Salbei 90
Salbeiblüte **89**
Salomonssiegel 232
Salweide 36, **36**, **211**, 232
Samen 40, 143, 145, 180, 206
Sanddorn 232
Sasse 203
Sauerklee 232
Saugrüssel 114
Schachtelbruten 229
Schafgarbe 111, 133, 232
Schafstelze **48**, 228
Schallblase 73
Scharbockskraut 26, **60**, 232
Scharfer Hahnenfuß 48, 231
Schaumzikade 52
Schilfrohrsänger 228
Schlammschläfer 38
Schlehe 57f., 181, **181**, 232
Schlehenspinner **61**
Schleiereule **196**
Schließmundschnecke **199**
Schlupfwespe 97, 131, 134, **134**, 136
Schlüsselblume **56**, 232
Schmetterlingseier **61**
Schmetterlingsgarten 142
Schnake **122**
Schnecke 81, **81**, 87, 199
Schneeball 232
Schneeflocke 213
Schneeglöckchen 42, **43**, 232
Schneemann **223**
Schnirkelschnecke 81
Schöllkraut 232
Schwalbe 38, 165, 167, **167**, 191
Schwanzmeise 218, 229
Schwarzdorn **181**
Schwarzer Holunder **158**
Schwarzspecht **32**, 228
Schwebfliege 87, 93, 95, **95**, **114**, 115
Schwefelregen 85
Schwimmhaut 214
Seefrosch 71
Seerose 232
Seidelbast 43, **43**, 232
Seidenschwanz **224**
Seifenkraut 142, 232
Sibirische Schwertlilie **54**, 232
Sichern 27, 54
Siebenschläfer 220, **220**
Silberdistel 232
Silberweide **90**
Silberwurz 121
Singdrossel 229
Sommer-Adonisröschen 41
Sommerflieder 143
Sommerschlaf 80
Sonnenröschen 121
Spaltöffnung 24, 77, 79, **79**
Spechtholz 204
Speiballen 196
Sperling 151
Spinne 116, **116**, 119, 125, **125**, 126, 128f., **129**, 154, **154**
Spinnennetz 125, **126**, **154**
Spitzahorn **168**
Spitzmaus **176**, 196, 219
Sporen 162, 167
Sporenabdruck **162**
Sprengkraft von Pflanzensamen 40
Springfrosch 71, 119
Springkraut 136, **168**, 232
Springspinne 119, 129, **129**
Spuren **202**, **208**, **219**
Star 29, **31**, 164f., **164**, 183, 229
Staubbeutel 89f.
Staubblatt 90
Stechapfel 232
Stechmücke **136**, 137
Steinbrech 121
Steingarten 121
Steinklee 232
Steinmarder **23**
Steinpilz 166
Sterndolde 232
Stiefmütterchen 41, 232
Stieglitz 195, 229
Stinkmorchel 167, **167**
Stockente 30, 191, **214**, 228
Stoppelfeld **151**
Storch 182
Storchschnabel 232
Storchschnabel, Schlitzblättriger 41
Stubenfliege 22, **22**
Stürzpuppe 99
Sumpfbeet 55
Sumpfdotterblume 233
Sumpfmeise 229
Sumpfrohrsänger 228
Sumpfschwertlilie 232

Tafelente 228
Tagpfauenauge 17, **17**, 61, **61**, 96, **96**, **99**, 114, 130, **142**
Tandemflug 104
Tannenmeise 217, **218**, 229
Tarnfarbe 49
Tarnung 114, 116, 118
Taubenschwänzchen 115, **115**
Taubenskabiose 233
Taubnessel 233
Tausendfüßer **199**
Teichhuhn 228
Teichmolch 70
Teichrose 233
Territorium 57
Terzel 123, 125
Teufelskralle 101, 233
Thymian 121, 142, 233
Tollkirsche 135, 233
Traubenholunder **143**, 232
Traubenkirsche 35, 66, 101, 131, 233
Trauerschnäpper 229
Trockenheit 76f., 80
Trockenmauer 120f., **120**
Trockenrasen 121
Trockenrisse **76**
Trockenschlaf 76
Trockenstarre 80
Trollblume 233
Trommel 32
Türkenbund 137, 233
Türkentaube 228
Turmfalke 123, **123**, 125, 228

Überhitzung 77, 79, 215
Überschwemmungstümpel 169
Ultraschallruf 78
Vergißmeinnicht 233
Verleiten 28, **52**
Vogel des Jahres 176
Vogelbeere 230
Vogelfang 179
Vogelfloh 186
Vogelfutter 143, 204
Vogelwicke 233

Waben 63
Wacholderdrossel 50, **51**, 164, **180**, 229
Wachshaut 79
Waldboden 82, 198
Waldgeißbart 233
Waldkauz **226**, 228
Waldlaubsänger 229
Waldmeister 233
Waldohreule **198**, 228
Waldrebe 169, 233
Walnuß 133
Warnruf 136
Warntracht 95
Wasseramsel 228
Wasserfrosch 71
Wasserläufer 169, **169**
Wasserverlust 76
Wechselkröte 70, **71**
Wegerich **199**, 140, 233
Weide 91
Weidenhäuschen **64**
Weidenkätzchen **28**
Weidenmeise 218
Weidenröschen 233
Weinschwärmer **81**
Weinschwärmerraupe **114**
Weißdorn 158, 233
Weiße Nachtnelke 232
Weiße Taubnessel 233
Weißklee 233
Weißstorch 190
Wespe 19f., **20**, 90, **95**, 145, 147, **147**, 150f.
Wespennest **150**
Wespenspinne **154**
Wespenstaat 150
Widderchen 115
Wiesel **212**
Wiesenameise 157, 159, **159**
Wiesenbocksbart 233
Wiesenflockenblume 233
Wiesenkerbel 206, 233
Wiesenklee 233
Wiesenknopf 233
Wiesenlabkraut 233
Wiesenpieper 98, 228
Wiesenpippau 111, 233
Wiesenraute **101**, 233
Wiesensalbei **48**, **89**, 90, 233
Wiesenschaumkraut 47, 52, **88**, 233
Wildbiene **18f.**
Wilde Möhre 233
Wilder Dost 233
Wildfrüchte 149
Wildgans **191**
Wildschwein **161**
Winde 152
Winterfütterung 204
Wintergoldhähnchen 146, **169**, 221
Winterhärte 220
Winterlinde **188**
Wintermücke 39
Winterquartier 187
Winterschlaf 220
Wohlriechendes Veilchen 233
Wolfseisenhut 101, **101**, 136, 230, 233
Wolfsmilch 121, 233
Wolfsspinne 116, **116**
Wolliger Schneeball **211**
Wühlmaus 123, 196, 212
Wurzellaus 159

Xanthophylle 155

Ysop 142, **142**

Zaunkönig **136**, 137, 182, 228
Zaunwicke 233
Zaunwinde 233
Zebraspringspinne **129**
Zeisig 195, 197
Zikadenlarve 52
Zipzalp **49**, 228
Zitronenfalter 20, **208**
Zitronenfalterraupe **49**
Zittergras 121
Zugstimmung 191
Zugvogel 190f.
Zweig 211
Zwergmaus **113**
Zwiebel 43

Die Deutsche Bibliothek –
CIP-Einheitsaufnahme

Straass, Veronika:
Natur erleben das ganze Jahr : entdecken, beobachten, verstehen / Veronika Straass. – München ; Wien ; Zürich : BLV 1997
ISBN 3-405-15089-2

BLV Verlagsgesellschaft mbH,
München Wien Zürich
80797 München

Umschlaggestaltung: Studio Schübel
Umschlagfotos: M. Pforr (Vorderseite, Maiglöckchen, Rotkelchen)
W. Eisenreich (Wolliger Schneeball, Hauhechelbläuling)

Layout: Atelier Langenfass
Lektorat: Dr. Friedrich Kögel

Herstellung: Hermann Maxant
Lithografie: Repro Ludwig, Zell a. See
Druck und Bindung: Druckhaus Neue Stalling, Oldenburg

ISBN 3-405-15089-2
Printed in Germany